弦支穹顶结构
精细化分析关键技术

KEY TECHNOLOGY FOR REFINED ANALYSIS OF
SUSPEN-DOME STRUCTURE

严仁章 王 帅 孙 涛 杨朝山 著

重庆大学出版社

内容提要

本书主要针对弦支穹顶结构焊接空心球节点的焊接残余应力和拉索的摩擦损失开展研究工作。首先介绍了空心球节点的焊接残余应力分布模式及其对节点与结构整体性能的影响;其次针对弦支穹顶结构拉索在索撑节点处的摩擦滑移行为,构建了拉索摩擦滑移系数的取值方法,并结合拉索张拉过程中存在两端张拉控制力不等以及各索撑节点处摩擦损失随机变化的特点,介绍了拉索预应力优化与找力分析方法,并在此基础上进一步剖析了预应力随机摩擦损失与其他随机缺陷联合作用对弦支穹顶结构整体性能的影响;再次研究了弦支穹顶结构拉索的腐蚀机理及其引起的拉索与结构整体性能退化规律;最后从弦支穹顶结构整体性能评估方面计算分析了上部网壳子结构体系与下部索撑子结构体系的各自权重。

本书可供土木工程相关专业的设计和研究人员、大学教师、研究生、高年级本科生参考使用。

图书在版编目(CIP)数据

弦支穹顶结构精细化分析关键技术 / 严仁章等著

. -- 重庆 : 重庆大学出版社, 2023.6

ISBN 978-7-5689-4026-9

Ⅰ. ①弦… Ⅱ. ①严… Ⅲ. ①拱—工程结构—研究

Ⅳ. ①TU340.4

中国国家版本馆 CIP 数据核字(2023)第 119550 号

弦支穹顶结构精细化分析关键技术
XIANZHI QIONGDING JIEGOU JINGXIHUA FENXI GUANJIAN JISHU

严仁章 王 帅 孙 涛 杨朝山 著

策划编辑:刘颖果

责任编辑:姜 凤 版式设计:刘颖果

责任校对:谢 芳 责任印制:赵 晟

*

重庆大学出版社出版发行

出版人:饶帮华

社址:重庆市沙坪坝区大学城西路21号

邮编:401331

电话:(023)88617190 88617185(中小学)

传真:(023)88617186 88617166·

网址:http://www.cqup.com.cn

邮箱:fxk@cqup.com.cn(营销中心)

全国新华书店经销

重庆升光电力印务有限公司印刷

*

开本:720mm×1020mm 1/16 印张:20.75 字数:363 千

2023 年 6 月第 1 版 2023 年 6 月第 1 次印刷

ISBN 978-7-5689-4026-9 定价:88.00 元

作者简介

严仁章 重庆交通大学教授,中国钢结构协会结构稳定与疲劳分会理事,中国建筑金属结构协会铝结构分会理事,中国技术创业协会技术创新工作委员会理事,重庆交通大学青年拔尖人才、科技创新·创新创业教育优秀奖获得者、教育教学先进个人,全国现代结构工程学术研讨会中青年优秀论文奖获得者等。主持完成 2 项国家级科研项目,6 项省部级科研项目,发表相关成果学术论文 50 余篇,申请国家专利 8 项,出版教材 1 部,获省部级奖励 3 项。主要研究方向为钢结构与空间结构方向。

王 帅 重庆航天职业技术学院骨干教师,双师型教师。主研省部级项目 4 项,主持主研校级项目数项;主持完成的微课荣获高职高专组一等奖;公开发表论文十余篇,其中两篇论文荣获市级优秀论文三等奖;主讲多门课程荣获校级精品课程,优秀教案,课程思政示范课;出版教材两部;荣获校级教学质量奖一等奖,优秀党员,青年学习成才先进个人等荣誉。主要研究方向为土木工程及工程造价。

孙 涛 陆军勤务学院副教授,长期从事空间结构、装配式建筑、工程抢修抢建等领域的研究工作。近年来,先后主持主研国家、军队(省部)级科研项目 9 项;发表学术论文 20 余篇,其中,SCI/EI 收录 8 篇;授权发明专利 2 项、实用新型专利 4 项。

杨朝山 陆军勤务学院副教授,长期从事结构损伤识别与健康监测、工程抢修抢建等领域教学研究工作。近年来,先后主持主研国家、军队(省部)级科研项目 10 余项;获军队(省部级)科技进步二等奖 1 项;发表学术论文 20 余篇,其中,SCI/EI 收录 10 篇;授权发明专利和实用新型专利 4 项。

前　言

近年来,"一带一路"倡议深入实施所带动的沿线基础设施建设,以及《中华人民共和国国民经济和社会发展第十四个五年规划和 2035 年远景目标纲要》提出的双循环相互促进经济发展思路所带动的大型工业建筑建造等,催生了一大批高规格、高质量、高标准的大跨度空间结构;一方面,弦支穹顶结构因受力合理、施工方便无疑成为大跨度空间结构的首选形式之一;另一方面,随着我国科技水平的不断提高,传统土木工程正面临转型升级的挑战,其设计施工都朝着精准化、精细化的方向发展。弦支穹顶结构自 20 世纪提出以来,虽已应用于30 余项工程中,但对结构中的一些关键节点和构件的力学行为尚难完全准确把握,进而也就无法精准评估结构整体的力学性能。本书即从弦支穹顶结构中量大面广的焊接空心球节点和关键构件拉索入手,围绕空心球节点球-管焊接施工过程中的焊接残余应力产生机理、拉索的预应力摩擦损失和腐蚀机理,以及它们对节点、构件甚至结构整体的影响展开研究,研究成果为弦支穹顶结构体系的精准化评估奠定了理论基础。

全书共 8 章:第 1 章为绪论,主要介绍弦支穹顶结构的概念与国内外研究现状,并梳理了现有研究中的若干问题以及本书的主要研究内容;第 2 章主要介绍弦支穹顶结构上部空心球节点由于球-管焊接所产生的焊接残余应力分布规律,以及节点主要构造尺寸对焊接残余应力分布规律的影响;第 3 章在第 2章研究成果的基础上,主要介绍了焊接残余应力对焊接空心球节点轴向受力性能和抗弯性能的影响规律;第 4 章主要围绕弦支穹顶结构拉索在张拉过程中存在两端张拉控制力不等,以及各索撑节点处摩擦损失随机变化的特点,介绍了弦支穹顶结构的预应力优化与找力分析方法;第 5 章则针对拉索在索撑节点处的摩擦滑移现象,精细化分析了拉索与索撑节点间的接触力学行为,并介绍了考虑拉索捻距、索段夹角以及张拉力等因素影响的拉索摩擦滑移系数取值方法;第 6 章在第 4 章、第 5 章研究成果的基础上,介绍了拉索预应力随机摩擦损失与其他随机施工缺陷联合作用对弦支穹顶结构整体性能的影响;第 7 章围绕拉索的腐蚀损伤问题,主要介绍了拉索的腐蚀演化机理及其引起的拉索及弦支穹顶结构性能的退化规律;第 8 章从结构整体性能评估的角度介绍了弦支穹顶上部网壳与下部索撑体系在结构中的权重。

本书由严仁章、王帅、孙涛、杨朝山共同完成,第1、4、6、8章由严仁章撰写完成;第2、3、5章由王帅撰写完成;第7章由孙涛撰写完成;杨朝山负责全书的架构设计、文字编辑与校核纠错。

本书的研究工作得到以下基金资助:国家自然科学青年基金"弦支穹顶结构拉索滑移摩擦机理及其对结构性能的影响研究"(51708067)、中国博士后科学基金"球-管连接焊缝对弦支穹顶节点及结构性能的影响研究"(2017M612921)、重庆市博士后研究人员特别资助项目"弦支穹顶上部网壳施工误差与预应力误差耦合作用对结构性能的影响"(Xm2016127)、重庆交通大学科研启动基金"预应力误差对弦支穹顶结构性能影响的精细化研究"。

在撰写过程中,山区桥梁及隧道工程国家重点实验室为研究工作提供了试验条件;重庆交通大学土木工程博士后流动站、天津大学土木工程博士后流动站和大立建设集团有限公司博士后工作站为研究工作提供了科研平台与经费支持,两站博士后的合作导师周建庭教授、刘红波教授和苏天成教授级高工均对研究工作提供了悉心指导;中国人民解放军陆军勤务学院和重庆交通大学为本书的出版提供了经费支持;重庆交通大学钢结构课题组的硕士研究生姚茜、金小强、邱先伟、朱美豪、刘佳奇、刘婷、张平、文强、闫春玲、黄中河、吴雨阳、段茗燚、张昌龙、於紫妍等参与了相关研究工作的试验研究与分析计算,以及有关章节的素材收集、文字编辑和插图绘制等工作,谨在此表示感谢。对本书中所引用参考文献的单位和作者表示感谢。最后,要特别感谢我的博士生导师陈志华教授,本书中的一些研究成果是博士阶段研究课题的延续,书中一些想法也是陈志华教授首先提出的,在此致以深深的谢意。

由于著者水平有限,书中难免有不妥之处,恳请读者批评指正。

著 者
2023年4月

目 录

第 1 章 绪 论

1.1 弦支穹顶结构的概念与应用

1.1.1 弦支穹顶结构的概念

弦支穹顶结构是近几十年来快速流行的一种新型复合空间结构,它是由日本法政大学川口卫(M. Kawagucki)教授于 1993 年首次提出的,其典型的结构模型示意图如图 1.1 所示。弦支穹顶结构隶属于张弦结构体系,而张弦结构体系又是空间结构中预应力钢结构的一个分支。一般对弦支穹顶结构有两种解释:一种认为弦支穹顶结构是在单层网壳的基础上引入下部的索撑体系,从而对上部网壳的刚度进行补强;另一种则认为弦支穹顶结构是将索穹顶的上层柔性拉索变成刚性网壳后得到的。从弦支穹顶的两种解释可以看出,弦支穹顶主要解决了传统空间结构的两大问题:一是增加了结构的整体刚度,提高了结构的整体稳定性;二是由于弦支穹顶的上部网壳具有一定的初始刚度,具有施工方便的优点。此外,弦支穹顶与其他张弦结构一样可减小支座的水平推力,还可减轻下部结构的负担。

从图 1.1 所示的构造来看,作为一种复合结构,弦支穹顶是由我们熟知的两种子结构体系组成的——上部的刚性网壳子结构体系和下部的柔性索杆子结构体系。网壳子结构体系与一般的网壳结构完全相同,可采用单层或双层形式,形状可为球面或椭球面;索杆子结构体系基于"张拉整体"思想构建,由撑杆、径向索和环向索组成。两部分子结构通过特定的节点连接成整体:撑杆上端与网壳上对应的网壳节点铰接连接;撑杆下端通过索撑节点与环向索、径向索的下端连成整体;径向索上端再与网壳上对应的下一环撑杆上节点铰接连接;各圈环向索形成闭环。弦支穹顶结构施工时需要对索杆子结构体系进行专门的预应力张拉施工,以保证结构内部预先产生与外荷载作用相反的内力。当竖向荷载作用时,荷载会通过网壳上的撑杆上节点传递到撑杆上,再通过索撑节点传递给环向索和径向索,使整个索杆体系参与受力;索在预应力作用下,会通过撑杆上节点对上部网壳起到弹性支承的作用,部分减小竖向荷载的作用;同时索杆体系中的预应力还会通过径向索产生对支座的反向拉力,使整个结构对下端约束环梁的推力大为减小。弦支穹顶的受力特征也彰显了结构的高效能性,一经提出便广泛应用于体育场馆、交通枢纽、会展设施等大型公共建筑中。

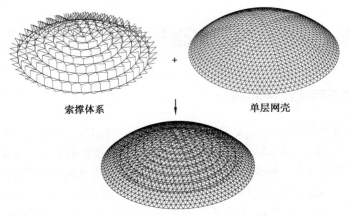

索撑体系   +   单层网壳

图 1.1 弦支穹顶结构示意图

1.1.2 弦支穹顶结构的分类

弦支穹顶结构的形式多样,可按照上部网壳的形状、结构形式和网壳形式,上层网壳节点形式,下层拉索的类型以及拉索的布索方式进行分类。

1)按照上部网壳的形状划分

近年来,弦支穹顶的结构形式趋于多样化,为了适应建筑造型的多样化,上部网壳由单一的球形网壳拓展为椭球形、剖切球形、折板形单层网壳等,对应的弦支穹顶可分为球面形弦支穹顶、椭球形弦支穹顶、剖切球形弦支穹顶、折板形弦支穹顶等。例如,天津宝坻体育馆、鞍山体育中心综合训练馆、奥运会羽毛球馆、葫芦岛体育馆、绍兴体育中心-体育馆等均采用了椭球形弦支穹顶;常熟体育馆采用了剖切球形弦支穹顶;安徽大学体育馆采用了上部网壳为折板形单层网壳的弦支穹顶。此外,弦支穹顶上部网壳的几何形状还可以为正六边形、四边形、三角形等,如重庆市渝北区体育馆采用了平面投影为三角形的弦支穹顶。

2）按照上部网壳的结构形式划分

弦支穹顶结构的上部网壳可以采用单层网壳、双层网壳、多层网壳和局部双层网壳等结构形式。对上部采用双层网壳的弦支穹顶，一般应用于跨度较大的结构中且因双层网壳本身具有较好的整体稳定性，可适当减少下部索撑体系的布置数量，仅在最外圈布置拉索以减小支座的水平推力，如天津东亚运动会自行车馆弦支穹顶的上部网壳为双层网壳，而下部索撑体系的布置是仅在外圈设置了一圈环索以减小支座水平推力。

3）按照上部网壳形式划分

按上部网壳形式，弦支穹顶可分为肋环型弦支穹顶、施威德勒型弦支穹顶、联方型弦支穹顶、凯威特型弦支穹顶、凯威特型-联方型弦支穹顶、三向网格弦支穹顶、短程线型弦支穹顶等。

4）按照上层网壳节点形式划分

按照上层网壳节点形式，弦支穹顶分为弦支穹顶梁式结构和弦支穹顶杆式结构。弦支穹顶梁式结构的上层构件为压弯构件；而弦支穹顶杆式结构的上层构件仅承受轴力，没有弯矩和剪力的作用。按照这种定义，在对弦支穹顶结构进行设计时，可根据实际情况将上层网壳的杆件设计成铰接或刚接形式。

5）按照下层拉索的类型划分

按照下层拉索的类型，弦支穹顶可分为柔性索弦支穹顶结构、刚性杆弦支穹顶结构、局部刚性弦支穹顶结构。柔性索弦支穹顶结构的拉索全部采用柔性索，只能受拉而不能受压，一般为钢绞线、半平行钢丝束等。刚性杆弦支穹顶结构是采用可以承受拉压的钢管或其他刚性杆件代替拉索，下层拉索具有一定的刚度，从而使得结构可以避免内圈环索可能松弛的现象。局部刚性弦支穹顶结构是环向或径向拉索部分采用刚性杆，部分采用柔性索的结构形式。在实际的弦支穹顶结构设计中，由于内圈环索的拉力值不大，可采用刚性杆代替柔性索，而外圈拉力值很大的环索仍然采用柔性索，进而形成了这种局部刚性弦支穹顶结构，达到既节省材料又满足受力要求的目的。

6）按照拉索的布索方式划分

按照拉索的布索方式，弦支穹顶可分为 Levy 型、Geiger 型和混合型等。

1.1.3　弦支穹顶结构的工程应用

弦支穹顶结构凭借其独特的结构概念、高效的传力机制和优美的外形效果,在理论分析、结构模型试验和施工技术等多方面研究成果的指导下,已在国内外 20 余项工程中得到了应用,见表 1.1。

表 1.1 弦支穹顶结构工程应用情况

序号	工程名称	结构布置情况	照片	特色	建设时间	建设地点
1	"光丘"穹顶	跨度 35 m,上层网壳采用 H 型钢梁,下设 1 圈索杆体系,撑杆为 $\phi114.3\times4.5$,环索为 2-1×37($\phi28$),环梁下端铰接连接 V 形钢柱		世界首个弦支穹顶结构	1994 年	日本东京
2	"聚会"穹顶	跨度 46 m,矢高 16 m,支撑在周圈钢柱上		世界第二座更大跨的弦支穹顶	1997 年	日本长野
3	天津保税区国际商务交流中心	跨度 35.4 m,上部单层网壳为联方型网格,杆件全采用 $\phi133\times6$ 钢管;下设 5 圈索杆体系,撑杆为 $\phi89\times4$,径向拉索采用钢丝绳 6×19ϕ18.5,环索由外及里前两道采用钢丝绳 6×19ϕ24.5,后三道采用钢丝绳 6×19ϕ21.5		国内第一座中大跨度弦支穹顶结构	2003 年	中国天津
4	昆明柏联商厦弦支穹顶结构	跨度 15 m,矢跨比仅为 0.039 2;上部网壳为肋环形,采用圆钢管相贯焊接而成,上部网壳边环采用槽钢作为刚性边梁,中间纬向杆件采用 $\phi76\times8$ 的钢管,内环环向杆件以及所有的径向杆件采用 $\phi89\times8$ 的钢管;下设 5 圈索杆体系,采用张拉环索施加预应力			2003 年	中国昆明

序号	工程名称	结构布置情况	照片	特色	建设时间	建设地点
5	天津自然博物馆贵宾厅	跨度 18.5 m, 矢高约 1.3 m; 上部球面单层网壳为凯威特型-联方型, 杆件规格为 $\phi76×3.7$; 下设 3 圈索杆体系, 采用刚性拉索, 即拉索采用钢管代替, 其中最外圈径向拉杆和所有的环向拉索采用 $\phi48×3.5$, 次外圈和内圈径向拉索采用 $\phi60×3.5$, 其结构采用焊接球节点		刚性弦支穹顶	2013 年	中国天津
6	鞍山体育中心训练馆	建筑面积 2 592 m^2, 为 60 m×40 m 椭球形弦支穹顶结构			2003 年	中国鞍山
7	武汉市体育中心-体育馆	上部网壳为双层椭球壳, 厚度为 3 m, 长轴长 130 m, 短轴长 110 m; 下设 3 圈索杆体系, 撑杆为 $\phi299×7.5$, 环索采用 1 670 级 $\phi5.3$ 镀锌钢丝双层扭绞型拉索, 且为双索体系, 与连接钢棒相连, 撑杆下节点采用铸钢节点, 预应力通过顶升方法施加		首个椭球形弦支穹顶	2007 年	中国武汉
8	常州奥林匹克体育中心-体育馆	屋盖投影长轴 119.9 m, 短轴 79.9 m, 矢高 21.45 m; 上部单层网壳中心部位网格为凯威特型(K8)、外围部位网格为联方型; 下部预应力拉索索系为 Levy 型, 共设 6 环		采用张拉环索施加预应力, 当处于施工状态时, 环向索索夹节点可滑动	2008 年	中国常州

续表

序号	工程名称	结构布置情况	照片	特色	建设时间	建设地点
9	2008年北京奥运会羽毛球馆	平面投影为椭圆形,长轴最大尺寸为141 m,短轴最大尺寸为105 m;上部单层网壳由12圈环向杆和56组径向杆组成,网壳均采用无缝钢管,网壳节点主要为焊接空心球节点,撑杆上节点采用铸钢球节点;下设5圈索杆体系,采用张拉环向索施加预应力		建成后,为世界上跨度最大的弦支穹顶结构	2007年	中国北京
10	山东茌平县体育馆	跨度108 m,上部网壳结构形式为球面,采用凯威特型-联方型网格;弦支穹顶结构与上部空间曲线拱通过杆件连接,撑杆上节点类型为铰接型,撑杆下节点类型为滚动式张拉索节点;下设7圈索杆体系		首次与其他结构组合使用	2010年	中国山东
11	大连市体育中心-体育馆	跨度为145.4 m×116.4 m;上部采用倒三角形辐射桁架结构;下设3圈索杆体系,撑杆均采用φ377×14钢管,内环索采用单索,中、外环索采用双索,径向索采用单索		椭球形弦支穹顶	2013年	中国大连
12	天津东亚运动会自行车馆	上部为双层网壳,外层为非规则近似椭圆形网壳,内层为标准椭圆形网壳,长轴126 m,短轴100 m,矢高18 m,矢跨比约为1/7(长轴)和1/5.5(短轴);下部在内圈标准椭圆形网壳内布置1圈索杆体系		采用新型向心关节轴承的撑杆上节点和不可滑动的撑杆下节点	2012年	中国天津

序号	工程名称	结构布置情况	照片	特色	建设时间	建设地点
13	天津市宝坻区体育馆	平面投影为椭球形,长轴 118 m,短轴 94 m,长轴方向矢跨比为 7.77%,短轴方向矢跨比为 10.1%;下设 5 圈索杆体系,采用 Levy 索系;弦支穹顶周边悬挑近 8 m 单层网壳		扁平椭球壳弦支穹顶结构	2016 年	中国天津
14	济南奥体中心-体育馆	跨度 122 m,矢高 12.2 m;网壳采用 Kiewitt 型和葵花形内外混合型布置,杆件采用 $\phi377\times14$、$\phi377\times16$;下设 3 圈索杆体系,拉索内丝直径 5 mm,采用高强度普通松弛冷拔镀锌钢丝		建成后,为世界最大跨度的弦支穹顶结构	2009 年	中国济南
15	安徽大学体育馆	屋盖净跨度 87.8 m,高 14.5 m,矢跨比为 1/6;刚性网壳由 6 榀主脊梁、24 榀径向辐射梁、4 圈环向梁、内环桁架、边环桁架、天窗网壳和悬挑梁组成;斜索、撑杆位于主脊梁下,通过环向拉索对刚性网壳提供支承		采用高度较小且只受压的撑杆和内环,扩大室内净高,增强建筑采光能力	2008 年	中国安徽
16	连云港体育中心-体育馆	球壳顶点标高 27.5 m,投影为直径 94 m 的圆,矢跨比为 1/17;上部刚性壳体结构采用肋环型球面网壳,由 24 榀径肋、6 道环肋组成;下部空间索承体系共布置 6 道环索,通过 V 形布置的径向拉索和 V 形撑杆与上部壳体的径肋相连		钢结构屋盖采用不规则原型的弦支穹顶结构体系	2010 年	中国江苏

续表

序号	工程名称	结构布置情况	照片	特色	建设时间	建设地点
17	辽宁营口奥体中心-体育馆	跨度约 90 m,椭球形,双层网壳;比赛馆屋面结构采用弦支网壳结构,上层网壳为双层,训练馆屋面结构采用双层网壳;网壳下端布置两圈拉索,通过顶升撑杆进行张拉,撑杆下节点为连续型			2011 年	中国辽宁
18	三亚市体育中心体-育馆	跨度 76 m,结构矢高 8.825 m。上部网壳矢跨比为 1/8.6,为球面网壳,凯威特型-联方型网格,网壳由 8 圈环向杆和 9 段径向杆组成,均为无缝钢管,网壳节点主要为焊接球节点;索撑结构由 3 圈环索和 3 圈径向拉索组成,环索采用高强度钢丝束,径向拉杆采用高强低合金钢		上层单层网壳矢跨比较标准网壳矢跨比偏高	2011 年	中国三亚
19	重庆市渝北区体育馆	单边最大跨度 81 m,矢高较小,仅为 8 m,矢跨比为 1/10;上部网壳结构内圈压环采用正六边形单榀桁架,下弦连接最内圈径向拉杆,压环间采用单层网壳,外环为纵横杆交叉的单层网壳;撑杆采用圆钢管,环向为索,径向为钢拉杆,共布置 5 道环索,撑杆采用鱼腹式布置		首个近似三角形的弦支穹顶	2010 年	中国重庆

续表

序号	工程名称	结构布置情况	照片	特色	建设时间	建设地点
20	深圳坪山体育馆	跨度为72 m,屋盖采用弦支穹顶延性空间钢结构体系;由上部单层网壳和下部弦支索杆体系组成;上部单层网壳网格为葵花形布置形式,下部弦支体系为肋环型布置,设置两道环索		弧形多、标高变化多、跨度大、层高大	2011年	中国深圳
21	广州南沙体育馆	跨度为93 m,总体矢高4.5 m,矢跨比为1/22,为球面,肋环型网格;核心区屋盖结构采用双重肋环-辐射形张弦梁结构体系;内环为18榀辐射布置的张弦梁组成,外环为36榀辐射布置的张弦梁组成		首次成功实现双层轮辐式空间张弦结构钢屋架预应力施工	2009年	中国广州
22	葫芦岛体育馆	长轴135 m,短轴116 m,屋盖最高点标高为49 m;屋盖主要由34榀径向钢桁架、一榀环向钢桁架以及中间弦支穹顶组成;弦支穹顶结构上层为单层网壳,下层为预应力索,上下层中间节点用撑杆相连、四周用焊接球相连		首次将液压提升应用到大跨弦支穹顶结构中	2013年	中国辽宁
23	贵阳奥林匹克体育中心主体育馆	净跨度117 m,投影平面呈圆形,屋顶最大高度42 m;弦支穹顶结构体系由八边形的环桁架、上部肋环型单层网壳,以及下部索杆体系构成;环桁架采用圆管截面,与单层网壳通过铸钢节点进行销轴连接,肋环型单层网壳采用箱形截面;索杆体系由5圈撑杆、径向钢拉杆、环向索组成;每圈布置16根撑杆、32根径向钢拉杆,环向索为1 670级高钒密闭索		超大跨度肋环型弦支穹顶结构	2021年	中国贵阳

续表

序号	工程名称	结构布置情况	照片	特色	建设时间	建设地点
24	景德镇游泳馆	半圈弦支穹顶结构平面投影为半圆形,半径35 m,宽度向矢跨比为1/14;长度向矢跨比为1/4;上层为单层联方型网格结构,下部设置索撑体系,在变形较大区域设置3圈环索		创新性地在半圆形扁平屋盖中设置了半圈弦支穹顶结构	2019 年	中国江西
25	河北北方学院体育馆	平面投影轮廓轴线由8段圆弧组成;网格形式按照联方型-凯威特型方式建构,整体做对称处理;下部索杆体系拓扑关系采用 Levy 索杆体系(联方型索杆体系),布置方式为稀索体系,环向拉索共布置5环;上弦杆件及撑杆为圆钢管,下弦环向构件为钢拉索,下弦径向构件为钢拉杆		屋盖平面投影不是标准的圆形或椭圆形,而是由8段圆弧构成的组合曲线	2017 年	中国河北
26	青岛市民健身中心-体育馆	屋盖采用拉梁-弦支穹顶组合形式,投影近似椭圆形,长轴132 m,短轴107.6 m;上层为刚性单层网格,撑杆上端与网格铰接,撑杆下端与索夹固接;下部索杆体系采用肋环形索系,每环共40根径向索,共两圈		拉梁-弦支穹顶组合形式	2017 年	中国青岛
27	天津中医药大学新建体育馆	弦支穹顶长轴92.2 m,短轴73 m,矢高6.5 m;整体网壳为椭球面,上部网壳为单层新型焊接球网壳(施威德勒-凯威特型);下部由4圈环向拉索、5圈径向拉杆及撑杆组成柔性体系		采用弦支穹顶-外桁架复合结构体系	2017 年	中国天津

序号	工程名称	结构布置情况	照片	特色	建设时间	建设地点
28	肇庆新区体育中心-体育馆	弦支穹顶结构跨度为108 m,屋面支撑体系为场馆内部8根巨型Y字柱和外围V支撑;训练馆钢结构屋面为弦支穹顶,跨度为57 m,屋面支撑体系为场馆内部6根巨型Y字柱及外围V支撑;两馆之间连接部位为露天钢结构,四周与体育馆主馆和训练馆连成一体		双连体弦支穹顶结构	2018 年	中国肇庆
29	宣城市体育中心-体育馆	平面投影直径为106.5 m;弦支穹顶整体支撑在内环网架上,主要由6榀相交于屋顶中心、对称布置的拱形焊接H型主张弦梁构成		由预应力拉索、焊接空心球网架、钢管桁架组成的复合结构体系	2014 年	中国安徽
30	沁阳市体育中心	长轴约101.2 m,短轴约72.4 m;单层网壳矢高7.2 m;环向索采用半平行钢丝束,强度等级为1 670 MPa;径向拉杆强度等级均不低于550 MPa		椭圆抛物面形弦支穹顶	2014 年	中国河南

1.2 弦支穹顶结构节点设计与分析概述

与传统空间网格结构相比,弦支穹顶结构节点相对复杂。根据汇交于节点处的构件类别不同,弦支穹顶结构节点可分为四大类:仅有上部结构构件汇交的上部结构节点;上部结构构件与下部索杆体系杆件的汇交节点(简称"撑杆上节点");下部索杆体系的汇交节点(简称"索撑节点");支座节点。

1.2.1　上部结构节点

弦支穹顶结构由一系列杆件通过节点相互连接组合成一个整体,杆件内力通过节点相互传递,以使结构各部分的内力分布均匀,因此,节点在整个结构中居于枢纽地位。上部网壳内的节点与单层网壳相同,工程中常采用的节点有焊接空心球节点和螺栓球节点两种。其中,焊接空心球节点具有一定的刚度,在分析计算中处理成能传递弯矩和轴力的刚节点或半刚节点;螺栓球节点处理成仅能传递轴力的铰接节点。文献[1]研究了上部结构节点的刚度对弦支穹顶结构性能的影响,对比分析了上部网壳采用的刚接节点和铰接节点计算时下部索杆体系的内力变化规律,并发现在施加相同预拉力的情况下,采用刚接节点的弦支穹顶拉索内力的减小速度快于采用铰接节点的弦支穹顶。在实际工程中,为了提高施工效率,使用最广泛的是焊接空心球节点。

焊接空心球节点由刘锡良教授研制,并在天津市科学宫网架工程中首次应用,它由一个核心空心球体与多根连接杆件焊接构成,其中核心空心球体又由两个空心半球焊接而成,如图 1.2 所示,其内部构造示意图如图 1.3 所示。焊接空心球节点具有构造简单、传力合理、施工方便等优点。

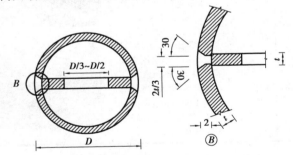

图 1.2　焊接空心球节点　　　　图 1.3　焊接空心球内部构造示意图

为了大幅度地提升焊接空心球节点的承载能力,常在节点的空心球内部添加肋板,称为加肋焊接空心球节点,其构造形式如图 1.4(a)所示。加肋与否也是焊接空心球节点最常用的分类标准。此外,还可按焊接空心球节点的核心球体或连接钢管的特殊形式进行分类,包括方矩形钢管焊接空心球节点[图 1.4 (b)]、鼓形焊接空心球节点[1.4(c)]、H 型钢焊接空心球节点[1.4(d)]、钢管缩径式焊接空心球节点[1.4(e)]、半球焊接空心球节点[1.4(f)]等。

虽然焊接空心球节点在不同荷载作用下的破坏模式暂无统一定论,但是专家学者通过大量试验与模拟论证归纳总结了焊接空心球节点极限承载力的计

(a)加肋焊接空心球节点 (b)方矩形钢管焊接空心球节点

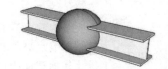

(c)鼓形焊接空心球节点 (d)H型钢焊接空心球节点

(e)钢管缩径式焊接空心球节点 (f)半球焊接空心球节点

图 1.4 焊接空心球节点的特殊变形

算方法与设计理论。目前,焊接空心球节点力学性能分析方法见表 1.2。

表 1.2 焊接空心球节点力学性能分析方法

分析方法	作者	研究内容	结论
试验研究、有限元模拟、理论推导相结合	雷宏刚[2]	归纳试验数据,进行回归分析	焊接空心球节点的破坏模式主要表现为冲剪破坏,并推导出焊接空心球节点轴向容许承载力计算的经验公式
	刘锡良[3]	焊接空心球节点拉、压静力试验	焊接空心球受拉节点的破坏模式则属于冲剪脆性破坏,给出了轴向受力节点的极限承载力计算公式
	袁行飞[4]	焊接空心球节点三轴受力及弯矩作用状态对节点的极限承载能力及破坏模式研究	焊接空心球节点极限承载力主要与球径和管径之比、空心球壁厚、偏心距、荷载比值等因素有关
	李振宇[5]	分析压弯荷载共同作用下焊接空心球节点的极限承载力	节点发生压弯破坏的起始点位于球管连接处,且节点极限承载力与空心球壁厚、钢管直径呈正相关
	陈志华[6]	冲切破坏模型理论推导	结合第四强度理论对受拉球承载力计算公式完成理论推导

续表

分析方法	作者	研究内容	结论
试验研究、有限元模拟、理论推导相结合	周学军[7]	利用冲剪法推导超大直径焊接空心球受拉节点承载力公式	推导出超大直径焊接空心球受拉节点的承载力公式,并利用能量法推导了节点受压的极限荷载
	刘锡良[8]	网架结构超大直径焊接空心球节点破坏机理分析及其承载能力的试验研究	基于能量法原理推导出节点受压极限承载能力的计算公式
	刘一鸣[9]	推导焊接空心球节点的刚度计算公式	拟合了节点轴向、抗弯、抗扭刚度计算的理论公式并通过大量有限元模型计算对其进行验证
	徐菁[10]	将半刚性分析方法应用于网壳结构设计中	可通过在杆件与节点连接端乘以折减系数的方法来考虑节点的半刚性特征
	Kato[11]	单层网壳在均布和非均布荷载作用下杆件截面的新配比方法	在进行单层网壳的整体分析时,可使用弹簧单元来连接杆件,通过改变弹簧单元刚度来模拟节点刚度
试验研究、有限元模拟、理论推导相结合	芦炜[12]	考虑焊接球节点弹塑性对单层网壳结构进行动力分析	节点发生压弯破坏的起始点位于球管连接处,且节点极限承载力与空心球壁厚、钢管直径呈正相关
	冯白璐[13]	焊接空心球节点网壳结构的节点刚度等效刚臂换算	可通过等效刚臂换算的方法考虑焊接空心球节点的半刚性
	刘海锋[14]	研究焊接球节点刚度对网壳结构有限元分析精度的影响	利用刚臂单元模拟空心球节点域、弹簧单元模拟节点刚度,实现既考虑节点域的实际大小又考虑节点半刚性

从表 1.2 中可以看出,焊接空心球节点的设计计算理论已经趋于成熟。但由于大跨度空间结构节点受力情况较为复杂,综合考虑多影响因素的焊接空心球节点刚度难以用解析解求得,因此,目前国内外确定节点刚度的主要途径仍是数值模拟与试验研究相结合的分析方法。

1.2.2　撑杆上节点

撑杆上节点是上层刚性网壳与下部柔性索杆体系的连接节点,就具体构件而言,此种节点一般是径向拉索、撑杆和上层网壳节点的汇交节点。一方面上层荷载通过上弦节点传递给下部索撑体系,另一方面下部索撑体系在施加预应力后通过此节点对上层网壳起到一个弹性支承作用,可近似理解为上层网壳的弹性支座。

为了满足撑杆上节点的结构功能要求,该节点处,径向拉索和撑杆均径向铰接在上层网壳节点。文献[1]提出了两种撑杆上节点形式,图1.5(a)是在网壳焊接球的下部沿径向设置一异形板,并将撑杆与异形板通过螺栓连接;图1.5(b)是在焊接球下方焊接一块一端压瘪的短管,并通过螺栓将撑杆与压瘪端连接。文献[1]通过分析认为图1.5提出的两种撑杆上节点方案虽然都实现了撑杆的径向转动,但是需要对连接构件进行精加工,成本较高,同时现场施工也显得较为烦琐;从受力方面看,方案1相比方案2,其强度更容易得到保证。随着弦支穹顶结构规模的增大,笔者认为如图1.5(a)所示的撑杆上节点方案1也不能满足撑杆上节点处的较大内力,因此可考虑在此方案的基础上,在焊接球内部沿径向索方向设置加劲肋,并使连接径向索的耳板与加劲肋形成整体,保证传力可靠性的同时加强焊接球的稳定性。图1.6所示为山东茌平体育馆弦支穹顶工程中采用的撑杆上节点。该节点在焊接空心球节点的基础上稍有改进,将连接径向拉索的两块耳板贯穿焊接空心球,其中,耳板2在与耳板1相交处剖断后焊接成 X 形再与空心球焊接成整体,耳板的位置根据径向索的方向确定,这样耳板除了起到耳板的连接作用外,还起到加劲肋板的作用,可防止空心球局部失稳。

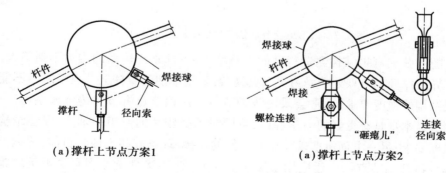

(a)撑杆上节点方案1　　　　　　(a)撑杆上节点方案2

图1.5　撑杆上节点形式

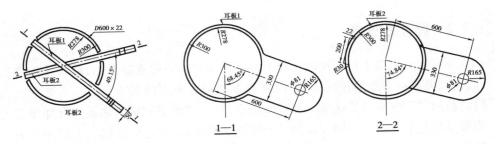

图1.6 山东茌平体育馆弦支穹顶撑杆上节点

对撑杆上节点的具体构造形式,日本学者提出了另外一种撑杆上节点形式,如图1.7所示。该节点是在单层网壳上采用预制的鼓形螺栓节点,下部构造出一块连接板,板上打孔,将撑杆用螺栓固定在板上。这种节点不仅非常巧妙地解决了连接问题,而且精致、美观,但目前来看并不一定特别适合我国的国情。因为上弦的预制鼓形螺栓节点需要采用浇筑的施工工艺,由于构件要求精度较高,在我国机械加工业尚不是很成熟的情况下,撑杆上节点的造价必然较高。由于该类型节点数目较多,所以这种做法可能会大大提高整个结构的造价。

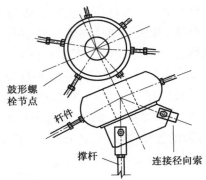

图1.7 鼓形螺栓节点弦支穹顶结构上部节点处理

随着弦支穹顶结构建造跨度的不断增大,下部索撑体系的内力不断增大,必然导致撑杆上节点处的受力更大更复杂,采用早期的撑杆上节点一般已不能满足结构的强度要求,通常会采用铸钢节点。铸钢节点将节点铸浇成整体:一方面节点本身具有良好的力学性能,可同时承受较大的弯矩和轴力,保证结构的强度要求;另一方面可实现节点与杆件的连接,现场安装方便。目前,铸钢节点作为撑杆上节点已广泛应用于实际工程中,如2008年北京奥运会羽毛球馆的撑杆上节点(图1.8)、常州体育馆的撑杆上节点(图1.9)。

图 1.8 2008 年北京奥运会羽毛球馆的撑杆上节点 图 1.9 常州体育馆的撑杆上节点

近年来,随着工程结构与理论发展的不断深入,新型向心关节轴承节点应运而生,它不仅能够实现节点的空间铰接,而且可利用此节点径向可转动、环向可微动的特性来改变传统的环索张拉形成预应力的作用机理,因此可将其应用在弦支穹顶结构的撑杆上节点中。图 1.10 为向心关节轴承的效果图,向心关节轴承一般在低速状态下作摆动、倾斜和旋转等形式运动,其基本构成为内、外两个互补的圆环。作为通用机械零件,关节轴承具有转动灵活、结构紧凑、易于装拆等特点,能够满足重载荷和长寿命要求。

图 1.10 向心关节轴承

目前已有工程将新型向心关节轴承节点运用在撑杆上节点中,如天津东亚运动会自行车比赛场馆(图 1.11)。该工程张拉施工时采用张拉环索方式,与

图 1.11 天津东亚运动会自行车馆弦支穹顶向心关节轴承撑杆上节点

常规环索张拉的不同之处在于,张拉过程中环索与撑杆下节点相对固定,不产生滑动。张拉前通过精确的施工模拟分析,确定撑杆和索下料长度以及放样态节点坐标,一般来说,撑杆初始均处于偏斜状态;张拉时依靠向心节点轴承上节点环向微动特性,使下节点可以发生摆动,待撑杆处于设计状态时,下部张弦体系预应力分布也恰好达到设计状态。由于使用这种节点张拉时不涉及环索与撑杆下节点的相对滑移,因此它有效地避免了张拉过程中因环索与下节点摩擦产生预应力损失这一问题。但依靠撑杆节点位移实现环索的张拉需要使环向索、径向索及撑杆精确下料,并控制节点坐标,因此需要精确的张拉过程分析方可实现。向心关节轴承撑杆上节点利用向心关节轴承万向转动能力满足了撑杆径向可转动、环向可微动的力学要求;相比铸钢万向铰节点,其具有造价低廉、构造简单、加工周期短、便于施工过程调整等优势,仅需按照一般销轴铰设计加工,现场安装向心关节轴承即可。

1.2.3　索撑节点

索撑节点也称为撑杆下节点,它是将下弦环索拉力有效转换为对上部支撑力的关键构件。环向索、径向索和撑杆汇交于此,承受着多个方向的作用力,受力情况比较复杂。目前也是国内外学者研究得最多的节点。按照对环索的约束形式,索撑节点可分为两大类:一类是在节点处环索非滑动连接式,如图1.12所示,其中,图1.12(a)为日本学者在试验中采用的一种撑杆下节点形式,图1.12(b)是天津大学陈志华教授在充分分析图1.12(a)所示节点的优缺点后提出的一种撑杆下节点形式,图1.12(c)是日本光丘穹顶所采用的撑杆下节点实物图;另一类是环索滑动式连接,如图1.13所示。无论哪种连接方式,撑杆下节点的构造设计均需满足径向索作用力、环索作用力、撑杆作用力相交于一点的要求。对滑动式连接节点,在预应力施工张拉完成后仍需将拉索与节点进行有效锚固,防止拉索在非对称荷载作用下滑移,影响结构安全性。

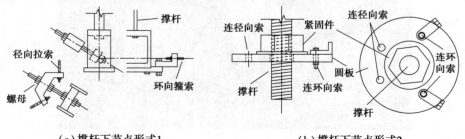

(a)撑杆下节点形式1　　　　　　　　(b)撑杆下节点形式2

(c)光丘穹顶撑杆下节点实物图

图 1.12 非滑动式撑杆下节点

图 1.13 滑动式索撑节点

　　弦支穹顶结构的索撑节点是结构中最为关键的节点之一,节点形式的选取决定了预应力施工方式的选取。弦支穹顶的预应力施工方法主要有顶升撑杆、张拉径向索、张拉环索 3 种。顶升撑杆和张拉径向索要求的顶升、张拉设备较多且同步性要求较高,因此对一些大跨度的弦支穹顶结构常采用张拉环索的预应力施工方法。采用张拉环索施加预应力时则要求环索能光滑通过撑杆下节点,以将张拉力传递给相邻索段。但是研究和实践表明,传统的滑动式撑杆下节点处不可避免地存在摩擦损失,导致索力不能有效传递,进而影响结构的整体性能。北京工业大学的学者针对 2008 年北京奥运会羽毛球馆工程,研究了索撑节点的摩擦损失造成的预应力损失对结构整体性能的影响,其研究结果表

明,这种预应力损失会使结构内力分布不均匀,结构的整体稳定性能下降20%
左右。因此,针对撑杆下节点处摩擦损失过大的问题,天津大学和浙江大学几
乎同时提出两种滚动式张拉索节点,均以滚动摩擦代替滑动摩擦,有效地减小
了预应力损失。其中,天津大学陈志华教授提出的滚动式张拉索节点已成功应
用在山东茌平体育馆弦支穹顶结构中,笔者攻读博士学位期间曾对此种节点进
行了理论分析和试验研究,发现采用滚动式张拉索节点可使相邻环索的预应力
损失值由21.65%降至10.85%。图1.14为滚动式张拉索节点模型示意图。

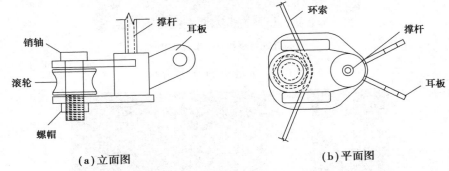

(a)立面图   (b)平面图

图1.14   滚动式张拉索节点模型示意图

对大跨度弦支穹顶结构,索撑节点的内力非常大且受力复杂,为了适应较
大的应力,工程中采用了铸钢节点。铸钢节点的设计应注意保证环索能够水平
光滑穿过,避免形成"折点"。因此,铸钢节点实质上属于滑动式连接节点。

1.3   弦支穹顶结构核心构件——拉索的设计与分析概述

拉索是弦支穹顶结构中的核心构件,其特性直接影响结构整体的力学性
能。与结构中的其他刚性构件不同,拉索作为一种柔性材料,除了在受力方面
该构件仅能承受拉力,拉索的材料特性诸如弹性模量、线膨胀系数、阻尼等参数
也与刚性构件有较大差别,从而使其力学性能变得更加复杂,对结构整体的影
响也相对复杂。此外,拉索本身构造的独特性,使拉索构件与其他构件之间的
连接也变得复杂。因此,为了深入掌握弦支穹顶结构的力学性能,国内外学者
对拉索也进行了研究。一方面,弦支穹顶结构与上部刚性单层网壳的最大区别
在于下部柔性拉索的引入,近年来,随着弦支穹顶结构工程应用的不断推广,国
内外学者对弦支穹顶的研究也从过去的传统结构本身性能的研究逐渐转移到

施工过程的控制理论研究上。另一方面,对于弦支穹顶结构而言,预应力的引入是结构施工过程中的一道关键工序,因此,对弦支穹顶结构的施工控制理论研究主要集中在拉索预应力的施加与控制方面。

1.3.1 弦支穹顶结构预应力施工方法

弦支穹顶结构预应力施工方法目前主要有 3 种:张拉环向索、张拉径向索和顶升撑杆,如图 1.15 所示。其中,张拉环向索是将张拉点布置在环向拉索上,利用张拉设备对环向索施加预应力使环向索伸长,然后将环向索不同索段相互固定;张拉径向索是将环向索长度和撑杆长度调整好后,直接对径向索张拉建立预应力,径向索张拉完成后通过索头锚具将拉索固定;顶升撑杆是通过调节撑杆长度来建立预应力的一种间接预应力施加方法。实际工程中,预应力的施加方法应根据张拉设备、同步性控制能力、预应力设计值等多个指标进行选用。

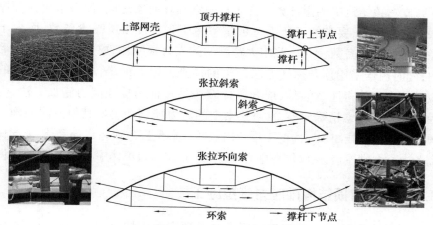

图 1.15 弦支穹顶结构预应力施加方法

由于弦支穹顶结构中的环索内力设计值较大,因此采用张拉环索方式时对张拉设备的要求较高。由于环索数量相比径向索和撑杆少,因此需要的张拉设备少,同时能够较好地同步控制。近年来,随着张拉设备性能的不断提升,张拉环向索施工方法因其张拉点少、设备和人员需求量小、施工周期短、同步性易于控制、环向索力易于保证等优点而逐渐被推广应用。如昆明柏联商厦采光顶的弦支穹顶结构采用张拉环向索方式施加预应力,施工时先将上部单层网壳安装定位,然后挂设斜索和撑杆,最后逐环张拉环索。其他采用张拉环向索施工方法的弦支穹顶结构工程还有山东茌平体育馆、天津东亚运动会自行车馆、常州体育馆椭球形弦支穹顶结构、2008 年北京奥运会羽毛球馆、三亚市体育中心-体育馆等。

在工程实践中,人们发现张拉环索方式施加预应力时往往因环索与撑杆下节点之间的摩擦,同圈环索内力不均匀,对结构的整体性能会造成不利影响。为了解决这种预应力摩擦损失,近年来出现了多种形式的撑杆下节点,从而有效地减少了张拉环索过程中的预应力损失。但对一些小型的弦支穹顶结构工程,结构中的径向拉索数量在可接受的范围内,张拉径向索不失为一种最有效地减小预应力损失的预应力施工方法。采用张拉径向索方式施加预应力工程应用包括济南奥体中心-体育馆、安徽大学体育馆、连云港体育中心-体育馆、重庆市渝北区体育馆、大连市体育馆和广州南沙体育馆等弦支穹顶结构工程。值得一提的是,大连市体育馆为一椭球形弦支穹顶结构,下部索撑体系采用椭圆形肋环型布置形式,同圈环索内力不等。

弦支穹顶结构中的撑杆数量介于径向索和环向索之间,如果采用顶升撑杆方法施加预应力,要求的液压设备数量将多于张拉环索所需设备数,而少于张拉径向索所需设备数。对一些中大跨度的弦支穹顶结构,撑杆数量在可接受范围内,同时由于采用顶升撑杆方法产生的预应力损失最小,故在弦支穹顶的早期应用较多。值得注意的是,顶升撑杆方法是一种间接预应力施加方法,需要对径向索及环向索精确放料,且对拉索中的内力控制性不如其他方法准确。采用顶升撑杆方法施加预应力的工程应用包括日本光丘穹顶和聚会穹顶、天津保税区商务中心大堂屋盖、武汉体育中心-体育馆、辽宁营口奥体中心-体育馆等工程。

1.3.2　弦支穹顶结构预应力张拉施工控制

针对弦支穹顶结构的施工过程尤其是预应力施加过程控制,近年来,国内外学者开展了大量的研究并取得了不少成果,如文献[15]基于有限位移理论,提出张拉施工模拟计算的循环前进分析方法,实现了施工状态的实时跟踪分析与控制;文献[16]提出了施工反分析法,并对弦支穹顶结构进行了施工全过程分析;文献[17]提出了张力补偿法计算张拉过程中索的施工张拉控制值,并可用该方法获取张拉施工中任一阶段的杆件内力和节点位移;文献[18]提出了修正的循环迭代法求解弦支穹顶结构的零状态,并在零状态的基础上采用控制索应力方法求出每级张拉控制力对应索原长,以方便求得各级张拉控制力下分批张拉时索的张力施工控制值、节点位移和杆件内力。

以上研究主要是解决如何将拉索预应力在数值模型中实现的问题,但是在施工过程中发现弦支穹顶的拉索与节点之间会产生摩擦损失,而这种摩擦损失对结构的整体性能将产生不容忽视的影响。围绕弦支穹顶结构拉索与撑杆下节点之间的摩擦损失问题,国内外学者从摩擦滑移系数取值、预应力张拉过程考虑摩擦损失的模拟计算方法以及摩擦损失对结构的具体影响等方面开展了系列研究,总结如下:

1)拉索与撑杆下节点间的摩擦系数取值

目前对拉索与撑杆下节点之间的摩擦取值研究,大多是针对某一具体工程中的特定节点展开的,计算时所采用的摩擦系数根据工程经验选定。王树等人在分析2008年奥运会羽毛球馆预应力摩擦损失时,考虑了节点内装置聚四氟乙烯片取0.03和聚四氟乙烯片失效取0.3两种情况,并计算出摩擦损失分别为0.85%和7%[19],这与监测得到的最大损失21%,平均8%～10%的结果有出入[20]。可见选用的摩擦系数不能与实际状态吻合。董石麟、张国发在分析拉索施工滑移时,将环索与节点间的静、动摩擦系数分别取为0.3和0.12,并通过试验对比了传统节点与新型节点的摩擦损失,强调实际工程中摩擦系数应通过试验确定[21,22]。赵霄[23]在济南奥体中心弦支穹顶模型试验中取拉索与节点间的静、动摩擦系数分别为0.22和0.088。Liu[24]在对一弦支穹顶分析摩擦损失时,取摩擦系数为0.4,并得出结论:摩擦系数、环索张拉点的数量和预拉力控制值对弦支穹顶结构影响很大,在设计时采取措施减小撑杆下节点处的摩擦系数。罗永峰[25]在研究张拉完成后节点对拉索的抗滑移性能时,试验测得节点处静摩擦系数为0.24,这从另一方面说明了张拉结束后拉索仍有可能出现摩擦滑移。此外,天津大学对弦支穹顶结构拉索与撑杆下节点之间的摩擦问题展开了一系列研究[26-30]。

2)拉索摩擦滑移的模拟计算方法

为了能够准确评估摩擦损失对结构性能的影响程度,国内外学者在连续索及预应力摩擦损失方面也进行了大量研究。如同济大学沈祖炎、河海大学唐建民提出了一种五节点等参单元模拟张弦结构中的连续拉索[31,32];浙江大学张志宏、董石麟,西南交通大学魏建东,清华大学聂建国均基于悬链线单元各自提出了考虑索段滑移的索单元[33-35];此外文献[36,37]应用冷冻升温法通过施加虚拟温度荷载使相邻索段内力相等达到连续索的目标;文献[38]建立了一种带索夹的三节点索单元,并通过附加广义自由度考虑索滑移;文献[39]基于连续索各索段应变一致提出了一种三节点折线索单元,并推导了该单元的刚度矩阵;

此后天津大学毋英俊等利用文献[39]的思想提出了基于 Lagrange 等参数单元、Green 应变和第二 Cauchy 应力的连续折线索单元分析技术[40]。文献[41]针对2008 年北京奥运会羽毛球馆工程,研究了索撑节点的摩擦损失造成的预应力损失对结构整体性能的影响,其结果表明这种预应力损失会使结构的内力分布不均匀,结构的整体稳定性能下降 20% 左右。因此,忽略索撑节点间的摩擦损失将明显高估结构的承载能力,在张弦结构的施工模拟分析中应考虑连续拉索与撑杆下节点间的摩擦损失。为此,天津大学刘红波基于虚拟温度思想和泛函广义逆的概念提出了考虑摩擦损失的迭代算法[42],浙江大学张国发提出了变索原长法考虑摩擦损失的影响[22],这两种方法均是通过改变拉索的内力建立摩擦力与索之间的平衡关系;魏建东提出了"三节点摩擦滑移索单元",并推导了该单元的单侧滑移刚度,但是计算过程非常复杂[43];文献[41]通过在环索节点和撑杆下节点间耦合自由度并增加变刚度弹簧单元来模拟弦支穹顶张拉环索时的带摩擦滑移;文献[44]建立了弦支穹顶结构中一索撑节点的实体模型,利用非线性接触单元分析了拉索与索撑节点间的滑移摩擦问题。

3)摩擦损失对弦支穹顶结构力学性能的影响

预应力张拉施工过程中的拉索滑移摩擦问题已引起学术界的广泛关注。针对摩擦损失对结构性能的影响,王树[41]通过有限元分析发现摩擦损失使2008 年奥运会羽毛球馆弦支穹顶的稳定承载力下降约 15%;张国发[21]通过改变节点形式减小摩擦损失,并指出摩擦会使结构内力分布不均匀,而对动力和稳定性基本没有影响;Dong[45]制作了跨度为 8 m 的弦支穹顶缩尺模型,发现环索节点存在较大摩擦力。Liu[29,46,47]首先基于冷冻升温理论和大曲率假设,分析得到了滑动摩擦对预应力结构的影响重大,同时分析了滚动式张拉索节点的摩擦损失及其对弦支穹顶的影响;Yan[48]曾针对平面型张弦桁架施工过程中的拉索摩擦滑移问题分析了摩擦损失对结构性能的影响,发现摩擦损失对上部结构的内力影响很大。Zhao[49]对一葵花形弦支穹顶进行数值模拟,发现当撑杆下节点处摩擦系数为 0.8 时,索力最大损失率可达 92.7%,并发现结构在拉索无滑移摩擦状态下承载能力是最大的,可见摩擦损失对预应力钢结构的影响不容忽视。

1.4　主要研究内容

1.4.1　现有研究中的若干问题探讨

弦支穹顶结构常用于大型公共建筑中,结构在施工与运营阶段的安全性是社会各界关注的重点。该结构的上部网壳多采用单层曲面网壳,而单层曲面网壳的面外刚度弱且对初始缺陷较为敏感;下部索杆体系在预应力施工过程中又不可避免地会产生预应力损失,致使结构的实际状态偏离其设计状态,留下一定的安全隐患。因此,为了保证弦支穹顶结构的长期安全性,有必要对其两部分子结构体系进行详细分析,厘清影响结构整体性能的关键因素以及具体影响规律。近年来,国内外学者对弦支穹顶结构开展了大量的理论分析、试验研究及工程应用,但细究起来,仍存在一些需要完善的地方,笔者结合自己的研究经历,认为弦支穹顶结构在推广应用过程中还需解决以下问题:

1)弦支穹顶上部节点焊接力学缺陷及对节点与结构力学性能的影响

弦支穹顶上部网壳常采用焊接空心球节点,由于节点处汇交杆件较多,布置了大量的球-管连接焊缝,焊接过程中产生的焊接应力和变形等焊接力学缺陷会降低节点与结构的刚度和稳定性,进而会对缺陷敏感的单层网壳造成不容忽视的安全影响。

目前,针对焊接球空心节点的研究主要集中在节点的半刚性和极限承载力两个方面。在半刚性研究方面,大多数是通过建立单个焊接球空心节点的有限元实体模型来分析,而有限元模型的材料属性却仍按理想钢材来定义,忽略了球-管焊缝产生的焊接残余应力的影响,导致理论分析得到的节点刚度与实际情况有所出入。在节点极限承载力方面,目前研究者通过数值模拟和试验研究相结合的方式确定了焊接球节点的承载力计算公式。从破坏形式来看,焊接空心球节点的受压破坏是薄壳稳定性问题,受拉破坏是强度问题,而焊接残余应力会减小焊件刚度、降低稳定性,焊缝受拉强度对焊缝中的裂纹、气孔等缺陷甚为敏感。因此,球-管焊缝对焊接空心球节点的受压和受拉承载力均会产生影响,尤其是实际工程在施工过程中经常会出现杆件下料尺寸不足,通过增大焊缝尺寸弥补时,其影响将更为突出,但目前的研究尚未考虑这部分因素。

因此,球-管连接焊缝对焊接空心球节点的影响将主要体现在节点刚度和节点材料损伤两个方面。为准确评估弦支穹顶结构的安全性,需在结构整体分析中引入这两个方面的影响。在刚度方面,目前已认识到节点半刚性对结构有不容忽视的影响,但节点刚度取值未考虑焊接残余应力的影响;此外,在分析过程中通常只考虑节点弯曲刚度的影响,而节点轴向刚度与弯曲刚度的耦合及其对结构性能的影响也尚待完善。

2)弦支穹顶索杆体系预应力摩擦损失机理及其对结构性能的影响

随着弦支穹顶结构的不断推广应用及结构跨度的不断突破,张拉环索方式将应用到越来越多的弦支穹顶结构中,施工过程中面临的连续环索与撑杆下节点间的摩擦滑移及其对结构性能的不利影响等问题将日益突出。因此,如何根据拉索本身及其与节点间的接触状态特征确定摩擦系数的取值,如何将摩擦滑移效应从单元层面上引入到结构整体的数值模拟中,进而精细化分析连续拉索的摩擦滑移对结构性能的影响都是当下需要解决的问题。

(1)基于拉索构造特征的拉索-撑杆下节点副摩擦系数准确取值问题

目前研究者计算弦支穹顶结构中的滑移摩擦时,选取的摩擦系数多根据工程经验,借鉴钢-钢接触副、钢-聚四氟乙烯接触副等的摩擦系数,但拉索与撑杆下节点间的接触状态远比传统意义上固体表面间的接触摩擦复杂。其原因在于:一方面拉索内力较大,拉索与节点间接触面通常处于弹塑性工作状态;另一方面拉索本身的构造特殊,通常是由多组基体通过绞捻后制成的,拉索横向刚度小,在局部挤压力作用下横向变形大的同时内部绞捻特性也发生变化,进而拉索与节点间的接触状态发生变化,影响摩擦系数的取值。此外,拉索与节点间摩擦系数有随张拉力的增大而增大的趋势;摩擦系数的实测数据也呈现出一定的离散性。现代摩擦学研究也表明摩擦系数是与多参数相关的复杂参数,其准确取值是一个复杂的问题,但它却是结构整体性能分析评估的基础条件,这就需要从摩擦学的本质出发,通过试验研究与理论分析建立摩擦系数的取值方法,为准确考查弦支穹顶的结构性能提供应用基础。

(2)环索张拉过程中摩擦损失的高效模拟问题

施工阶段的拉索摩擦滑移虽是一个动态过程,但人们关注的重点是环索张拉结束、结构成型后,已在结构内保持静止的预应力摩擦损失对结构影响的稳定状态。目前,研究者更多是在传统有限元基础上利用拉索内力与摩擦力之间的平衡关系,采用冷冻升温、变索原长、增加变刚度弹簧单元等方法来模拟预应力摩擦损失,而这些方法都是间接的近似等效方法,计算过程中需大量反复的迭代运算。已出现的连续折线索单元虽然能模拟弦支穹顶结构中的连续拉索,但是却忽略了关键的摩擦因素,从而降低了单元的实用性。因此,为了准确考查张拉过程中预应力摩擦损失对结构整体性能的影响,有必要提出一种静力学摩擦单元,从而建立起能够考虑摩擦滑移的连续折线索精细化数值模拟方法。

(3)摩擦滑移对弦支穹顶结构力学性能的影响规律

拉索与撑杆下节点间的摩擦滑移会使弦支穹顶结构在预应力施工阶段产生预应力摩擦损失,这会改变结构内的初始内力分布特征,影响结构的失效模式,但目前研究者对其具体影响规律的结论不一,如有学者分析 2008 年奥运会羽毛球馆时发现摩擦损失会使结构的极限承载力下降,也有学者在分析葵花形弦支穹顶时得出预应力损失,反而增强了结构的整体稳定性的结论。因此,针对施工阶段的拉索摩擦滑移问题展开研究,分析结构在经历预应力摩擦损失后的失效模式,是弦支穹顶结构理论体系中需要补充完善的。

1.4.2 本书研究内容

弦支穹顶结构作为大跨度预应力钢结构的一种主要形式,因结构效能高、施工方便而广泛应用于会展设施、机场航站楼、体育场馆、火车站房等重要的大型公共建筑中,其结构的安全性保障至关重要。然而,弦支穹顶结构作为一种新型复合预应力钢结构,上部网壳对缺陷甚为敏感,下部索撑体系预应力设计复杂,均会对结构安全性带来不容忽视的影响。本书立足于精准把控弦支穹顶结构的实际力学性能,从上部网壳焊接空心球节点的球-管焊接力学缺陷,下部索杆体系的预应力设计与摩擦损失机理,以及上下子结构体系的相互作用等方面对弦支穹顶结构进行了系统性精细化分析,以获取结构的实际承载性能,准确评估结构安全性,为结构的高标准建设提供理论基础。

本书第 2 和第 3 章主要围绕弦支穹顶上部节点的球-管连接焊缝焊接残余应力展开,研究了节点焊缝及热影响区域的焊接力学性能演变规律,明确了焊接过程中材料弹塑性发展区域,进而揭示了空心球节点焊接残余应力的分布模式及其对节点刚度与极限承载力的影响机制,并将这种影响引入弦支穹顶上部结构的力学性能分析中,得到了焊接残余应力对单层网壳结构整体性能的影响。

本书第 4—7 章主要围绕弦支穹顶结构下部索杆体系的预应力分析技术展开。

首先,考虑预应力在弦支穹顶结构中的重要地位,以及传统预应力设计方法计算复杂不易被一般工程人员掌握,第 4 章基于影响矩阵理论提出了一种简单快速、不需要反复迭代、可实现多目标同步优化且适用于非线性弦支穹顶结构的预应力优化计算方法,分别以位移最小、杆件总体弯矩最小、杆件总体轴向受力最小以及各优化目标相互组合为优化目标,推导了相应的优化方程,并结合具体工程的实际预应力设计值,从结构整体变形、杆件应力分布等方面开展了预应力优化比选工作,验证了影响矩阵理论在非线性弦支穹顶结构预应力优化中的可行性。然后,考虑弦支穹顶实际工程在环索张拉过程中两端索力不等且存在摩擦损失的现象,提出一种能同时考虑两端张拉控制力不等与各索撑节点处摩擦损失随机变化的预应力找力方法,并通过张拉试验验证了该方法的可靠性。

针对工程界对索撑节点与拉索间摩擦滑移系数难以准确取值的问题,本书第 5 章首先通过试验与数值模拟相结合的方法对摩擦滑移系数的影响因素与取值方法进行了研究,建立了考虑拉索绞捻特性、内部钢丝与钢丝之间以及外部钢丝与节点之间非线性接触滑移的精细化数值模型,分析了拉索张拉过程中接触应力的变化过程与材料的弹塑性发展机制,厘清了索撑节点处的宏观变形特征及其内部的接触状态变化过程,进一步揭示了摩擦滑移系数随张拉过程的变化规律。然后,针对索撑节点与拉索间的这种摩擦滑移现象,从结构整体高效分析的角度,根据有限元分析的具体格式推导提出了一种适用弦支穹顶结构的三维等效摩擦单元,以精细化分析预应力摩擦损失对结构整体性能的影响。

考虑弦支穹顶施工过程中各种缺陷均具有随机变化的特征,本书第 6 章基于概率统计原理重点分析了结构施工过程中的各种随机缺陷对弦支穹顶结构整体性能的影响。该章首先通过广泛调研、统计已建工程和试验的撑杆下节点种类及摩擦系数,基于数理统计分析了新型滚动式张拉索节点的摩擦系数数理特征,建立了索撑节点与拉索间摩擦滑移系数的随机数学模型,分析了弦支穹顶结构变形、关键杆件应力等力学性能对各索撑节点处摩擦滑移系数的敏感性,并计算统计出各力学性能随索撑节点处摩擦滑移系数随机变化的概率分布特征。然后考虑上部网壳的缺陷敏感性,综合分析了上部网壳节点安装偏差、杆件初偏心等随机缺陷与下部索杆体系预应力摩擦损失随机变化耦合作用下对弦支穹顶结构整体极限承载力的影响规律。

针对拉索在弦支穹顶结构中的核心地位以及拉索腐蚀损伤相较于普通钢构件的复杂性,本书第 7 章围绕弦支穹顶结构拉索在服役期间的腐蚀劣化问题,通过试验与数值模拟相结合的方式,研究了腐蚀影响因素对拉索腐蚀形态及力学性能的影响规律,并通过剖析腐蚀率与拉索力学性能参数间的数理关系,建立了拉索考虑腐蚀影响的本构模型,并进一步分析了拉索腐蚀对弦支穹顶结构内力、变形及稳定性等力学性能的影响。

　　弦支穹顶结构由上部网壳和下部索撑体系两个子结构体系组成,上部网壳是主要的承重结构,下部索撑体系优化上部网壳的内部力流,提高结构的整体效能,两者都对结构整体起着关键作用,但明确各部分的贡献度也是准确评估弦支穹顶结构安全性的前提条件。鉴于此,本书第 8 章分别以单层网壳极限承载力和弦支穹顶极限承载力的影响程度构建了权重矩阵,明确了结构构件在单层网壳和弦支穹顶中的权重,并采用层次分析法,推算出上部单层网壳和下部索杆体系在弦支穹顶结构中的权重。

第 2 章 弦支穹顶上部空心球节点焊接
残余应力分布规律研究

2.1 概述

弦支穹顶结构是在曲面网壳的基础上引入预应力索撑体系而形成的,上部网壳结构在整个结构体系中占据着重要位置,其结构性能的优劣在很大程度上决定着弦支穹顶结构整体的性能。然而,弦支穹顶结构的上部网壳作为一种典型的空间网格结构,杆件数量多且结构内部的力流传递路径复杂,工程中常使用焊接空心球节点来提高上部网壳的施工便捷性和传力可靠性。众所周知,焊接空心球节点是通过焊缝将杆件与节点连成整体,焊接区域的材料在不均匀升降温过程中不可避免地会产生焊接残余应力和残余变形等焊接力学缺陷,进而降低节点的刚度,改变节点的材料属性,并进一步影响节点的抗疲劳和脆断能力。有研究发现,焊接空心球节点上的热-管连接焊缝有时已成为结构坍塌的诱因,例如,文献[50]在介绍国外统计的钢结构工程坍塌事故时发现,19% ~ 27%的事故是由节点处连接破坏造成的(图 2.1),而杆件与节点间的焊缝连接破坏是节点破坏的主要原因之一[50];国内某焊接空心球网架塌落事故分析时也发现,结构破坏主要是因为杆件与焊接球连接焊缝处严重腐蚀(图 2.2),导致节点失效继而引起结构整体坍塌[51]。分析这些事故原因,主要是节点处的焊接残余应力一方面降低了节点刚度,使结构承载力不足;另一方面焊接过程改变了材料的金相组织结构,使焊接空心球节点与杆件的连接焊缝成为结构的薄弱环节;此外,空间网格结构的焊接成型是一个局部升降温过程,由于空间结构对温度较为敏感,不均匀的焊接温度将影响上部结构节点的初始位型,形成不可逆转的初始缺陷,进而影响空间网格结构的稳定性。

图 2.1　节点破坏始于焊缝处　　　　　　图 2.2　球-管焊缝锈蚀严重

　　弦支穹顶的上部网壳在节点处汇交杆件众多(图 2.3),密集的球-管连接焊缝对节点刚度及材料属性方面的不利影响有过之而无不及。尤其是当上部网壳为单层网壳时,结构面外刚度较弱,稳定承载力较差且对节点的刚度以及初始缺陷较为敏感。显然,焊接空心球节点处的焊接残余应力会对上部网壳的结构性能造成不利影响,这必然会直接降低弦支穹顶结构整体的力学性能,对结构的安全性能产生不可忽视的威胁。

图 2.3　焊接空心球节点

　　基于上述考虑,本章选取工程中使用频率较高的焊接空心球节点,通过试验研究与数值模拟相结合的方法,跟踪球-管焊接全过程,厘清节点在焊接过程中的非均匀温度场和塑性应变演变规律,并总结归纳出节点内的焊接残余应力分布规律,进而揭示焊接空心球节点焊接残余应力分布模式,为研究焊接残余应力对节点及结构整体力学性能的影响奠定理论基础。

2.2　焊接空心球节点焊接残余应力试验设计

　　为保证本章分析结果能与实际工程相结合,可参考《空间网格结构技术规程》(JGJ 7—2010)和《钢网架焊接空心球节点》(JG/T 11—2009),以工程中使用频率较高的焊接空心球节点为原型,制作 1 : 1 足尺试验模型,在山区桥梁及隧道工程国家重点实验室(重庆交通大学)内采用磁测法开展焊接空心球节点的焊接残余应力试验研究。

2.2.1 试件设计与制作

选取工程中使用频率较高的焊接空心球节点和圆钢管,同时为考查空心球直径 D、壁厚 t,以及钢管直径 d、壁厚 δ 对节点焊接残余应力分布模式的影响规律,基于正交试验设计思想以及《空间网格结构技术规程》(JGJ 7—2010)和《钢网架焊接空心球节点》(JG/T 11—2009),设计 8 组试件开展焊接空心球节点球-管对接焊缝焊接残余应力试验研究,试件的具体几何尺寸见表 2.1,单侧钢管长度 h 均取 470 mm,空心球节点及钢管均采用 Q235 钢材,且为同一批次。

考虑第 3 章要对焊接残余应力对节点力学性能的具体影响进行研究,还需对每组试件设置消除了焊接残余应力的对照组,具体设置情况见表 2.1,后缀带"-D"的为对照组。

表 2.1 试件参数表

试件编号	空心球直径 D/mm	球壁厚 t/mm	钢管直径 d/mm	钢管壁厚 δ/mm	是否消除残余应力
SJ1	280	8	89	6	否
SJ1-D					是
SJ2	300	8	89	6	否
SJ2-D					是
SJ3	350	8	89	6	否
SJ3-D					是
SJ4	300	8	114	6	否
SJ4-D					是
SJ5	300	10	114	6	否
SJ5-D					是
SJ6	300	12	114	6	否
SJ6-D					是

续表

试件编号	空心球直径 D/mm	球壁厚 t/mm	钢管直径 d/mm	钢管壁厚 δ/mm	是否消除 残余应力
SJ7	300	12	114	8	否
SJ7-D					是
SJ8	300	8	140	6	否
SJ8-D					是

　　球-管对接焊接前,对钢管端部按照《空间网格结构技术规程》(JGJ 7—2010)规定的构造要求设置坡口,并根据焊接手册设置焊接参数,见表 2.2。试验中的所有焊缝均采用大西洋 CHZ422 型焊条,焊接施工时,所有试件均由同一位专业焊工师傅按照规范以手工电弧焊在试验室内进行焊接,试件实物图如图 2.4 所示。

表 2.2　焊接参数

钢管壁厚 δ/mm	焊层道数	焊条直径/mm	电压/V	电流/A	速度/(mm·s⁻¹)
6	1	2.5	20	60 ~ 65	2.5
	2	4	22	135 ~ 145	1.66
8	1	2.5	21	65 ~ 75	1.68
	2	4	24	170 ~ 180	2.88
	3	4	22	175 ~ 185	2.08

图 2.4　部分焊接试件实物图

2.2.2 磁测法测量

磁测法是基于铁磁材料的磁致伸缩效应测量钢材内部的初始应力[52]，在平面应力状态下，主应力方向输出的电流差和主应力差有式(2.1)所示的单值线性关系。

$$(I_1 - I_2) = \alpha(\sigma_1 - \sigma_2) \tag{2.1}$$

式中　σ_1, σ_2——测点处的最大、最小主应力，MPa；

　　　I_1, I_2——最大和最小主应力方向电流输出值，mA；

　　　α——灵敏系数，mA/MPa。

由于主应力方向未知，主应力方向角和主应力差值可分别由式(2.2)、式(2.3)确定。

$$\theta = -\frac{1}{2}\tan^{-1}\left(\frac{2I_{45} - I_0 - I_{90}}{I_{90} - I^0}\right) \tag{2.2}$$

$$(\sigma_1 - \sigma_2) = \frac{I_{90} - I_0}{a \cos 2\theta} \tag{2.3}$$

式中　θ——σ_1与轴网竖直方向夹角；

　　　I_0, I_{45}, I_{90}——测量得到的0°，45°，90° 3个方向的电流值。

按上式求解出主应力差和方向角后即可用切应力差分法分离主应力，则任一点 P 的应力分量可按式(2.4)至式(2.6)进行计算。

$$(\sigma_x)_P = (\sigma_x)_0 - \int_0^P \frac{\partial \tau_{xy}}{\partial y}\mathrm{d}x \tag{2.4}$$

$$(\sigma_y)_P = (\sigma_x)_P - (\sigma_1 - \sigma_2)_P \sin 2\theta_P \tag{2.5}$$

$$(\tau_{xy})_P = \frac{(\sigma_1 - \sigma_2)_P}{2} \sin 2\theta_P \tag{2.6}$$

式中　$(\sigma_x)_0$——边界点的已知应力值，对自由边界$(\sigma_x)_0$取为0，计算时用增量代替微分。

根据莫尔圆由式(2.4)至式(2.6)即可确定 P 点的最大主应力与最小主应力，如式(2.7a)、式(2.7b)所示。

$$((\sigma_1)_P) = \frac{(\sigma_x)_P + (\sigma_y)_P}{2} + \sqrt{\left[\frac{(\sigma_x)_P - (\sigma_y)_P}{2}\right]^2 + (\tau_{xy})_P^2} \tag{2.7a}$$

$$((\sigma_2)_P) = \frac{(\sigma_x)_P + (\sigma_y)_P}{2} - \sqrt{\left[\frac{(\sigma_x)_P - (\sigma_y)_P}{2}\right]^2 + (\tau_{xy})_P^2} \tag{2.7b}$$

　　采用磁测法测量时,待试件焊接完成冷却至室温后,用角磨机配合细砂纸磨片对焊接空心球表面待测区域进行打磨,以去除污垢、油腻、氧化层。然后在空心球表面待测处建立辅助轴网,用方网格节点表示测点并进行编号,如图 2.5所示,其中,x 为空心球经度方向,y 为纬度方向。

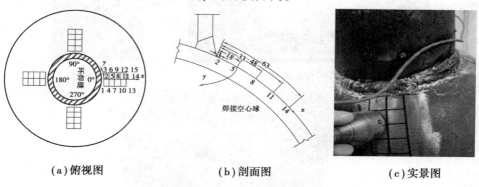

(a)俯视图　　　　　(b)剖面图　　　　　(c)实景图

图 2.5　残余应力测点布置

　　为不失代表性,从焊接起点开始沿环向每隔 90°设置成一个测试区,每个测试区沿经度方向均匀布置 5 个测点,沿环向布置 3 个测点,测量时将环向 3 个测点的平均值作为该经度位置的应力值,如式(2.8)所示,式中每个括号( )外的下标 α 表示沿环向的角度位置,可取 0°,90°,180°,270°;$\sigma_{\mathrm{I},\theta}$,$\sigma_{\mathrm{I},\varphi}$ 分别表示沿经度方向第 I 个测点的环向应力和经向应力平均值,其余类似;$\sigma_{1,\theta}$,$\sigma_{1,\varphi}$ 分别表示图 2.5 所示第 1 个网格测点的环向应力和经向应力,其余类推。测量时采用 SC21B 三维应力分布磁测仪,如图 2.6 所示。

$$
\begin{cases}
(\sigma_{\mathrm{I},\theta})_\alpha = \mathrm{average}\{(\sigma_{1,\theta})_\alpha,(\sigma_{2,\theta})_\alpha,(\sigma_{3,\theta})_\alpha\} \\
(\sigma_{\mathrm{II},\theta})_\alpha = \mathrm{average}\{(\sigma_{4,\theta})_\alpha,(\sigma_{5,\theta})_\alpha,(\sigma_{6,\theta})_\alpha\} \\
\vdots \\
(\sigma_{\mathrm{V},\theta})_\alpha = \mathrm{average}\{(\sigma_{13,\theta})_\alpha,(\sigma_{14,\theta})_\alpha,(\sigma_{15,\theta})_\alpha\} \\
(\sigma_{\mathrm{I},\varphi})_\alpha = \mathrm{average}\{(\sigma_{1,\varphi})_\alpha,(\sigma_{2,\varphi})_\alpha,(\sigma_{3,\varphi})_\alpha\} \\
(\sigma_{\mathrm{II},\varphi})_\alpha = \mathrm{average}\{(\sigma_{4,\varphi})_\alpha,(\sigma_{5,\varphi})_\alpha,(\sigma_{6,\varphi})_\alpha\} \\
\vdots \\
(\sigma_{\mathrm{V},\varphi})_\alpha = \mathrm{average}\{(\sigma_{13,\varphi})_\alpha,(\sigma_{14,\varphi})_\alpha,(\sigma_{15,\varphi})_\alpha\}
\end{cases}
\tag{2.8}
$$

具体测量步骤如下:

①将平衡探头及测量探头放置在参照试样上[图 2.6(b)],将磁测仪上的激励电流调至 125 mA,并将输出电流平衡调零;测定过程中将测量探头移至网

格交点后激励电流约为 150 mA,需保证其值误差不超过 1 mA。

(a)应力分布磁测仪

(b)测量探头

(c)测量过程

图2.6 磁测法测试过程

②将测量探头移至测点1,测出探头磁回路与 y 轴平行、垂直、成45°角等3个方位时的感应电流,即依次将探头上的0,45,90 标记分别调至与 y 轴平行,记录对应电流输出值,并分别记为 I0,I45,I90。重复以上步骤,完成所有测点位置的测量。

测量过程中需保证测量探头稳定无晃动,所有测点由同一位同学操作探头,尽量保证探头与球面接触方位相同。

按照上述方法可测得所有试件的焊接残余应力,限于篇幅,将各组试件的焊接残余应力试验值列于 2.5.2 节,与有限元模拟值进行对比分析,在此不再赘述。

2.2.3 超声冲击消除残余应力

分析焊接空心球节点焊接残余应力分布规律的主要目的是考查其对节点承载力、刚度等力学性能的具体影响,因此,后文在分析焊接残余应力对空心球节点力学性能的影响时尚需建立无(或减小)焊接残余应力的试验对照组。课题组采用超声冲击法对对照组试件(试件设置情况详见表 2.1)进行焊接残余应力的消除。为便于描述,本节提前介绍其具体方法。

　　首先将超声冲击设备与冲击枪进行正确连接,然后将冲击设备上的频率调至 20 000 Hz,用冲击枪以 2 cm/min 的均匀速度对焊缝进行正面连续冲击,冲击过程中维持冲击枪与焊缝的垂直以及冲击撞针与焊缝的持续接触。如图 2.7 所示为试验中所采用的超声冲击设备,其型号为 TY20-80,图 2.8 所示为课题组试验人员正在进行超声冲击消除焊接残余应力。

图 2.7　超声冲击设备　　　　　图 2.8　超声冲击消除残余应力

　　超声冲击前后的焊缝外观对比图如图 2.9 和图 2.10 所示,可以看出,超声冲击后,在焊缝表面产生较大的塑性变形,有一种颗粒感,表层的金属晶格发生了变化,焊缝表层金属晶粒细化。

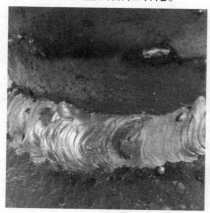 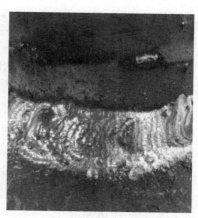

图 2.9　超声冲击前焊缝局部细节　　　图 2.10　超声冲击后焊缝局部细节

　　超声冲击完成后,可用 2.2.2 节的方法测量焊接空心球节点的剩余焊接残余应力。

2.3　焊接空心球节点焊接残余应力数值模拟理论与方法

由于试验时测点布置具有局限性,只能得到有限测点的残余应力,为全面获取焊接残余应力在焊接空心球节点内的分布规律,利用有限元软件 ANSYS 建立各组试件的精细化数值模型,并将数值模拟结果与试验结果进行对比,在验证数值模拟方法可靠的基础上,可全面剖析焊接残余应力在空心球节点上的分布模式。

2.3.1　焊接热过程有限元分析特点

1)焊接热过程的特点

在焊接过程中,被焊金属由于热量的输入和传播,经历加热、融化和随后的连续冷却过程,通常被称为焊接热过程。焊接热过程比一般热处理条件下的热过程复杂得多,具有局部集中性、焊接热源运动性、焊接热过程瞬时性、焊接传热过程复合性等特点。其中,焊接热过程的局部集中性和瞬时性以及热源运动性,可以通过生死单元技术逐步施加热源进行模拟。复合性则不能完全考虑,使得焊接传热问题十分复杂,采用有限元进行模拟时,需要进行一定的简化。

2)焊接质量的影响和决定因素

如前所述,焊接是一个十分复杂的过程,通过时空有限元法模拟焊接过程是材料及构件的热和力学的耦合行为,要想精确分析焊接残余应力和焊接残余变形,目前的计算机技术是难以实现的,需要把握影响焊接热过程的主要因素。焊接热过程中以下几个方面的作用将影响和决定焊接质量:

①热量大小与分布状态决定了焊接熔池的形状和尺寸;

②焊接熔池冶金反应的程度以及热的作用和熔池存在时间的长短;

③焊接热过程各个参数的变化影响熔池凝固、相变过程;

④不均匀的加热和冷却;

⑤在焊接热作用下可能产生各种形态的裂纹以及其他冶金缺陷。

决定焊缝质量的因素同时决定着焊接数值模拟的正确性。上述前 3 个方面的作用由热源类型、焊接速度、材料热物理性能参数决定;在数值模拟中实际上也直接包含了第 4 个方面的影响,对于第 5 个方面,目前只能进行简化,忽略裂纹以及其他冶金缺陷。

3)有限元模型的简化

一方面通过时空有限元法模拟焊接过程属于热和力学的耦合行为;另一方面焊接过程的温度变化规律以及温度与材料特征值之间的关系研究数据不全,尤其是高温状态的相关数据更加匮乏,使得完全精确模拟焊接过程较为困难。因此,考虑影响焊接过程的因素较多,焊接过程较为复杂,将焊接过程分解为热力学过程、力学过程和金相学过程来分析,从工艺角度来看,是分析温度场、应力应变场和显微组织状态场。如图 2.11 所示为三者之间的关系,图中实线箭头表示影响强烈,虚线箭头表示影响较弱,通常在工程中将其忽略。从图 2.11中可以看出三者之间相互影响,但影响程度不同,如焊接温度场和显微组织状态场对焊接应力应变的影响很大,反之却无影响,所以在计算焊接应力应变场时将它们之间的耦合关系简化为单向耦合,即忽略焊接应力应变场对焊接温度场和显微组织场的影响。

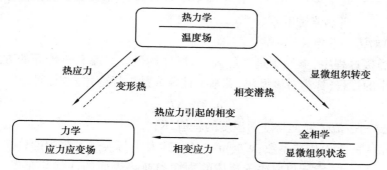

图 2.11 焊接过程物理场的分解与相互影响图[53]

综上所述,由于只关注焊接过程的力学性能演变规律,仅需考虑主要的影响因素,从而将模型进行简化[54],主要包括:

①忽略焊接过程冶金作用以及缺陷和裂纹的形成;

②简化热源模型和边界条件;

③将热分析与结构分析分离,仅考虑热分析对结构分析的耦合作用;

④将非线性热弹性-黏弹性模型简化为线性热弹性模型;

⑤将热辐射简化进对流换热考虑;

⑥忽略熔池中流体换热;

⑦将模型对称化,简化为半个节点。

2.3.2 焊接热过程有限元分析理论

1)焊接传热基本定律

（1）传热导定律

在导热过程中,单位时间内通过给定截面的导热量,正比于垂直该截面方向上的温度变化率和截面面积,而热量传递的方向则与温度升高的方向相反。其基本表达式为

$$q_c = -\lambda \frac{\partial T}{\partial n} \tag{2.9}$$

式中 λ——热导率,$W/(m \cdot K)$;

$\frac{\partial T}{\partial n}$——温度梯度(单位长度上的温度变化);

q_c——热流密度,W/m^2,在坐标系中可将其转换为 3 个坐标轴方向的分量热流密度 q_x, q_y, q_z。

（2）对流换热定律

在焊接过程中,空气流过试件表面,试件热量以对流和热传导的方式传递到空气中的过程,称为对流换热,其基本计算式是牛顿冷却公式,即

$$q_k = \alpha_k \Delta T \tag{2.10}$$

式中 ΔT——流体温度与壁面温度的差值,K;

α_k——表面传热系数,$W/(m^2 \cdot K)$,其大小与换热过程中的许多因素有关,它不仅取决于流体的物性和换热表面的性状与布置,还与流速密切相关。

（3）辐射换热定律

在焊接过程中,焊接试件与周围环境中的物体以及焊接试件不同部位都在不停地向空间发出热辐射,同时又不断地吸收其他物体发生的热辐射。以辐射和吸收的方式进行的物体间的热量传递称为辐射换热。根据斯蒂芬-玻尔兹曼定律,受到物体辐射的热流密度 q_r 与其表面温度 T 的 4 次方成正比,其表达式为

$$q_r = \varepsilon C_0 T^4 \tag{2.11}$$

式中 ε——物体的黑度系数;

C_0——绝对黑体的辐射系数,$C_0 = 5.67 \ W/(m^2 \cdot K^4)$,适用于"绝对黑体",即能够吸收全部落在它上面的辐射能的物体。

焊接时相对较小的焊件(温度 T),在相对较大的环境中(温度 T_f)冷却,通过热辐射发生的热损失可按式(2.12)计算。

$$q_r = \varepsilon C_0 (T^4 - T_f^4) \tag{2.12}$$

为了在计算时能用统一的形式,将其转化为式(2.13):

$$q_r = \alpha_r (T - T_f) \tag{2.13}$$

式中　α_r——辐射传热系数,按式(2.14)计算。

$$\alpha_r = \varepsilon C_0 \frac{T^4 - T_f^4}{T - T_f} \tag{2.14}$$

(4)全部换热

将物体表面与外界交换热量的对流换热和辐射换热两种形式综合起来,引入一个总的表面传热系数 α 来考虑对流换热与辐射换热的综合影响,得到全部换热计算公式,即

$$q_T = q_k + q_r = (\alpha_r + \alpha_k)(T - T_f) = \alpha(T - T_f) \tag{2.15}$$

即

$$q_T = \alpha \Delta T \tag{2.16}$$

式中　α——总的表面传热系数,$W/(m^2 \cdot K)$。

2)焊接热传导数学描述

(1)热传导微分平衡方程

若一物体在加热过程中某一时刻处于平衡状态,则将其分割成若干个任意形状的单元体后,每个单元体仍然是平衡的;若分割后的每个单元体都平衡,那么就能保证整个物体的平衡。假设三组平面把物体分割成无数个微分平行六面体,在靠近物体表面处,只要这三组平面足够密,则被分割成微分四面体。现分别考虑物体内部任意一个微分平行六面体和表面任意一个微分四面体的平衡,推导热传导微分方程和热传导边界条件。

选择直角坐标系为参考系,物体内部各点的温度、热流密度是坐标的连续函数。在物体内部任一点的领域内取边长为 dx, dy, dz 的无限小正六面体微元,如图2.12所示。为简述方便,称外法线与坐标轴同向的3个面为正面,另外3个面为负面。假定热量沿着坐标轴正向传递,则热量从负面流入微元体并从正面传出。

根据热流密度的定义,单位时间内在3个负面上

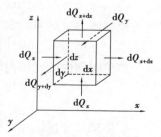

图2.12　导热分析微元体

的传热变化量可表示为

$$dQ = q_i dA dt \tag{2.17}$$

将热流密度函数按泰勒级数展开并略去高阶小量后,正面的传热变化量可由热流密度及一阶导数表示为

$$dQ_{i+di} = \left(q_i + \frac{\partial q_i}{\partial i} dx \right) dA dt \tag{2.18}$$

单位时间内由导热方式传入微元体的热量在 3 个方向上的增量为

$$
\begin{cases}
dQ_x - dQ_{x+dx} = -\dfrac{\partial q_x}{\partial x} dx dy dz dt \\[2mm]
dQ_y - dQ_{y+dy} = -\dfrac{\partial q_y}{\partial y} dx dy dz dt \\[2mm]
dQ_z - dQ_{z+dz} = -\dfrac{\partial q_z}{\partial z} dx dy dz dt
\end{cases}
\tag{2.19}
$$

单位时间内由导热方式传入微元体的净热量为

$$dQ_c = -\left(\frac{\partial q_x}{\partial x} + \frac{\partial q_y}{\partial y} + \frac{\partial q_z}{\partial z} \right) dx dy dz dt \tag{2.20}$$

根据傅里叶定律,有

$$
\begin{cases}
q_x = -\dfrac{\partial T}{\partial x} \\[2mm]
q_y = -\dfrac{\partial T}{\partial y} \\[2mm]
q_z = -\dfrac{\partial T}{\partial z}
\end{cases}
\tag{2.21}
$$

将式(2.21)代入式(2.20),有

$$dQ_c = \left[\frac{\partial}{\partial x}\left(\lambda \frac{\partial T}{\partial x} \right) + \frac{\partial}{\partial y}\left(\lambda \frac{\partial T}{\partial y} \right) + \frac{\partial}{\partial z}\left(\lambda \frac{\partial T}{\partial z} \right) \right] dx dy dz dt \tag{2.22}$$

根据体内生热率的定义,单位时间内微元体内生成的热量可表示为

$$dQ_g = q_v dx dy dz dt \tag{2.23}$$

单位时间内微元体内能增量可表示为

$$dQ = c\rho \frac{\partial T}{\partial x} dx dy dz dt \tag{2.24}$$

根据能量守恒定律,导热方式传入微元体的净热量加上微元体内热源生成的热量等于微元体内能的增量。微分式为

$$dQ_c + dQ_g = dQ \tag{2.25}$$

将式（2.22）、式（2.23）和式（2.24）代入式（2.25），整理可得热传导微分平衡方程。其表达式为

$$c\rho \frac{\partial T}{\partial x} = \left[\frac{\partial}{\partial x}\left(\lambda \frac{\partial T}{\partial x}\right) + \frac{\partial}{\partial y}\left(\lambda \frac{\partial T}{\partial y}\right) + \frac{\partial}{\partial z}\left(\lambda \frac{\partial T}{\partial z}\right) \right] d + q_v \quad (2.26)$$

式中　c——材料的比热容；

　　　ρ——材料的密度。

（2）边界条件

考察物体表面上任一领域的微分四面体的平衡。针对不同的边界情况，焊接过程中温度场的计算有以下几种边界条件：

①第一类边界条件，已知边界的温度值，即

$$T_s = T_s(x, y, z, t) \quad (2.27)$$

②第二类边界条件，已知边界上的热流密度，即

$$\lambda \frac{\partial T}{\partial x}n_x + \lambda \frac{\partial T}{\partial y}n_y + \lambda \frac{\partial T}{\partial z}n_z = q_s(x, y, z, t) \quad (2.28)$$

③第三类边界条件，已知边界上的物体与周围的热交换，即

$$\lambda \frac{\partial T}{\partial x}n_x + \lambda \frac{\partial T}{\partial y}n_y + \lambda \frac{\partial T}{\partial z}n_z = \alpha(T_\alpha - T_s) \quad (2.29)$$

当然，还有外界与物体无热交换的绝热边界条件，即

$$\lambda \frac{\partial T}{\partial n} = 0 \quad (2.30)$$

3）焊接热传导的有限元分析

由于焊接过程中温度场是时间与空间的函数，因此进行有限元计算时需要在时间和空间上进行离散。在空间域上，假定单元的节点温度线性分布，根据变分原理推导节点温度的一阶常系数微分方程组；在时间域上，将所得的方程组化为节点温度线性方程组的递推公式，再将每个单元矩阵组合起来，得到节点温度线性方程组并求解，便可得到焊接过程数值解[55]。在求解非线性问题时，找不到相应的泛函就采用加权残数法。

（1）空间域的离散问题

将研究对象划分为有限个单元，对应的形函数为 N，假设其中有 n 个节点，单元的节点温度为 T^e，那么每个单元内各节点的温度可表示为

$$T = NT^e \quad (2.31)$$

使用加权残数法，可得

$$KT + C \frac{\partial T}{\partial t} = P \quad (2.32)$$

式中　K——导热矩阵；

　　　C——比热容矩阵；

　　　T——节点温度列向量；

　　　P——节点热流率向量。其中，K,C,P 都是温度 T 的函数。

$$K = \sum (K_1^e + K_2^e) \tag{2.33}$$

式中　$K_1^e = \int_{\Delta v}\left(\dfrac{\partial N^T}{\partial x}\lambda\dfrac{\partial N}{\partial x} + \dfrac{\partial N^T}{\partial y}\lambda\dfrac{\partial N}{\partial y} + \dfrac{\partial N^T}{\partial z}\lambda\dfrac{\partial N}{\partial z}\right)\mathrm{d}v$——单元对热传导矩阵的
贡献；

　　　$K_2^e = \int_{\Delta s} N^T\alpha N\mathrm{d}s$——单元热交换边界对热传导矩阵的修正；

$$C = \sum C^e \tag{2.34}$$

式中　　$C^e = \int_{\Delta v} N^T\rho c N\mathrm{d}v$——单元对比热容矩阵的贡献。

$$P = \sum (P_1^e + P_2^e + P_3^e) \tag{2.35}$$

式中　$P_1^e = \int_{\Delta v} N^T Q\mathrm{d}v$——单元热源产生的温度荷载；

　　　$P_2^e = \int_{\Delta s} N^T q\mathrm{d}s$——单元热流边界的温度荷载；

　　　$P_3^e = \int_{\Delta s} N^T\alpha T_\alpha\mathrm{d}s$——单元对流换热边界的温度荷载。

（2）时间域的离散问题

空间域离散所得常微分方程组的数值积分方法的求解就是时间域的离散化。如时间步长为 Δt，在时间点 $(t+\Delta t)$ 建立差分格式，$\theta(0<\theta<1)$ 是加权系数。根据泰勒级数展开式可得

$$T^{(t+\Delta t)} = \theta T^{(t+\Delta t)} + (1-\theta)T^t + o(\Delta t^2) \tag{2.36}$$

$$\frac{\partial}{\partial t}T^{(t+\Delta t)} = \frac{1}{\Delta t}(T^{(t+\Delta t)} + T^t) + o(\Delta t^2) \tag{2.37}$$

将式（2.36）和式（2.37）代入式（2.32）中，再将 P 展开，可得

$$\left(\frac{1}{\Delta t}[C] + \theta[K]\right)T^{(t+\Delta t)} = \left(\frac{1}{\Delta t}[C] - (1-\theta)[K]T^t + \theta[P]^{(t+\Delta t)} + (1-\theta)[P]^t\right) \tag{2.38}$$

式中　$[C],[K]$——由 $(t+\Delta t)$ 时刻的温度 $T(t+\Delta t)$ 代入计算出的。

通过上述划分，可将常微分方程组化为代数方程组，从而计算出时间域内的温度分布。

需要说明的是,式(2.38)中的 θ 有不同的取值[56]:

①当 $\theta=0$ 时为向前差分格式;

②当 $\theta=1/2$ 时为 Crank-Nicolson 格式;

③当 $\theta=2/3$ 时为伽辽金格式;

④当 $\theta=1$ 时为向后差分格式。

向后差分格式和 Crank-Nicolson 格式都是无条件稳定的,但 Crank-Nicolson 格式的计算精度比向后差分格式高,并且取得的时间步长要求较小。伽辽金格式的稳定程度介于两者之间,是最常用的有限差分格式之一。

4)焊接残余应力应变计算方法

焊接过程是一个包含热学、力学和金相学的过程,根据前述分析,本书没有考虑焊接过程中显微组织对应力应变的影响。关于焊接应力应变场的分析,目前常用理论有固有应变法、热弹塑性分析法、黏弹塑性分析法、考虑相变和热应力耦合效应等。其中,热弹塑性分析是在焊接循环过程中通过跟踪热应变行为计算热应变和应力的,是最常见的分析手段,这种方法通过有限元在计算机上能较好地记录应力和变形的产生及变化过程。本书采用热弹塑性分析方法,借助有限元软件 ANSYS 实现焊接过程的模拟。

(1)塑性变形理论

①屈服准则[57]。屈服准则规定了材料进入塑性变形时应力所必须满足的条件。在进行简单的加载如拉伸(压缩)时,比较轴向应力和屈服应力的大小可以判断材料是否出现塑性变形。轴向应力还未达到屈服应力,则材料仍处于弹性阶段;如果轴向应力大于屈服应力,那么材料就进入塑性变形阶段。但是,在复杂应力状态下,材料是否达到屈服点进入塑性变形并不明显,如一个具有 6 个应力分量的复杂应力状态,单看一个应力分量能否达到屈服点是不能作为判断材料是否进入塑性变形的标准。通常在金属材料的有限元分析中采用 Von Mises 屈服准则,它是从能量的角度判断金属是否进入塑性变形的。在三维主应力空间,该屈服准则表达式为

$$\frac{\sqrt{2}}{2}\sqrt{\left[(\sigma_1-\sigma_2)^2+(\sigma_2-\sigma_3)^2+(\sigma_3-\sigma_1)^2\right]} \leqslant \sigma_s \tag{2.39}$$

等效应力大小为

$$\bar{\sigma}=\frac{\sqrt{2}}{2}\sqrt{\left[(\sigma_1-\sigma_2)^2+(\sigma_2-\sigma_3)^2+(\sigma_3-\sigma_1)^2\right]} \tag{2.40}$$

式中　$\sigma_1,\sigma_2,\sigma_3$——3 个主应力;

σ_s——材料的屈服极限。

②流动准则。流动准则描述了材料进入屈服后的塑性变形方向,即单个塑性应变分量(ε_x^p,ε_y^p,ε_z^p)随着屈服的发展方向而变化。塑性应变增量与应力状态之间的关系可用式(2.41)描述。

$$\mathrm{d}\varepsilon_p = \xi \frac{\partial f}{\partial \sigma} \qquad (2.41)$$

式中 ξ——比例系数;

$\dfrac{\partial f}{\partial \sigma}$——数量函数 f 对 σ 的偏导数;

$\mathrm{d}\varepsilon_p$——塑性应变增量。

式(2.41)虽然可以确定塑性变形的方向,但是不能确定塑性变形的大小,所以称为流动准则。在几何上,又可解释为塑性变形的方向与屈服曲面的法向一致,故也称为法向流动准则。

③强化准则。材料达到屈服点进入塑性变形后,如卸载后又加载,材料的屈服应力会比初始的屈服应力高,这种现象称为材料强化。强化准则描述了屈服准则随着塑性应变的增加发生的变化。常用的屈服准则有等向强化准则和随动强化准则两种。等向强化准则是指屈服面的尺寸根据塑性功的大小进行扩张,并且是所有方向的均匀扩张,即后继屈服面与初始屈服面的形状相同,尺寸不同,如图2.13所示。随动强化准则是指屈服面的大小保持不变,仅在方向上发生了移动,即在屈服过程中,后继屈服面只是初始屈服面的整体在应力空间上做了平动,尺寸不变,如图2.14所示。

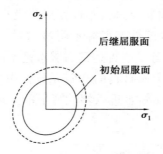

图 2.13 等向强化准则

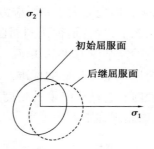

图 2.14 随动强化准则

(2)焊接应力应变计算方法

在弹性变形中,全应变增量为

$$\mathrm{d}\varepsilon = \mathrm{d}\varepsilon_e + \mathrm{d}\varepsilon_T \qquad (2.42)$$

在塑性变形中,全应变增量为

$$d\varepsilon = d\varepsilon_e + d\varepsilon_T + d\varepsilon_p \tag{2.43}$$

式中　$d\varepsilon_e$——弹性应变增量,按式(2.44)计算。

$\quad\quad d\varepsilon_T$——热应变增量;

$\quad\quad d\varepsilon_p$——塑性应变增量,按式(2.41)计算。

$$d\varepsilon_e = d\left[\left[D_e\right]^{-1}\sigma\right] = \left[D_e\right]^{-1}d\sigma + \frac{\partial\left[D_e\right]^{-1}}{dT}\sigma dT \tag{2.44}$$

其中,$\left[D_e\right]^{-1}$ 是与泊松比和弹性有关的弹性矩阵,随温度发生变化,即

$$d\varepsilon_T = \alpha_0 dT + T d\alpha_0 = \left(\alpha_0 + \frac{\partial\alpha_0}{\partial T}T\right)dT = \alpha dT \tag{2.45}$$

式中　α——随温度变化的线膨胀系数;

$\quad\quad \alpha_0$——初始线膨胀系数。

　　根据前述介绍的流动法则,f 为材料屈服函数 $f = f_0(\sigma_s(T), K(\varepsilon_p), \cdots)$,则有

$$d\varepsilon_p = \xi\frac{\partial f}{\partial\sigma} \tag{2.46}$$

　　将式(2.44)和式(2.45)代入式(2.42)中,有

$$d\sigma = \left[D_e\right]d\varepsilon - \left[D_e\right]\left(\alpha + \frac{\partial\left[D_e\right]^{-1}}{\partial T}\right)dT \tag{2.47}$$

　　将式(2.47)写成

$$d\sigma = \left[D\right]d\varepsilon - CdT \tag{2.48}$$

式中　$C = C_e = \left[D_e\right]\left(\alpha + \frac{\partial\left[D_e\right]^{-1}}{\partial T}\right)$,$\left[D\right] = \left[D_e\right]$。

　　将式(2.44)、式(2.45)、式(2.46)、式(2.48)代入式(2.43)中并化简,得

$$d\sigma = \left[D_{ep}\right]d\varepsilon - \left(\left[D_{ep}\right]\alpha + \left[D_{ep}\right]\frac{\partial\left[D_e\right]^{-1}}{\partial T}\sigma - \frac{\left[D_e\right]\frac{\partial f\partial f_0}{\partial\sigma\partial\sigma}}{S}\right)dT \tag{2.49}$$

　　将式(2.49)写成 $d\sigma = \left[D\right]d\varepsilon - CdT$ 的形式,有

$$\left[D\right] = \left[D_{ep}\right] = \left[D_e\right] - \frac{\left[D\right]_e\frac{\partial f}{\partial\sigma}\left(\frac{\partial f}{\partial\sigma}\right)^{\text{T}}\left[D_e\right]}{S} \tag{2.50}$$

$$C = C_{ep} = \left[D_{ep}\right]\alpha + \left[D_{ep}\right]\frac{\partial\left[D_e\right]^{-1}}{\partial T}\sigma - \frac{\left[D_e\right]\frac{\partial f\partial f_0}{\partial\sigma\partial\sigma}}{S} \tag{2.51}$$

综上所述,可得应力应变关系式:

$$d\sigma = [D]d\varepsilon - CdT \qquad (2.52)$$

结构的任一单元有平衡方程:

$$dF^e + dR^e = K^e d\delta^e \qquad (2.53)$$

式中　K^e——单元刚度矩阵;

　　　dF^e——单元节点力的增量;

　　　dR^e——单元处应变的等效节点增量;

　　　$d\delta^e$——节点位移的增量。

根据单元是处于弹性阶段还是塑性阶段,将上述式子综合化简,便能形成可以求解节点位移的代数方程:

$$Kd\delta = dF \qquad (2.54)$$

其中,$K = \sum K^e$,$dF = \sum (dF^e + dR^e)$,而在焊接过程中,因为节点外力 dF^e 一般都为零,所以 $dF = \sum dR^e$。

2.4　焊接空心球节点球-管焊接过程数值模拟

为了对比分析数值模拟结果与试验结果,根据表 2.1 分别建立各组试件的有限元模型,按照焊接工艺跟踪模拟热-管焊接全过程,剖析焊接过程中焊缝及热影响区域的温度场、应变场及应力场随焊接过程的变化规律,并与试验结果进行对比分析。

2.4.1　有限元模型

空心球节点的几何构造如图 2.15(a)所示,为了提高数值模拟的计算效率,根据空心球节点的对称性,建立球-管焊缝连接节点的 1/2 模型,下面以试件 SJ7 为例,详细介绍有限元模型的建立过程。

为了探究焊接温度在钢管上的影响范围,以及消除钢管端部约束对焊接区域模拟结果的影响,取 1.5d 作为钢管长度,建立 ANSYS 有限元模型示意图,如图 2.15(b)所示。为了确保计算精度,采用映射网格划分方法对有限元模型离散化,共计划分为 19 683 个有限单元、32 344 个节点,除壁厚方向外,单个单元尺寸均小于模型尺寸的 1/10。

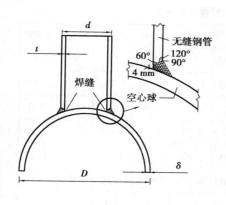

（a）几何模型

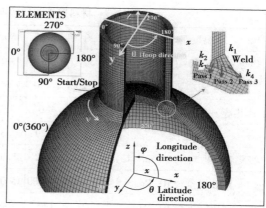

（b）有限元模型

图 2.15　球-管焊缝连接节点计算模型示意图

　　同时,由于钢管和焊接空心球的几何特征不同,以钢管焊接端面的形心为原点、钢管轴向为 z 轴建立柱坐标系;以空心球的球心为原点建立球坐标系,如图 2.21 所示。钢管上的各向应力、应变在柱坐标系中描述,空心球上的各向应力、应变在球坐标系中描述。为便于后文描述,钢管和空心球上各个方向的应力、应变符号按如下规则统一:

　　（1）钢管

　　沿钢管环向的应力、应变,分别记为 σ_θ,ε_θ;沿钢管长度方向（轴向）的应力、应变,分别记为 σ_z,ε_z;沿钢管壁厚度方向的应力、应变,分别记为 σ_r,ε_r。

　　（2）空心球

　　沿空心球纬度方向的应力、应变,分别记为 σ_θ,ε_θ;沿空心球经度方向的应力、应变,分别记为 σ_φ,ε_φ;沿空心球壁厚度方向的应力、应变,分别记为 σ_R,ε_R。

2.4.2　热-结构间接耦合数值模拟方法

　　焊接空心球节点的焊接过程涉及热、力、材料相变等多个物理过程的耦合效应,利用 ANSYS 的热-结构耦合分析功能,可对焊缝及其热影响区在焊接过程的温度场进行跟踪分析,并将其温度场准确施加到结构模型上,以获取焊接完成后的非均匀温度效应。为实现热-结构耦合分析,在模拟焊接过程的热分析时将有限元模型的所有单元均定义为 SOLID70 单元,在结构应力分析时再将所有单元转换为 SOLID185 单元。假定焊材和母材均为 Q235 材质,均具有相同的属性,并考虑其随温度发生实时变化,见表 2.3 和图 2.16。

表2.3　材料属性随焊接温度变化取值表

温度 $T/$℃	20	250	500	750	1 000	1 500	1 700	2 500
热导率 $\lambda/[\text{W}\cdot(\text{m}\cdot℃)^{-1}]$	50	47	40	27	30	35	45	50
密度 $\rho/(\text{kg}\cdot\text{m}^{-3})$	7 820	7 700	7 610	7 550	7 490	7 350	7 300	7 090
比热容 $c/[\text{J}\cdot(\text{kg}\cdot℃)^{-1}]$	460	480	530	675	670	660	780	820
泊松比	0.28	0.29	0.31	0.35	0.4	0.49	0.5	0.5
线膨胀系数$/(\times10^{-5}\text{ m}\cdot℃)$	1.1	1.22	1.39	1.48	1.34	1.33	1.32	1.31
弹性模量$/\times10^{6}\text{ Pa}$	205 000	187 000	15 000	70 000	20 000	0.002	0.001 5	0.001
屈服强度$/\times10^{6}\text{ Pa}$	220	175	80	40	10	0.1	—	—

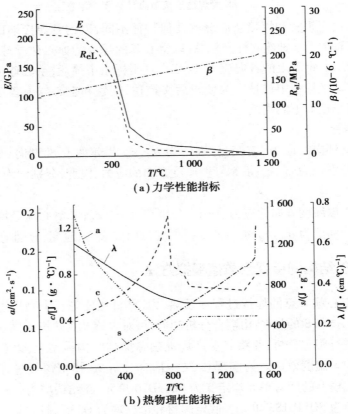

（a）力学性能指标

（b）热物理性能指标

图2.16　材料性能指标随温度变化的曲线

对模型的边界条件,在热力学分析时,模型初始温度和室温取 25 ℃；模型对称面以及钢管端面为绝热面,其余表面设置为对流换热面,对流换热系数取 30 J／(m² · s · ℃)。结构力学分析时,在空心球对称面上施加对称约束。为模拟球-管焊接所采用的手工电弧焊,采用式(2.55)的体生热率热源模型,根据现场施工的实际情况,电弧电压 $U=15$ V、焊接电流 $I=160$ A、焊接速度 $v=5$ mm／s、焊接热效率 $K=0.7$。球-管对接焊缝被划分为 3 层,由内至外进行焊道层数编号[图 2.15(b)],各层在环向被等分为 80 份,由此所划分的单个单元作为一个生热体。

$$HENG = \frac{K \cdot U \cdot I}{A_i \cdot DT_i \cdot v} \tag{2.55}$$

式中　A_i——各层焊缝横截面面积；

　　　DT_i——各单元焊接时间；

　　　L_i——各层焊缝长度,$i=1,2,3,\cdots$；

　　　$DT_i = \dfrac{L_i}{80}$。

除明确焊接模拟过程温度荷载的量值外,还需模拟焊接时热源的移动与焊缝的生成。ANSYS 中的"生死单元技术"通过"杀死"单元(修改单元的刚度至极小值),使与此单元相关的单元矢量荷载(如压力、温度)零输出；"激活"单元,则使单元参数恢复至正常状态[58]。建立有限元分析模型时将焊缝划分为若干单元,如图 2.17(a)所示；假定每个单元具有恒定的体生热率 HENG,如图 2.17(b)所示。

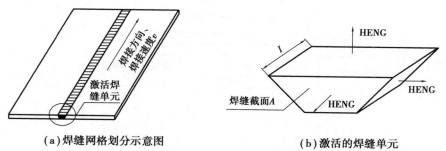

(a)焊缝网格划分示意图　　　　**(b)激活的焊缝单元**

图 2.17　"生死单元"焊接模拟方法

对焊接球的球-管焊接过程,其模拟的具体过程为:初始时刻将所有焊缝单元设置为"死亡"状态,如图 2.18(a)所示；然后由第 1 层焊缝至第 3 层从焊接起始点起,逐个激活各个焊缝单元,如图 2.18(b)所示。当某一焊缝单元被激活时,在此单元施加体生热率热源荷载,并删除前一被激活单元上的体生热率荷载,从而实现焊接热源的移动。在完成模型焊接热分析后转换分析单元,进行节点力学分析,提取热分析每一荷载步温度场分布结果,作为温度荷载再次施加在节点模型中并进行瞬态分析,最终得到节点的焊接残余应力分布,具体流程如图 2. 19 所示。本模型中,焊接过程共 240 个荷载步,总时长为 $(80 \times \sum DT_i)$。 如图 2.18(c)所示,所有焊缝单元被激活后则进入焊缝的冷却阶段,在冷却阶段模型与外界热量交换至模型整体恢复到室温 25 ℃。冷却时长共 80 min,分 20 个荷载步,每个荷载步步长 240 s,在第一个冷却荷载步中删除最后一个焊缝单元的体生热率。至此,完成球-管连接焊缝在焊接过程的热力学分析,然后将模型单元转化为力学分析单元,并在空心球对称面上施加对称约束,进行力学分析。

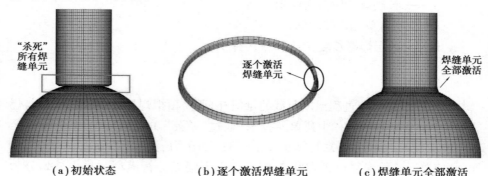

(a)初始状态 　　　　　(b)逐个激活焊缝单元 　　　　　(c)焊缝单元全部激活

图 2.18　焊接过程单元"生死"状态

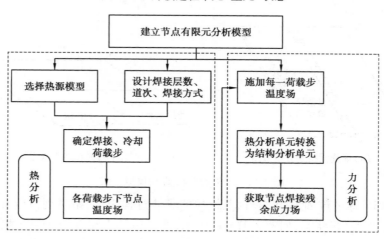

图 2.19　焊接过程模拟方法流程图

2.4.3　焊接温度场计算结果

焊接过程中的不均匀升降温过程是产生焊接残余应力的主要原因,因此厘清焊接过程中焊缝及其热影响区的温度场变化规律,可对后续球-管焊缝焊接过程模拟的准确性和有效性进行定性检验。但是,球-管对接环焊缝焊接过程有别于一般平板焊接和钢管对接焊接,特别是采用单道多层焊接工艺施焊时,准稳定态不明显,不能简化为轴对称模型。

本节从两个方面分析球-管对接环焊缝焊接温度场。首先选取焊接热源移动到各焊层 90°截面、180°截面、270°截面位置时的温度场计算结果,分析温度在整个模型上的分布规律。然后考虑在环焊缝模型中,相对于焊接起、终点位置,中间区域残余应力分布较为稳定,选取中间区域的 180°截面处焊缝附近的关键点,分析在整个焊接过程中关键点位置的温度变化。由于各试件的温度变化规律是相似的,此处限于篇幅,以试件 SJ7 为例,跟踪球-管对接单道 3 层焊接过程,对其温度场进行分析。

1)温度场分布云图

如前所述,焊接过程中焊接热源在焊道上从 0°位置逆时针经过 90°,180°,270°,360°依次循环 3 次完成焊层 1,2,3 的焊接。提取焊接热源分别经过三层焊缝的 90°,180°,270°位置时的温度场分布云图,如图 2.20 所示,图中左侧位置是模型整体俯视图,右上位置是热源中心剖面图,右下位置是空心球外表面俯视图。

从图 2.20 中可以看出,温度升高的范围随着焊接进行而逐渐扩大。这是由于前一层焊缝尚未完全冷却便开始下一层焊接,存在温度的叠加。沿焊缝长度方向没有明确的准稳定态,即随着焊接进行在焊接方向上的温度云图的逐渐变化无相对稳定形态。由热源中心剖面图还可以看出,在焊接各焊层时,沿焊缝厚度方向的温度场在各个焊层中保持相对恒定,在垂直于焊接方向存在准稳定态,即随着焊接进行在垂直于焊接方向上的温度云图保持相对恒定。从空心球外表面的温度云图可以看出,焊接过程中空心球外表面在靠近热源的温度场分布规律十分相似,其温度场云图呈现椭圆形且热源前方等温线密集,温变梯度大,温度下降剧烈;热源后方等温线相对稀疏,温度梯度小,温度下降缓慢。

此外,从图 2.20 中还可以看出,焊接热源附近的温度超过 650 ℃。由材料高温力学性能可知,此区域已转变为"力学融化区",其中红色区域温度高达1 450 ℃以上,为焊接熔池区。

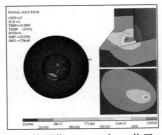
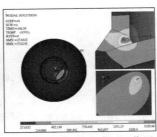
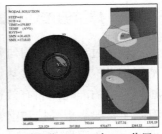

（a）热源位于Pass1中90°位置　　（b）热源位于Pass1中180°位置　　（c）热源位于Pass1中270°位置

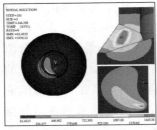
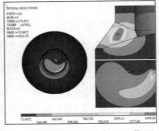
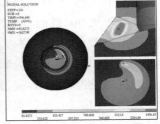

（d）热源位于Pass2中90°位置　　（e）热源位于Pass2中180°位置　　（f）热源位于Pass2中270°位置

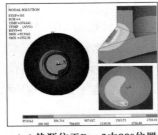
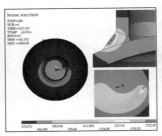
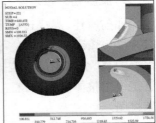

（g）热源位于Pass3中90°位置　　（h）热源位于Pass3中180°位置　　（i）热源位于Pass3中270°位置

图 2.20　焊接过程中温度场分布云图

2）温度时变规律

为考查焊缝及热影响区在整个焊接过程中的温度场时变规律,选取180°截面处焊缝附近的关键点进行分析。在钢管的内、外表面分别从焊缝根部开始沿钢管轴向每隔一个节点选取一个关键点,分析钢管热影响区温度随焊接过程的变化规律,绘制各关键点的温度时变曲线,如图2.21(a)、(b)所示;在空心球外表面从内外焊趾开始分别沿环焊缝内外侧每隔一个节点选取一个关键点,分析空心球热影响区温度随焊接过程的变化规律,绘制其温度时变曲线如图2.21(c)、(d)所示。

由图2.21(a)可知,在焊接第1焊层时,热源从0°截面位置这一相对较远区域逐渐向位于180°截面位置的钢管内侧关键点移动,所有关键点的温度先从室温开始缓慢升高,然后急剧升高。当热源到达所选关键点处180°截面位置时,其温度到达第一个极值,此时所选取的钢管内侧5个关键点的温度极值由下往上依次为1 421 ℃,662 ℃,409 ℃,319 ℃,269 ℃,随后随着热源远去而逐渐降低,至第1层焊接结束,5个关键点尚存余温,分别为158 ℃,156 ℃,155 ℃,154 ℃,153 ℃。

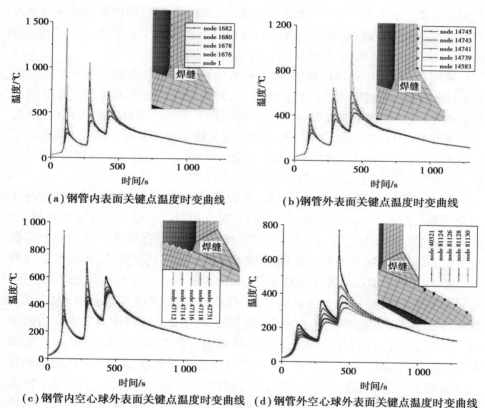

（a）钢管内表面关键点温度时变曲线　　（b）钢管外表面关键点温度时变曲线

（c）钢管内空心球外表面关键点温度时变曲线　（d）钢管外空心球外表面关键点温度时变曲线

图2.21　热影响区关键点温度随焊接过程变化曲线图

焊接第2焊层时,热源仍从0°截面位置的较远区域逐渐向关键点运动,所有关键点在上一层焊接结束时存在的余温基础上继续散热。因热源靠近增加的温度不足以弥补散失的热量,第2焊层焊接过程中,热源从0°截面到126°截面这一阶段,钢管内侧5个关键点的温度变化规律与第1焊层焊接时不同。其温度不是缓慢升高,而是继续缓慢降低,只是降低速率放缓而已,最终达到图2.20(a)中临界点1时各关键点的温度分别为141 ℃,139 ℃,138 ℃,136 ℃,

136 ℃,此时温度时变曲线的斜率接近零。随后与第 1 焊层焊接相似,因热源更加靠近,关键点温度急剧升高,5 个关键点温度分别再次到达第 2 个极值 1 044 ℃,847 ℃,603 ℃,478 ℃,406 ℃后,随热源远去逐渐降低,至第 2 焊层焊接结束,5 个关键点存在余温分别为 345 ℃,342 ℃,338 ℃,332 ℃,323 ℃。

焊接第 3 焊层焊缝时,与第 2 焊层焊接类似,热源从 0°截面移动到 153°截面阶段,钢管内侧关键点的温度缓慢降低至图 2.21(a)中的临界点 2,各关键点的温度分别为 274 ℃,271 ℃,268 ℃,265 ℃,261 ℃,随后随热源继续移动到关键点所在的截面位置,关键点温度分别急剧升高至第 3 个极值 739 ℃,709 ℃,611 ℃,523 ℃,460 ℃后,随热源远去而逐渐降低。

从图 2.21(a)中还可以看出,同一截面位置处在钢管内侧从上往下选取的 5 个关键点虽与焊缝距离呈线性比例减小,但热源靠近时其温度却呈指数型增长。此外,相比焊接第 2 焊层、焊接第 3 焊层时其升温临界点 2(153°截面)所处位置比临界点 1(126°截面)所处位置更靠近关键点所在截面。其原因是相对于焊接第 2 焊层开始时刻,焊接第 3 焊层开始时刻的 5 个关键点的温度会更高,因此热源需要更加靠近关键点才能使其温度再次增加。

由图 2.21(b)至图 2.21(d)可知,钢管外侧关键点、空心球上关键点的温度变化规律与图 2.20(a)所示的钢管内侧关键点相似。焊接第 1 焊层焊缝时,所有关键点的温度先从室温开始缓慢升高,然后急剧升高,当热源到达 180°截面位置时,其温度到达第 1 个极值,随后随着热源远去而逐渐降低;焊接第 2 和第 3 焊层时,所有关键点温度先继续缓慢降低,达到临界点 1 与临界点 2,随后随着热源更加靠近,关键点温度急剧升高,到达极值后,随热源远去而逐渐降低。其具体变化细节此处不再赘述。值得说明的是,图 2.21(a)中钢管内表面的关键点与图 2.21(c)中钢管内侧的在空心球外表面的关键点相似,由第 1 焊层到第 3 焊层焊接过程中,依次出现的 3 次温度极值逐渐升高;而图 2.21(b)中钢管外表面的关键点与图 2.21(d)中钢管外侧的在空心球外表面的关键点的 3 次温度极值却逐渐降低。这主要是因为第 1 焊层靠近钢管内侧,第 3 焊层靠近钢管外侧,在温度循环升温降温过程中,热源前方的温度梯度要远大于热源后方的温度梯度,导致急剧升温的速率要大于急剧冷却降温的速率。当焊接顺序为由内到外即从第 1 焊层到第 3 焊层的过程中,内侧关键点温度峰值逐渐降低,外侧关键点温度峰值逐渐升高。

对比图 2.21(a)至图 2.21(d),可以发现所有温度极值中属钢管内侧节点 1 位置处温度最高,为 1 421 ℃,超过低碳钢熔点 1 420 ℃,表明钢管 V 形坡口的尖端位置散热效果最差,是钢管上最高温度出现的区域。此外,所有关键点温度极值都超过了 400 ℃,将导致材料强度发生明显变化,进而影响焊接塑性变形,最终影响焊接残余应力。

2.4.4　焊接塑性演变过程

焊缝对焊接结构力学性能造成影响的主要原因是焊接高温使焊缝及热影响区形成热塑性区,因此,为了分析空心球节点的焊接力学性能,应在温度场计算结果的基础上分析焊缝及其附近区域的塑性演变过程。选取 180°截面上钢管内、外表面以及空心球在钢管内、外侧的 4 个关键点进行分析,由于球-管焊缝为循环施焊,所选取的节点也是具有典型代表性的,关键点位置如图 2.15(b)所示。由于冷却时间远长于焊接时间,为便于表达以荷载步数代替焊接时间进行分析。

1)钢管内侧关键点塑性演变规律

提取钢管内表面靠近焊缝的关键点 2 的塑性应变,绘制其随焊接过程的温度与塑性应变演变曲线,如图 2.22 所示。

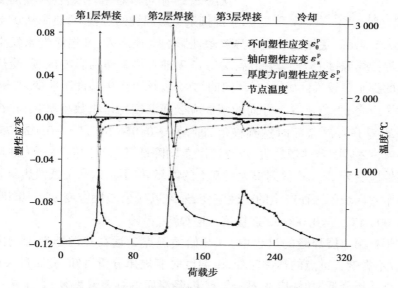

图 2.22　钢管内侧关键节点 2 塑性应变演化曲线

由图 2.22 可知,由于采用单道三层焊缝,该节点温度将 3 次达到温度极值,对应 3 个方向的应变也达到极值,可见塑性应变与温度密切相关。总体来看,该节点沿钢管轴向塑性应变 ε_z^p 与环向塑性应变 ε_θ^p 在整个焊接过程中为压应变,而沿钢管壁厚度方向的 ε_r^p 为拉应变,分析其原因主要是比该节点更靠近热源中心的钢材温度要远高于该节点,升温所致的膨胀程度也要大于此节点;而比该节点更远离热源中心的钢材温度又要低于此节点,升温所致的膨胀也小于此节点,因此,该节点同时受热源中心区域的膨胀与远离热源中心区域在环向和轴向的约束,故沿钢管轴向和环向为塑性压应变;而钢管壁厚方向钢管壁薄且节点位于内表面,该节点因升温在厚度方向膨胀时并无厚度方向的约束,故其沿厚度方向的应变表现为拉应变。

图 2.23　塑性影响区

为便于后文描述,将塑性应变临界位置与热源中心的距离定义为热源塑性影响区,如图 2.23 所示,进入此区域将由不均匀的温度场造成的不均匀膨胀而产生塑性变形,在此区域外不均匀温度膨胀不足以产生塑性变形。由温度场分析可知,在热源的不同方向,温度梯度不同,热源塑性影响半径也不同。

从图 2.22 中可以看出,在塑性应变演变过程中,在焊接第 1 层焊缝的过程中,热源从 0°截面移动到 157.5°截面,关键点 2 处于热源塑性影响半径之外,升温缓慢未发生塑性变形。焊接热源过 157.5°截面后,关键点 2 进入热源塑性影响区域,受热源中心区域的膨胀与较远区域轴向、环向的约束,使该点产生塑性压应变 ε_z^p 和 ε_θ^p 以及塑性拉应变 ε_r^p,之后各个方向的塑性应变随温度均呈指数型增长,并在焊接热源运动至 184.5°截面时达到极值,即 $\varepsilon_z^p = -0.056\ 69$,$\varepsilon_\theta^p = -0.023\ 75$,$\varepsilon_r^p = 0.080\ 44$。之后随着热源远去,焊缝温度急剧降低,钢材冷却收缩,关键点 2 处各项塑性应变 ε_z^p,ε_θ^p,ε_r^p 得到很大程度上的恢复,但不足以完全抵消热源靠近时因热源中心区域膨胀而产生的塑性应变,最终以残余塑性应变 $\varepsilon_z^p = -0.006\ 45$,$\varepsilon_\theta^p = -0.000\ 47$,$\varepsilon_r^p = 0.006\ 92$ 迎接第 2 层焊接。

在焊接第 2 层焊缝的过程中,一开始关键点 2 远在热源塑性影响区域之外,热源不影响关键点的塑性应变,由温度时变规律分析可知,此阶段关键点 2 温度继续缓慢降低,塑性应变 ε_z^p,ε_θ^p,ε_r^p 因降温而继续缓慢恢复,直至热源移至 126°截面,该点温度重新开始上升,此时塑性应变恢复至 $\varepsilon_z^p = -0.006\ 92$,$\varepsilon_\theta^p = -0.000\ 16$,$\varepsilon_r^p = 0.005\ 2$;此后,热源继续移动,关键点 2 尚未进入热源塑性影响范围,但该点温度已重新上升,由于周围材料升温将导致强度降低,使得该点处已有的残余塑性应变得到部分释放,各项塑性应变明显降低,至该点进入热源塑性影响范围前,该点各向塑性应变降至 $\varepsilon_z^p = -0.003\,7$, $\varepsilon_\theta^p = -0.000\,1$, $\varepsilon_r^p = 0.003\,8$;随后,关键点 2 进入热源塑性影响区域,该点塑性应变将由两部分合成:一是由热源中心区域的膨胀与较远区域的约束所产生的塑性应变;二是因升温材料强度降低而释放的塑性应变,此过程中, ε_z^p 和 ε_r^p 降低速率开始放缓, ε_θ^p 主要因热源中心区域膨胀与较远区域环向约束而逐渐增加,都在热源运动至 171°截面时达到临界位置,分别为 $\varepsilon_z^p = -0.002\,41$, $\varepsilon_\theta^p = -0.000\,82$, $\varepsilon_r^p = 0.003\,23$;随后,参考点塑性压应变 ε_z^p, ε_θ^p, ε_r^p 变化规律与第 1 层焊接相似,先呈指数型增长到达极大值,后因降温而恢复。唯一的区别在于,因关键点 2 处于热源中心膨胀环向拉伸区域, ε_θ^p 将逐渐减小最终转换成塑性拉应变,并在热源位于 184.5°截面时达到极值的过程。最终以残余塑性应变 $\varepsilon_z^p = -0.007\,46$, $\varepsilon_\theta^p = -0.000\,29$, $\varepsilon_r^p = 0.006\,95$ 迎接第 3 层焊接。

焊接第 3 层焊缝时, ε_z^p, ε_r^p 与焊接第 2 层时的变化规律相似,其区别在于,焊接热源到达 180°截面时,因关键点 2 位于钢管内侧第 1 层焊缝处,与热源存在一定距离,其塑性应变极大值比前两层焊缝焊接时小; ε_θ^p 因整个焊接过程中关键点 2 不再处于热源中心环膨胀拉伸区域,而不再有环向应变为拉应变的过程。焊接冷却后参考点将留下最终的残余塑性应变,分别为 $\varepsilon_z^p = -0.003\,8$, $\varepsilon_\theta^p = -0.000\,294$, $\varepsilon_r^p = 0.004\,04$。对比各层焊缝焊接结束时的残余塑性应变可知,对关键点 2,采用多层焊接能部分卸载,最终焊接残余应力在此位置也会相应减小。

2)钢管外侧关键点塑性演变规律

提取钢管外表面关键点 1 位置的塑性应变,绘制其焊接过程的温度与塑性应变演变曲线,如图 2.24 所示。

由图 2.24 可知,在焊接过程中,关键点 1 各个方向的塑性应变变化过程和分布规律,均与钢管内侧的关键点 2 相似。焊接第 1 层焊缝时,钢管外表面节点温度虽然低于内表面节点温度,但焊接热源中心区在内层钢管的膨胀也会引起外侧节点产生塑性应变,使外侧节点相比于内侧节点要提前进入热源塑性影响区域。当热源运动到 135°截面时,关键点 1 便进入热源塑性影响区域,由于关键点 1 主要受钢管内层的升温膨胀和较远区域在环向和厚度方向的约束,使得该节点的塑性压应变 ε_θ^p, ε_r^p 以及塑性拉应变 ε_z^p 逐渐增大,并当热源位于 175.5°截面时达到极值,分别为 $\varepsilon_z^p = 0.002\,1$, $\varepsilon_\theta^p = -0.000\,71$, $\varepsilon_r^p = -0.001\,6$。随后,关键点 1 进入热源中心膨胀区,使得 ε_θ^p, ε_r^p 逐渐减小,至热源经过 180°截面时开始转变为塑性拉应变, ε_z^p 逐渐减小并转变为塑性压应变,并分别在热源位于 184.5°截面、192.5°截面、189°截面时达到极值,分别为 $\varepsilon_\theta^p = 0.001\ 09$,$\varepsilon_r^p =$ $0.002\ 7$,$\varepsilon_z^p = -0.003\ 58$。之后热源消失,第 1 层焊缝冷却收缩,使各项塑性应变得到部分恢复,与内侧节点塑性应变随温度降低而一直缓慢恢复不同,关键点 1 处各项塑性应变恢复到一定值后,会因钢管内侧塑性应变的恢复而逐渐缓慢增大。相比于内侧节点,完成第 1 层焊接时,残余塑性应变减小约 66%,最终以 $\varepsilon_z^p = -0.002\ 17$,$\varepsilon_\theta^p = -0.000\ 06$,$\varepsilon_r^p = 0.000\ 224$ 迎接第 2 层焊缝。

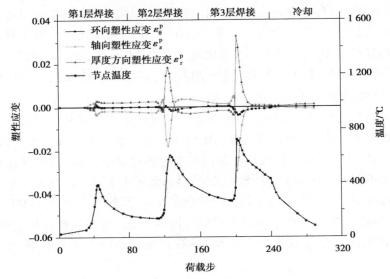

图 2.24　钢管外侧关键节点 1 塑性应变演化曲线

　　焊接第 2 层焊缝时,与钢管内侧相似,一开始关键点 1 因距焊接热源较远不受其影响,各方向塑性应变继续保持缓慢增加。与钢管内侧不同的是,关键点 1 再次进入热源塑性影响区域后,各方向塑性应变不是直接由热源中心区域膨胀与较远区域约束所产生的塑性应变和升温材料强度降低而释放的残余塑性应变叠加,而是由升温材料强度降低释放残余塑性应变与内层钢管热膨胀引起外侧节点产生塑性应变的叠加,从而使得 ε_θ^p 保持塑性压应变逐渐增大、ε_r^p 逐渐减小并转变为塑性压应变、ε_z^p 逐渐减小并转为塑性拉应变,最终在热源位于 171°截面时到达临界位置,之后则与钢管内侧相同;此外,热源远去,ε_z^p 直接因材料急剧冷却转化为塑性拉应变、ε_θ^p 则转化为塑性压应变。之后随着温度下降,ε_z^p,ε_θ^p 逐渐向零恢复。最终以残余塑性应变 $\varepsilon_z^p = 0.001\ 38$,$\varepsilon_\theta^p = 0.000\ 41$,$\varepsilon_r^p = -0.001\ 78$ 迎接第 3 层焊缝。

　　第 3 层焊接与第 2 层焊接相比,仅环向塑性应变变化规律略有不同,因整个焊接过程中关键点 1 都不再处于热源中心膨胀拉伸区域,而不再有 ε_{θ}^{p} 为环向拉应变的过程。最终焊接冷却后关键点 1 处将留下最终的残余塑性应变 $\varepsilon_{z}^{p} = -0.000\ 9, \varepsilon_{\theta}^{p} = -0.000\ 07, \varepsilon_{r}^{p} = 0.000\ 98$。

3)空心球上关键点塑性演变规律

提取空心球外表面靠近焊缝的关键点 3 与关键点 4 的塑性应变,绘制其随温度变化的曲线,如图 2.25、图 2.26 所示。

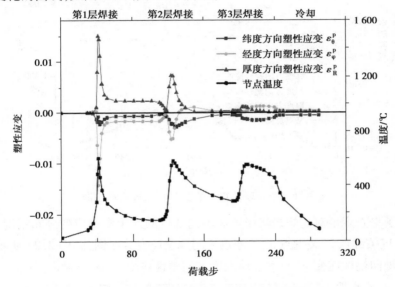

图 2.25　空心球内侧关键点 3 塑性应变演化曲线

沿空心球厚度方向、经度方向、纬度方向的塑性应变演变规律及其产生的原因和钢管上的关键点 1 与关键点 2 相似,限于篇幅不再详细描述其演变过程。从图 2.25 中可以看出,在空心球外表面、钢管内侧的节点 3 处,多层焊接能起到类似热处理的作用可减小塑性应变,在第 1 层焊接结束时,关键点 3 处残余塑性应变分别为 $\varepsilon_{\varphi}^{p} = -0.001\ 7, \varepsilon_{\theta}^{p} = -0.000\ 67, \varepsilon_{R}^{p} = 0.002\ 37$,在完成 3 层焊缝最终冷时,其残余塑性应变分别为 $\varepsilon_{\varphi}^{p} = 0.000\ 37, \varepsilon_{\theta}^{p} = -0.000\ 55, \varepsilon_{R}^{p} = 0.000\ 18$,分别降低了 121.8 %,17.6 %,92.4 %。

对比图 2.25、图 2.26 可以发现,空心球外表面上、处于钢管外侧的关键点 4 与钢管内侧的关键点 3 的塑性应变演变正好相反,关键点 4 从焊接第 1 层焊缝开始就一直积累塑性应变,第 1 层焊接完成时,其残余塑性应变分别为 $\varepsilon_{\varphi}^{p} = -0.000\ 2, \varepsilon_{\theta}^{p} = 0.000\ 31, \varepsilon_{R}^{p} = -0.000\ 11$,焊接完后,最终残余塑性应变分别为

$\varepsilon_\varphi^P = -0.001\ 55$，$\varepsilon_\theta^P = -0.000\ 17$，$\varepsilon_R^P = 0.001\ 72$，相比第 1 层焊接结束时分别增加了 675%，153.7%，$-166\ 4\%$。

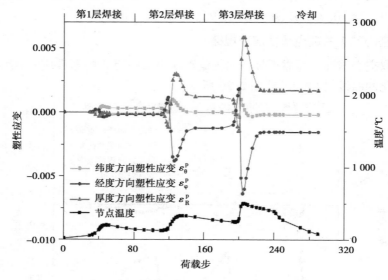

图 2.26　空心球外侧关键点 4 塑性应变演化曲线

　　为了更直观地对比焊缝热影响区不同部位的残余塑性应变分布情况，绘制关键点 1、关键点 2、关键点 3、关键点 4 的残余应变分布图，如图 2.27 所示。此处钢管轴向塑性应变 ε_z^P 与空心球经度方向塑性应变 ε_φ^P，统一用 ε_z^P 表示。

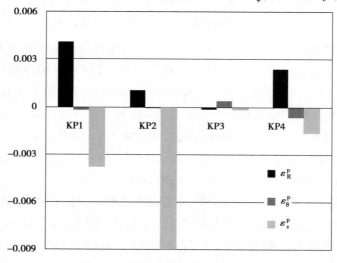

图 2.27　关键点最终残余塑性应变

从图2.27中可以看出,最终塑性应变在4个关键点位置处于同一水平,其中,关键点4,即空心球外表面、钢管外侧焊趾附近环向塑性应变最大为 $\varepsilon_\theta^p =$ $-0.000\,67$;空心球外表面沿空心球经度方向的塑性应变 ε_φ^p、厚度方向的塑性应变 ε_R^p 总体来说,都小于钢管沿其轴向和厚度方向塑性应变 ε_z^p 和 ε_x^p,其中,最大轴向塑性应变在关键点2处即钢管内侧坡口处为 $\varepsilon_z^p = -0.009$,最大厚度方向塑性应变在关键点1处即钢管外侧坡口处为 $\varepsilon_r^p = 0.004$。

2.4.5 焊接塑性应变分布模式

焊接残余应力是通过引入塑性应变来进行消除的,对焊接过程塑性应变分布规律的分析可以为消除焊接残余应力时外力作用区域提供指导,也能更好地理解残余应力分布的原因。由于在整个球-管对接焊接热过程中焊缝附近塑性应变呈三维空间分布,选取纬度方向为180°截面处钢管和空心球上内、外表面以及厚度中心表面所在的路径(图2.28),讨论焊接过程中的塑性分布以及球-管对接环焊缝焊接过程的塑性影响区范围。

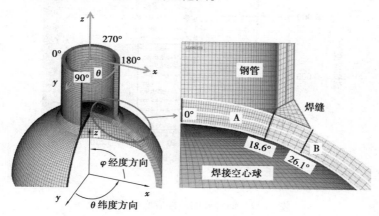

图2.28 空心球节点塑性应变分析路径示意图

1)钢管塑性应变分布

(1)钢管外侧路径

提取180°截面钢管外侧路径上、距焊趾不同距离(z取不同值)的参考点位置处的环向塑性应变 ε_θ^p 与轴向塑性应变 ε_z^p 的变化曲线,如图2.29所示。

由图2.29(a)可知,钢管外侧靠近焊接位置的节点塑性变化规律与2.4.4节钢管外侧关键点1相似,此处不再赘述。

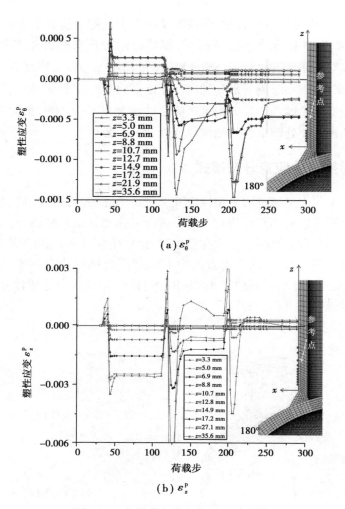

图 2.29　钢管外侧塑性应变变化曲线

  由图 2.29 可知,在焊接第 1 层焊缝的过程中,与焊缝的距离超过 21.9 mm 的区域将不会产生塑性变形,在距焊缝 8.8 mm 范围内,塑性应变会因为热源远离材料冷却而明显卸载;在焊接第 2 层焊缝的过程中,因热量积累增加,塑性变形范围将扩展到 35.6 mm,而冷却收缩卸载的范围也将扩展到 21.9 mm;在焊接第 3 层焊缝的过程中,因钢管外侧整体温度升高导致材料强度降低,以及前两层焊接产生了残余塑性应变,两者相互作用后塑性变形范围缩小为 19.5 mm,冷却恢复范围也缩小到 12.8 mm。各层焊接中,钢管外表面塑性应变临界位置见表2.4。

表 2.4　钢管外表面塑性应变临界位置

区域	第 1 层焊接/mm	第 2 层焊接/mm	第 3 层焊接/mm
塑性区	21.9	35.6	19.5
卸载区	8.8	21.9	12.8

（2）钢管厚度中心处的路径

选取模型中 180°截面处钢管厚度中心位置的所有节点，提取所有节点在整个焊接过程中的轴向塑性应变 ε_z^p，绘制 ε_z^p 的演变曲线，如图 2.30 所示。

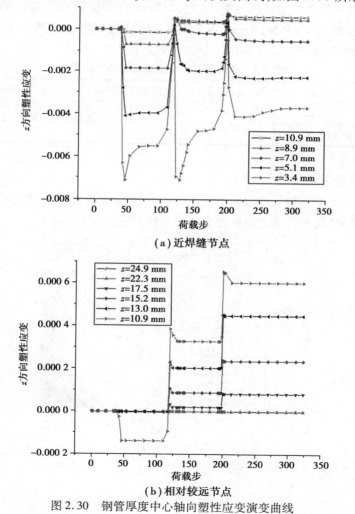

（a）近焊缝节点

（b）相对较远节点

图 2.30　钢管厚度中心轴向塑性应变演变曲线

图 2.30(a)为钢管厚度中心靠近焊接位置的节点塑性演变曲线,主要为塑性压应变,随着热源的靠近而产生塑性压应变,之后因为热源远离,部分范围塑性应变因冷却而得到部分恢复。图 2.30(b)为钢管厚度中心距焊缝相对较远处节点的塑性应变曲线,由于离焊缝相对较远,主要受热源靠近时热的膨胀作用,表现为塑性拉应变。

分析图 2.30 可知,在焊接第 1 层焊缝的过程中,与焊缝距离超过 15.2 mm 时将不会产生塑性变形,在距焊缝 7.0 mm 范围内,塑性应变会因热源远离,材料冷却而得到恢复;在焊接第 2 层焊缝的过程中,塑性变形范围将扩展到 22.3 mm,而冷却收缩恢复的范围将缩小,为 5.1 mm;在焊接第 3 层焊缝的过程中,塑性变形范围稍增大,为 24.9 mm,冷却恢复范围变化不明显,也为 5.1 mm。各层焊接中,钢管厚度中心处塑性应变临界位置见表 2.5。

表 2.5　钢管厚度中心塑性应变临界位置

区域	第 1 层焊接/mm	第 2 层焊接/mm	第 3 层焊接/mm
塑性区	15.2	22.3	24.9
卸载区	7	5.1	5.1

(3)钢管内侧路径

选取 180°截面钢管内表面上的所有节点,提取其在整个焊接过程中的塑性应变 ε_θ^p 和 ε_z^p,绘制关键点塑性应变演变曲线,如图 2.31 所示。

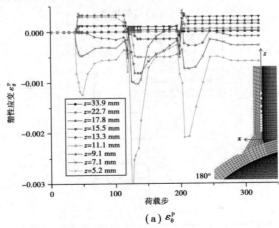

(a) ε_θ^p

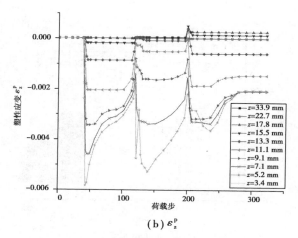

(b) ε_z^p

图 2.31　钢管内侧塑性应变演变曲线

从图 2.31 中可以发现，钢管内侧节点塑性演变规律与钢管外侧相似，并且随着与焊缝的距离增加，焊接对塑性变形的影响逐渐减小。分析图 2.31 可知，在焊接第 1 层焊缝的过程中，与焊缝的距离超过 17.8 mm 时将不会产生塑性变形，在距焊缝 11.1 mm 范围内，塑性应变会因为热源远离材料冷却而得到恢复；在焊接第 2 层焊缝的过程中，塑性变形范围将扩展到 22.7 mm，而冷却收缩恢复的范围变化不明显，为 11.1 mm；在焊接第 3 层焊缝的过程中，塑性变形范围稍增大，为 28.1 mm，冷却恢复范围变化略有增加，为 13.2 mm。各层焊接中，钢管外表面塑性应变临界位置见表 2.6。

表 2.6　钢管内侧塑性应变临界位置

区域	第 1 层焊接/mm	第 2 层焊接/mm	第 3 层焊接/mm
塑性区	17.8	22.7	28.1
卸载区	11.1	11.1	13.2

2）焊接空心球塑性应变分布

显然，为了便于分析，图 2.28 中以焊缝中心为界限，将空心球分为 A 区和 B 区（详见图 2.28）。下面在球坐标系中，从 A，B 区分别讨论焊接过程中空心球上塑性应变演化规律。为便于描述，将空心球在钢管内部中心位置设为 $\varphi=0°$，左侧焊趾位置 $\varphi=18.6°$，右侧焊趾位置 $\varphi=26.1°$。

（1）空心球外表面路径

选取 180° 截面处空心球外表面上的所有节点，提取其在整个焊接过程中的塑性应变 ε_θ^p 和 ε_φ^p，绘制所有节点在各层焊缝焊接过程中的塑性应变演化曲线，如图 2.32 所示。

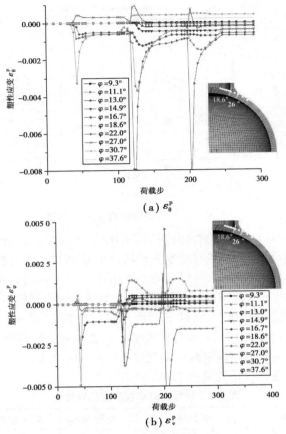

（a）ε_θ^p

（b）ε_φ^p

图 2.32　空心球外表面塑性演变曲线

从图 2.32 中可以看出,在焊接第 1 层焊缝的过程中,空心球外表面塑性压缩边界在 A 区 $\varphi=14.9°$位置、B 区 $\varphi=30.7°$位置。随着热源远离,焊缝开始冷却,塑性应变卸载边界在 A,B 区分别为 $\varphi=15.3°$位置和 $\varphi=27.9°$位置,但是冷却卸载不能完全抵消热源靠近时产生的塑性应变,且卸载区域完全在压缩区域范围内。在焊接第 2 层焊缝的过程中,空心球外表面塑性压缩边界分别为 $\varphi=15.8°$位置、$\varphi=40.2°$位置,与焊接第 1 层不同,在 A 区,所有塑性压应变全都因冷却收缩而转化为塑性拉应变,收缩边界发展到 $\varphi=8.8°$位置,B 区则与第 1 层焊接相似,收缩范围在压缩范围内,边界为 $\varphi=30.7°$位置处。在焊接第 3 层焊缝的过程中,空心球外表面塑性压缩边界分别为 $\varphi=17.2°$位置、$\varphi=41.7°$位置,冷却收缩范围有所减小,分别为 $\varphi=15.3°$位置、$\varphi=31.7°$位置。各层焊接中,空心球外表面塑性应变临界位置见表2.7。

表2.7　空心球外表面塑性应变临界位置

区域		第1层焊接/(°)	第2层焊接/(°)	第3层焊接/(°)
A 区	塑性区边界	14.9	15.8	17.2
	卸载区边界	15.3	8.8	15.3
B 区	卸载区边界	27.9	30.7	31.7
	塑性区边界	30.7	40.2	41.7

（2）空心球厚度中心处路径

选取180°截面处空心球厚度中心处的所有节点,提取其在整个焊接过程中的塑性应变,绘制关键节点塑性应变演变曲线,如图2.33所示。

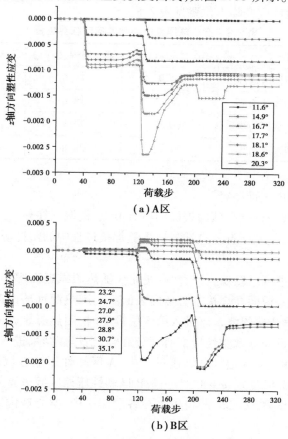

（a）A区

（b）B区

图2.33　空心球厚度中心塑性应变曲线

如图 2.33(a)所示为 A 区空心球厚度中心处节点的塑性应变演变曲线,所有节点均为压缩塑性应变;图 2.33(b)为 B 区空心球厚度中心关键节点的塑性应变演变曲线。分析图 2.33 中不同位置节点塑性演变曲线可知,在焊接第 1 层焊缝的过程中,空心球厚度中心塑性压缩区域边界在 A、B 区分别为 $\varphi = 14.9°$位置和 $\varphi = 24.7°$位置,卸载区边界在 A、B 区分别为 $\varphi = 18.1°$位置和 $\varphi = 20.3°$位置;在焊接第 2 层焊缝的过程中,塑性压缩区域边界在 A、B 区分别为 $\varphi = 11.6°$位置和 $\varphi = 28.8°$位置,卸载区边界在 A、B 区分别为 $\varphi = 18.6°$位置和 $\varphi = 24.7°$位置;在焊接第 3 层焊缝的过程中,塑性压缩区域边界在 A、B 区分别为 $\varphi = 18.6°$位置和 $\varphi = 30.7°$位置,卸载区边界在 A、B 区分别为 $\varphi = 20.3°$位置和 $\varphi = 27.0°$位置。与空心球外表面相比,卸载区域的范围明显缩短,说明在空心球厚度方向,随着距球外表面的距离增加,塑性卸载区逐渐减小。在各层焊接中,空心球厚度中心塑性应变临界位置见表 2.8。

表 2.8 空心球厚度中心塑性应变临界位置

区域		第 1 层焊接/(°)	第 2 层焊接/(°)	第 3 层焊接/(°)
A 区	塑性区边界	14.9	11.6	18.6
	卸载区边界	18.1	18.6	20.3
B 区	卸载区边界	20.3	24.7	27.0
	塑性区边界	24.7	28.8	30.7

(3)空心球内表面路径

选取 180°截面处空心球内表面的所有节点,提取其在整个焊接过程中的塑性应变 ε_θ^p 和 ε_φ^p,绘制所有节点在各层焊缝焊接过程中的塑性应变演化曲线,如图 2.34 所示。

从图 2.34 中可以发现,各塑性应变曲线随热源靠近而增加,但热源离去后并没有直接减小,说明在焊接空心球内表面不会因热源远离而产生塑性卸载区域。当热源从第 2 层焊缝末尾进入第 3 层焊缝时,因热源靠近,温度升高,致使材料强度降低,进而导致塑性应变有部分卸载,当焊接结束进入冷却阶段时,仍有部分区域卸载。在 3 层焊缝焊接过程中,A 区塑性压缩区域边界分别为 $\varphi = 11.6°$位置、$\varphi = 8.8°$位置、$\varphi = 8.8°$位置;B 区塑性压缩区域边界分别为 $\varphi = 26.1°$位置、$\varphi = 29.7°$位置、$\varphi = 33.9°$位置。在各层焊接中,空心球内表面塑性应变临界位置见表 2.9。

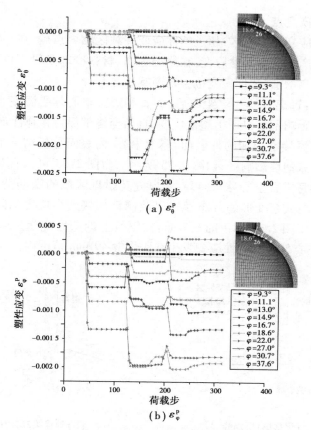

图 2.34　焊接空心球内侧塑性应变演变曲线

表 2.9　空心球内表面塑性应变临界位置

区域	第 1 层焊接/(°)	第 2 层焊接/(°)	第 3 层焊接/(°)
A 区塑性压缩边界	11.6	8.8	8.8
B 区塑性压缩边界	26.1	29.7	33.9

3)球-管焊接塑性影响区

根据钢管和焊接空心球的内外表面塑性应变分析结果,可将其节点区域划分为 3 个主要区域:

①塑性应变存在卸载区:因热源靠近升温产生的塑性应变,在热源远离、材料冷却阶段会得到明显恢复,恢复程度随着与焊缝的距离增加而逐渐减小,并

达到一个临界恢复点。

②缩塑性应变无卸载区:超过塑性应变卸载区临界点后,在一定区域内,因热源靠近升温产生的缩塑性应变,在热源远离、材料冷却阶段不再恢复,并且随着与焊缝的距离增加,塑性应变也会逐渐减小。

③弹性区:远离焊缝一定距离后,钢管和焊接空心球受温度和塑性区域材料共同作用的影响不足以产生塑性应变,自始至终都保持在弹性范围内。

将钢管和焊接空心球的外表面、厚度中心、内表面分析结果汇总便可绘制焊接空心球节点塑性影响区,如图 2.35 所示。由图 2.35 可以直观地观察到焊接过程及焊接完成后空心球节点球-管焊缝及附近区域的变形情况,这为后续焊接残余应力与残余变形的分布模式以及制订焊接残余应力消除措施奠定了理论基础。对于图 2.35 所示的 SJ7 而言,钢管上的塑性应变发生在距焊缝 38 mm 范围内,空心球上的塑性应变发生在距焊缝 49 mm 范围内。

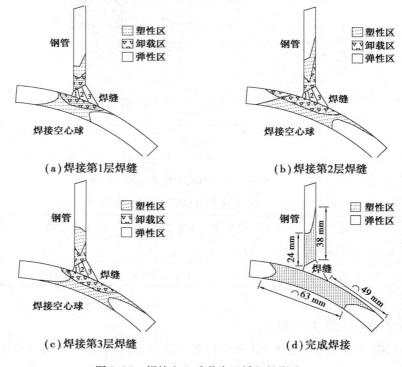

图 2.35　焊接空心球节点区域塑性影响区

2.5　焊接空心球节点焊接残余应力分布规律

由于焊接过程的温度场在节点内呈现出三维特征,节点内的焊接残余应力也呈现出空间三维特性。根据分析发现,节点的几何构造尺寸会影响焊接残余应力的数值大小,但不会对其分布规律产生较大影响。因此,本节在前述章节分析结果的基础上,仍以 SJ7 为例,对焊接空心球节点球-管连接焊缝焊接残余应力的分布规律进行介绍。

2.5.1　焊接残余应力分布规律

1)焊接残余应力分布云图

根据图 2.15(b)建立的坐标系,提取焊接结束后各个方向的残余应力云图,如图 2.36 所示。从图 2.36 中可以看出,各方向残余应力主要集中分布在焊缝附近,并且沿钢管圆周方向分布都比较均匀。

由图 2.36(a)可知,焊缝沿长度方向的收缩导致焊缝两侧的钢管和空心球也发生相应颈缩,可使环向残余应力得到部分释放;由于钢管的约束相对较弱,钢管发生的颈缩比空心球更为明显,从而导致空心球上环向残余应力 σ_θ 普遍大于钢管。此外,空心球上与焊缝直接接触的区域散热条件最差,焊接时的焊缝热量将直接传入此区域,而在冷却过程中热量又在焊缝热量散失之后最后冷却,从而会受到先冷却的外表面的约束作用,导致该区域应力表现为内表面受拉、外表面受压。最大环向残余压应力发生在空心球外表面距焊趾一定距离处,为 -222 MPa;最大环向残余拉应力则发生在焊缝下空心球内部,为207 MPa。

由图 2.36(b)、(c)可知,同样因为焊缝沿其长度方向的收缩引起钢管和空心球颈缩,使焊缝附近的钢管和空心球沿各自壁厚方向都表现出明显的弯曲特征。故在焊缝附近,钢管轴向残余拉应力与空心球经度方向残余拉应力都分布在各自内侧区域,最大值分别为 203 MPa,218 MPa;而压应力则分布在外侧区域,最大值都在焊趾处,分别为 -289 MPa,-223 MPa。

在焊缝外侧区域,钢管和空心球在各自厚度方向的残余应力值相对较低,除在焊缝交界处,其余位置都小于 30 MPa,而钢管轴向残余应力与空心球经度方向残余应力已接近材料屈服强度,会明显影响节点域的力学性能。

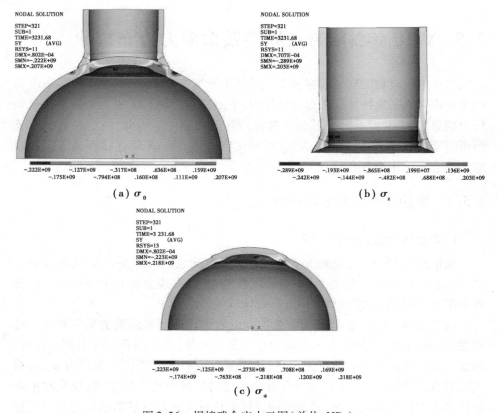

图 2.36　焊接残余应力云图(单位:MPa)

2)钢管内焊接残余应力分布规律

为厘清焊接残余应力在钢管内的分布规律,仍选取 FEA7 模型的 180°截面,分析钢管不同位置的残余应力分布规律。

(1)σ_θ 分布规律

从钢管内表面($r=0.049$ m)到钢管外表面($r=0.057$ m),绘制 7 条不同钢管厚度位置的环向残余应力 σ_θ 沿钢管轴向的分布曲线,如图 2.37 所示,其中横坐标 z 为距钢管焊接端的距离。

从图 2.37 可以看出,钢管的环向残余应力 σ_θ 在钢管不同壁厚位置上分布规律大致相似,在钢管坡口处略有差异。从钢管外侧焊趾($z=0.004$ 6 m)开始,随着离焊趾的距离增加,各管壁厚度位置上的 σ_θ 整体向拉应力方向发展,在 $z=0.01$ m 附近达到极值后向压应力方向转变,在 $z=0.021$ 6 m 附近达到极值压应力后再逐渐减小。

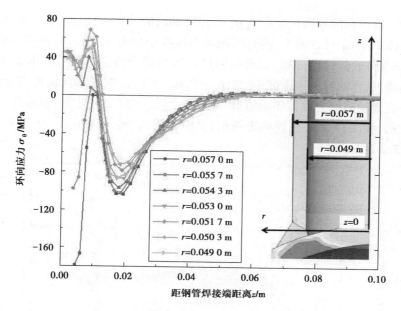

图 2.37　钢管不同位置上环向应力分布曲线

具体来看,钢管内侧表面($r=0.049$ m)上的 σ_θ 在钢管坡口处($z=0$ m)为拉应力 38.7 MPa;之后,随着离焊趾的距离增加而略有减小,在 $z=0.004\,5$ m 处达到极值 31.2 MPa;之后,随着离焊趾的距离增加而逐渐增大,在 $z=0.009\,1$ m 处达到极值 49.2 MPa;之后,随着离焊趾的距离增加而逐渐减小,在 $z=0.011\,6$ m 处变为 0;之后,随着离焊缝的距离增加,环向焊接残余应力 σ_θ 转为压应力,并在 $z=0.017\,8$ m 处达到极值-86.0 MPa;之后,压应力随着离焊趾的距离增加而逐渐减小。

钢管外侧表面($r=0.057$m)上的 σ_θ 在钢管坡口处($z=0.004\,6$ m)为压应力,且为最大焊接残余压应力,为-178.9 MPa;之后,随着离焊趾的距离增加而逐渐减小,在 $z=0.009\,7$ m 处达到极值-0.2 MPa;之后,随着离焊趾的距离增加压应力又逐渐增大,至 $z=0.019\,5$ m 处达到压应力极值-103.6 MPa;之后,压应力随着离焊趾的距离增加而逐渐减小。

此外,结合钢管的环向应力分布云图可以看出,钢管上最大环向残余压应力出现在钢管表面焊趾位置,最大环向残余拉应力出现在钢管壁厚度内部($r=0.051\,7$ m)距钢管焊接端部 0.008\,6 m 位置,为 68.5 MPa。

（2）σ_z 分布规律

仍然从钢管内表面($r=0.049$ m)到钢管外表面($r=0.057$ m),绘制 7 条不同钢管厚度位置的轴向残余应力 σ_z 沿钢管轴向的分布曲线,如图 2.38 所示。

从图 2.38 中可以看出,钢管的轴向焊接残余应力 σ_z 沿钢管壁中心线($r=$ 0.053 m 处)近似对称分布,表现出明显的弯曲受力特征。随着离钢管焊接端的距离增加,弯曲特征逐渐减小,并于 $z=0.025\ 6$ m 位置减小到接近零,此时钢管内外表面轴向应力取得相同值 10 MPa。之后,弯曲发生反向,弯曲效果逐渐增加,在 $z=0.037\ 2$ m 位置取得极值,此时钢管内、外表面的 σ_z 分别为-24.5 MPa、25.2 MPa。

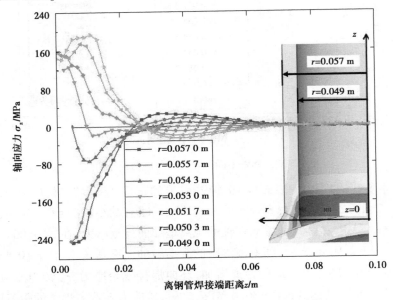

图 2.38 钢管不同厚度位置上轴向应力分布曲线

此外,从图 2.38 中还可以看出,在距离钢管焊接端 0.025 6 m 范围内,轴向残余压应力主要分布在钢管外表面区域,而轴向残余拉应力则主要分布在钢管内表面区域。其中,最大轴向残余压应力发生在钢管外表面焊趾位置,为-244.2 MPa;最大轴向残余拉应力发生在钢管内表面 $z=0.011\ 1$ m 位置,为 194.3 MPa。

3)空心球内焊接残余应力分布规律

(1)σ_θ 分布规律

如图 2.39 所示为空心球不同壁厚位置的 σ_θ 沿经度方向的分布曲线图,焊缝焊趾对应球面上的角度分别为 18.6° 和 26.1°,它将空心球划分为环焊缝内侧、环焊缝直接接触的焊缝区域和环焊缝外侧 3 个区域。从图 2.39 中可以看出,拉应力主要集中在焊缝及附近区域,压应力则集中在焊缝外侧区域。

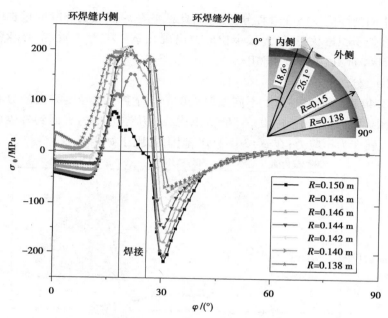

图 2.39　不同壁厚位置 σ_θ 分布曲线

（注：横坐标为球坐标系下经度方向的角度值 φ）

　　空心球不同壁厚位置的 σ_θ 沿经度方向的分布规律相似,焊缝区域的拉应力分别向环焊缝内外两侧逐渐减小,然后向压应力方向发展,直到一个临界位置后再向拉应力方向发展。具体来看,空心球内侧表面($R=0.138$ m)的环向残余应力在 $\varphi=20.8°$ 位置取得最大拉应力,为 191.0 MPa,拉应力沿空心球经度方向往焊缝内侧逐渐减小,在内侧焊趾处到达 189.2 MPa,随后继续减小并在 $\varphi=6.5°$ 位置取得极值,达到 14.0 MPa;往焊缝外也是逐渐减小,在外侧焊趾处到达 181.5 MPa,随后在 $\varphi=30.2°$ 位置到达 0,之后随着角度增加,空心球内表面上的焊接残余应力转为压应力,并于 $\varphi=32.8°$ 位置取得极值-66.4 MPa。空心球外表面($R=0.15$ m)的环向残余应力在 $\varphi=16.7°$ 位置取得最大拉应力,为 77.7 MPa,拉应力沿空心球经度方向往焊缝内侧逐渐减小,在 $\varphi=13.3°$ 位置到达 0,之后随着角度减小,空心球外表面上纬度方向残余应力转为压应力,并于 $\varphi=7.0°$ 位置取得极值-56.6 MPa;往焊缝外也是逐渐减小,在内外两侧焊趾位置分别达到 41.5 MPa,-10.4 MPa,在 $\varphi=31.7°$ 位置到达压应力极值为-203.9 MPa。

　　此外,结合图 2.36(a)和图 2.39 还可以看出,空心球上最大环向残余压应力出现在空心球外表面环焊缝外侧区域距外侧焊趾 $\varphi=5.6°$ 位置,由图 2.26 中关键点 4 的塑性应变演变过程分析可知,此区域在焊接三层焊缝的过程中塑性应变一直处于积累状态;最大残余拉应力出现在 $\varphi=20.8°$ 位置、空心球壁厚内部 $R=0.144$ m 处,为 206.1 MPa。

(2)σ_φ 分布规律

图 2.40 所示为空心球上不同壁厚处的 σ_φ 沿空心球经度方向的分布曲线图,从图中可以看出,在 $\varphi=0°\sim36°$ 范围内,σ_φ 从空心球内表面到外表面逐渐由拉应力转变为压应力;在 $\varphi=36°\sim90°$ 范围内,则正好相反。

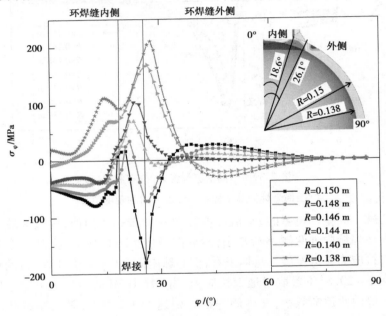

图 2.40　不同壁厚位置 σ_φ 分布曲线

(注:横坐标为球坐标系下经度方向的角度值 φ)

特别地,在空心球外壁上($R=0.15$ m),σ_φ 在 $\varphi=26.1°$ 位置处取得最大压应力,为 -180.3 MPa,之后随着 φ 增大而减小,并在 $\varphi=32.6°$ 位置到达 0;然后随着 φ 进一步增大,σ_φ 转为拉应力,并于 $\varphi=38.9°$ 位置处取得极值 28.6 MPa。在空心球内壁上($R=0.138$ m),σ_φ 则在 $\varphi=27°$ 位置处取得最大拉应力 205.1 MPa,之后随着角度 φ 增大而逐渐减小,在 $\varphi=36.2°$ 位置处取得与外壁相同的值 23.1 MPa,随后在 38.4° 位置达到 0,之后随着角度减小,转为压应力并于 $\varphi=48°$ 位置取得极值 29.4 MPa。

此外,对比焊缝同一位置处的 σ_θ 和 σ_φ,还可以发现 σ_φ 总是大于 σ_θ,这表

明在焊缝位置更容易使钢材沿经度方向发生屈服,即焊接空心球节点的轴向,尤其对受压节点,残余压应力与外载叠加会导致节点提取破坏;而在距离焊缝15~20 mm 的范围内,σ_θ 将达到峰值,这对节点受弯极其不利。

4)焊接残余应力沿纬度方向分布规律

从前述应力分布云图的结果容易看出,钢管上焊接残余应力沿其环向分布较为稳定,而焊接空心球上焊接残余应力沿纬度方向的变化情况不能直接从空心球应力云图中看出。因此,需要沿焊接空心球表面距球面焊趾不同距离的圆形路径,来分析焊接残余应力在纬度方向的变化规律。

提取 SJ7 有限元模型上空心球面距焊趾分别为 3,18,33,48,63 mm 处的 5条圆周路径上的 σ_θ 和 σ_φ,绘制其随圆周路径的变化曲线,如图 2.41 所示。从图中可以发现,在焊接始、末点(0°位置)附近,经度方向和纬度方向的残余应力变化较大,此变化随着离球面焊趾距离的增加而逐渐减小。对于 $S=3$ mm 的路径,σ_θ 在 11°位置取得最大压应力 $\sigma_\theta=-149$ MPa,在 45°位置取得最小压应力 $\sigma_\theta=-44$ MPa;σ_φ 在 11°位置取得最大压应力 $\sigma_\varphi=-186$ MPa,在 336°位置取得最大拉应力 $\sigma_\varphi=19$ MPa。在焊接起点到焊接终点的中间区域,σ_θ 表现出明显的周期性变化,变化幅度随着离球面焊趾的距离增加而逐渐减小;σ_φ 则保持相对稳定,周期性变化表现不明显。

此外,图 2.41(a)中 $S=18$ mm 的位置上残余应力最大,与图 2.39 表现出的规律吻合,即焊缝位置拉应力最大,而最大压应力在焊缝附近。

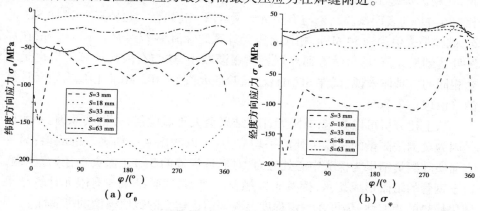

图 2.41　焊接空心球表面残余应力沿纬度方向的变化规律

2.5.2 焊接残余应力数值模拟与试验结果对比分析

数值模拟虽然可以比较全面地获取焊接空心球节点内的残余应力分布情况,但是由于计算过程中对焊接热源、材料相变等均作了适当的假定处理,所以需要对其准确性和可靠性进行验证。为了验证数值模拟结果的可靠性,按照前述方法利用 ANSYS 有限元软件分别建立试件 SJ1 ~ SJ7 的精细化有限元模型,开展节点的焊接残余应力数值计算,并根据 2.2 节试验设计时在各组试件上布置的测点提取测点位置的焊接残余应力计算值,与各组试件的试验值进行对比分析。

值得说明的是,试验设计时,在图 2.5 所示的测点处也建立了直角坐标系,为了方便描述,根据各个坐标轴的方向,将其与有限元计算时建立的坐标系(图2.15)统一,即图 2.5 中的 y 轴对应图 2.15 中 φ 值,图 2.5 中的 x 轴对应图 2.15 中的 θ 轴。

通过对比分析发现,总体上所有试件的焊接残余应力对比图分布都大致相似,限于篇幅,本章仅列出有代表性的对比结果进行分析,如图 2.42 至图 2.46所示为试件 SJ2,SJ3,SJ4,SJ5,SJ7 的对比情况。

从图 2.42 至图 2.46 中可以看出,焊接残余应力整体分布规律和数值模拟结果相似,整体上比较吻合。以 SJ7 为例,SJ7 试验测得的 σ_θ 从焊趾处逐步增长,在距离焊缝 18 mm 的测点处达到峰值,与有限元计算得出的位置距离分别相差 6.44% ,表明试验结果与有限元计算结果相吻合。具体来看,试件 SJ7 的σ_θ 试验最大值为-150 MPa,相比有限元计算的峰值小 27.4% 。σ_φ 试验值在焊趾处达到最大值,然后随着远离焊缝而逐渐减小,这与有限元计算结果也是完全相同的。具体来说,试件 SJ7 的 σ_φ 试验最大值为-102 MPa,相比有限元计算的峰值仅小 2.86% 。

从上述分析可以看出,有限元计算结果会大于试验值,分析其原因:一方面是因为磁测法测量的是探头处的平均应力,难以测出某一精确点的峰值;另一方面实际测量结果为探头中心处应力,对靠近焊缝的 3 cm(探头直径)范围内,由于钢管的阻碍形成死角,探头难以触及。然而,试验结果与有限元计算结果变化趋势的相似性,仍可在一定程度上验证前述建立的数值模型的可靠性。

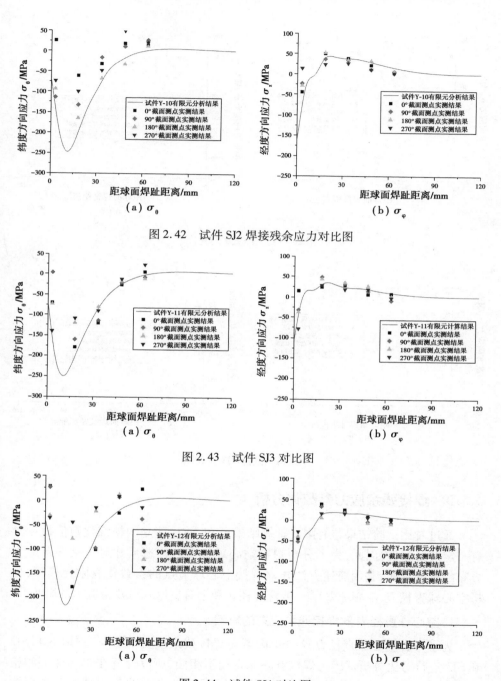

图 2.42　试件 SJ2 焊接残余应力对比图

图 2.43　试件 SJ3 对比图

图 2.44　试件 SJ4 对比图

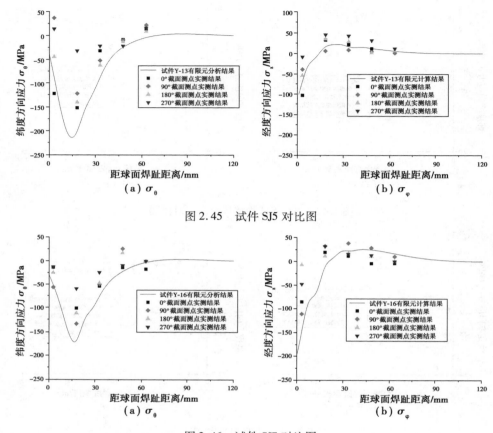

图 2.45 试件 SJ5 对比图

图 2.46 试件 SJ7 对比图

2.5.3 焊接残余应力参数化分析

通过对比试验结果与有限元计算结果可知,前述建立的精细化数值模型具有一定的可靠性,因此,为了分析焊接空心球节点的构造尺寸对焊接残余应力分布的影响规律,利用前述方法建立焊接空心球节点的参数化有限元模型,分析空心球直径 D、空心球壁厚 t、钢管直径 d 和钢管壁厚 δ 对残余应力的影响。

1)空心球直径 D 对焊接残余应力的影响

为了考查空心球直径 D 这一单因素对焊接残余应力的影响,选取 SJ1,SJ2 和 SJ3 进行对比分析。因为焊接空心球直径不相同,所以焊缝在空心球上的相对位置存在差异,在分析球面应力时,为了便于比较,将横坐标设置为距离焊缝中心所在截面的平均弧长,设环焊缝外侧为正,环焊缝内侧为负。图 2.47 所示为不同焊接空心球直径 D 影响下钢管内外表面环向焊接残余应力 σ_θ 与轴向焊接残余应力 σ_z 的分布曲线。从图中可以发现,焊接空心球直径 D 的变化对所连接钢管的轴向残余应力和环向残余应力几乎没有什么影响。这是因为根据《空间网格技术规程》(JGJ 7—2010)设置球-管对接焊接坡口时,空心球直径 D 的变化对焊缝几何形状的影响非常小,并且只影响空心球表面焊缝宽度。对钢管尺寸为 89 mm×6 mm 的 Q235 球-管对接节点,空心球直径为 280 ~ 350 mm,按照规范焊接后,钢管不同厚度位置的环向焊接残余应力主要表现为受压,最大位置在钢管外侧与焊缝交接处,约为 120 MPa。

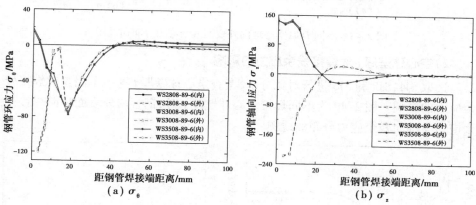

图 2.47 不同 D 时钢管内外表面残余应力分布曲线图

从图 2.47(b)中还可以看出,σ_z 在内外表面始终呈对称分布,钢管在厚度方向的弯曲特征不随空心球直径 D 的变化而改变,弯曲反向点始终在距离钢管焊接端部 22.7 mm 的位置。轴向焊接残余应力主要分布在距离钢管焊接端 60 mm 的范围内,最大残余压应力在钢管外侧焊趾处为 -220 MPa,最大残余拉应力在钢管内侧距离钢管端部 7 mm 处为 144 MPa。

提取 3 组试件中焊接空心球内外表面的 σ_θ 和 σ_φ 的分布曲线,如图 2.48 所示。对比图 2.48(a)和(b)可以发现,在环焊缝内侧,焊接空心球内外表面的 σ_θ 与 σ_φ,都随着空心直径 D 的增加而增大,并且内表面残余应力 σ_θ,σ_φ 受空心球直径 D 的影响明显大于外表面;在环焊缝处及环焊缝外侧,焊接空心球直径 D 的变化对 σ_θ 的影响并不明显,对 σ_φ 有明显影响;σ_φ 随焊接空心球直径 D 增大,先增大后减小。在环焊缝外侧球面焊趾位置,$D = 280$ mm,$D = 300$ mm,$D = 350$ mm 的试件,σ_φ 分别为 -131,-161.4,-113.8 MPa。

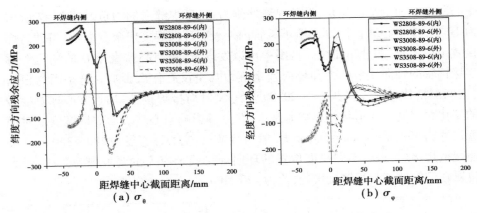

图 2.48　不同 D 时空心球内外表面残余应力分布曲线图

2）空心球壁厚 t 对焊接残余应力的影响

选取 SJ4,SJ5 和 SJ6 进行对比分析,考查空心球壁厚 t 这一单因素对焊接残余应力的影响。图 2.49 为不同焊接空心球壁厚 t 时,钢管内外表面环向焊接残余应力与轴向残余应力分布曲线图。

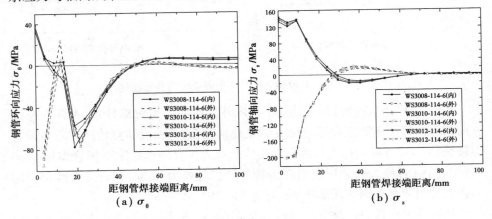

图 2.49　不同 t 时钢管内外表面残余应力分布曲线图

从图 2.49 中可以看出,焊接空心球壁厚 t 的变化对连接钢管的 σ_θ 和 σ_z 均有一定影响,SJ4($t=8$ mm)、SJ5($t=10$ mm)、SJ6($t=12$ mm)在钢管内表面距焊趾约 20 mm 位置取得环向焊接残余压应力的极值,分别为-77.6,-66.6,-57.4 MPa,σ_θ 随焊接空心球厚度 t 的增大而减小。

从图 2.49(b)中可以看出,σ_z 始终在内外表面呈对称分布,钢管在厚度方向的弯曲特征不随空心球壁厚变化;弯曲反向点随焊接空心球壁厚 t 的增大而增大,SJ4,SJ5,SJ6 的弯曲反向点分别在 $z=25.3$ mm, $z=25.4$ mm, $z=25.8$ mm 位置。这是由于空心球壁厚增加,在钢管焊接端的约束会增加,因此,弯曲反向点离焊趾的距离才会随着球壁厚的增加而增加。

提取 SJ4,SJ5,SJ6 这 3 组试件焊接空心球内外表面的 σ_θ 和 σ_φ 分布曲线,如图 2.50 所示。从图 2.50(a)中可以看出,空心球壁厚 t 的变化对环焊缝外侧焊接空心球残余应力 σ_θ 的影响并不明显,主要影响空心球外表面内侧焊趾区域,以及空心球内表面焊缝中心区域和钢管中心区域(图中曲线左侧起点附近)。空心球内表面钢管中心区域、空心球外表面内侧焊趾区域,焊接残余应力 σ_θ 随空心壁厚 t 增加而减小。空心球内表面焊缝中心区域,焊接残余应力 σ_θ 随空心壁厚 t 增加而增大。从图 2.50(b)中可以看出,除空心球外表面钢管中心区域(图中曲线左侧起点附近)外,空心球壁厚 t 的变化对焊接空心球残余应力 σ_φ 的影响均较为明显。在空心球内外表面焊缝中心区域,σ_φ 随空心壁厚 t 的增加而增大。在空心球内表面钢管中心区域,σ_φ 随空心壁厚 t 的增加而减小。其中,SJ4,SJ5,SJ6 试件在空心球内表面环焊缝中的位置,σ_φ 分别为 104.4, 117.1,146.6 MPa。此外,焊接空心球壁厚 t 的变化对焊接空心球 σ_φ 表现出的弯曲特征无明显影响,弯曲反向点几乎不受焊接空心球壁厚 t 的影响。

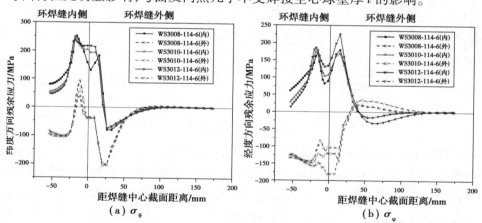

图 2.50　不同 t 时空心球内外表面残余应力分布曲线图

3)钢管直径 d 对焊接残余应力的影响

选取试件 SJ2,SJ4,SJ8 对比分析钢管直径 d 对焊接残余应力的影响。图 2.51 所示为 3 组试件的钢管焊接残余应力分布曲线图。从图 2.51(a)中可以看出,连接钢管直径 d 的变化对钢管的环向残余应力 σ_θ 有明显影响。在焊趾附近,钢管内表面环向焊接残余应力 σ_θ 为拉应力,随钢管直径 d 的增大而增大;钢管外表面环向焊接残余应力 σ_θ 为压应力,随钢管直径 d 的增大而减小。焊缝附近极值焊接残余应力,以及极值焊接残余应力位置距焊趾距离都随钢管直径 d 的增大而增大。在钢管内表面,SJ2($d=89$ mm),SJ4($d=114$ mm),SJ8($d=140$ mm)3 组试件取得极值焊接残余应力的位置离焊趾距离分别为 18.5,20.0,23.5 mm,应力分别为 -74.8,-77.6,-91.1 MPa。从图 2.51 中可以看出,整体上钢管直径 d 的变化对钢管的轴向焊接残余应力 σ_z 仍有明显影响。在焊趾附近,钢管内表面轴向焊接残余应力 σ_z 为拉应力,随钢管直径 d 的增大而增大;钢管外表面轴向焊接残余应力 σ_z 为压应力,且随钢管直径 d 的增大而减小。此外,轴向残余应力始终在内外表面呈对称分布,钢管在厚度方向的弯曲特征不随空心球壁厚变化。弯曲反向点随连接钢管直径 d 的增大而增大,SJ2,SJ4,SJ8 的试件弯曲反向点分别在 $z=22.8$ mm,$z=25.3$ mm,$z=28.6$ mm 位置。

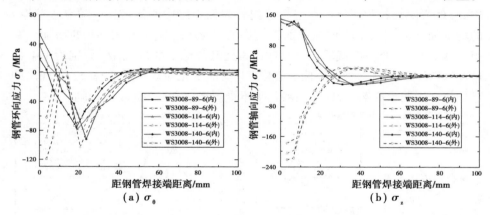

图 2.51　不同 d 时钢管内外表面残余应力分布曲线图

提取 SJ2,SJ4,SJ8 这 3 组试件焊接空心球内外表面的 σ_θ 和 σ_φ 分布曲线,如图 2.52 所示。从图 2.52(a)中可以看出,钢管直径 d 的变化对空心球上各个位置的 σ_θ 均有明显影响。在环焊缝内侧,空心球内表面残余拉应力 σ_θ 以及外表面残余压应力 σ_θ,都随钢管直径 d 的增大而减小;在环焊缝中心位置,空心球内表面残余应力 σ_θ 受钢管直径 d 的变化影响不明显,空心球外表面残余应力 σ_θ 随钢管直径 d 的增大而减小;在环焊缝外侧,空心球外表面焊趾附近极值残余应力随钢管直径 d 的增大而减小,SJ2,SJ4,SJ8 这 3 组试件在环焊缝外侧的极值残余应力 σ_θ 分别为 -246,-208.6,-170.1 MPa。

从图 2.52(b)中可以看出,钢管直径 d 的变化对空心球上各个位置 σ_φ 均有明显影响。空心球内表面残余应力 σ_φ 在环焊缝内侧以及环焊缝对应位置,

随钢管直径 d 的增大而减小。空心球外表面残余应力 σ_φ 在环焊缝内侧,随钢管直径 d 的增大而减小;在环焊缝对应位置及环焊缝外侧,随钢管直径 d 的增大而先减小后增大。此外,弯曲反向点离焊缝中心的距离,随钢管直径 d 的增大而增大。SJ2,SJ4,SJ8 的试件弯曲反向点距焊缝中心截面的距离分别为 32.2,36.3,40.8 mm。

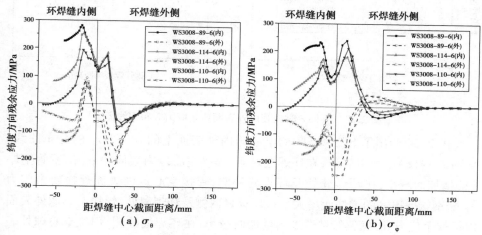

图 2.52　不同 d 时空心球内外表面残余应力分布曲线图

4)钢管壁厚 δ 对焊接残余应力的影响

选取试件 SJ7 和 SJ8 分析钢管壁厚 δ 对焊接残余应力的影响。图 2.53 所示为两组试件的连接钢管内外表面的 σ_θ 和 σ_z 分布曲线。

从图 2.53 中可以看出,钢管壁厚 δ 的变化对 σ_θ 和 σ_z 均有明显影响。在焊趾附近,钢管内表面的残余拉应力和外表面的残余压应力都随钢管壁厚 δ 的增大而增大。这是由于增大钢管壁厚,则增大了焊缝尺寸,焊接时输入的总热量会增加;同时,钢管壁厚 δ 的增大使钢管的环向约束增大,从而导致焊接残余应力增大。

由图 2.53(a)可知,焊缝附近钢管上环向极值焊接残余压应力随钢管壁厚 δ 的增大而增大。SJ7 和 SJ8 在钢管内表面上,焊缝附近环向极值焊接残余压应力 σ_θ 分别为-57.4 ,-90.4 MPa。由图 2.53(b)可知,轴向残余应力 σ_z 始终在内外表面呈对称分布,弯曲特征不随空心球壁厚 δ 的变化而变化;弯曲反向点离焊趾的距离,随连接钢管壁厚 δ 的增大而减小。SJ7,SJ8 的弯曲反向点离焊趾距离分别为 29.0,25.4 mm。

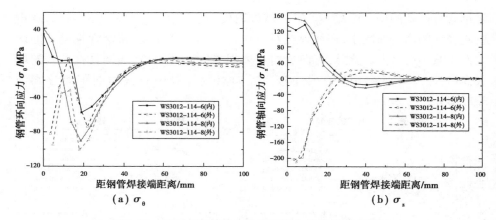

图 2.53　不同 δ 时钢管内外表面残余应力分布曲线图

图 2.54 给出了 SJ7 和 SJ8 的空心球内外表面上的 σ_θ 和 σ_φ 的分布曲线。从图 2.54(a)中可以看出,在环焊缝内侧,焊接空心球内表面的 σ_θ 随钢管壁厚 δ 的增加而减小;在环焊缝处及环焊缝外侧,焊接空心球内表面焊接残余应力 σ_θ 随钢管壁厚 δ 的增加而增大。在环焊缝内侧及环焊缝处,焊接空心球外表面焊接残余应力 σ_θ 随钢管壁厚 δ 的增加而减小;在环焊缝外侧,焊接空心球外表面纬度方向焊接残余应力 σ_θ 随钢管壁厚 δ 的增加而增大。

从图 2.54(b)中可以看出,在环焊缝内侧及环焊缝处,焊接空心球内外表面的 σ_φ 随钢管壁厚 δ 的增加而减小;在环焊缝外侧,焊接空心球内外表面 σ_φ 随钢管壁厚 δ 的增加而无明显变化;钢管壁厚 δ 的变化对弯曲反向点位置无明显影响。

2.5.4　焊接残余应力分布模式

前述分析证明建立的有限元模型能在一定程度上真实模拟实际工程中的焊接空心球节点,可用于全面分析空心球节点上的焊接残余应力,但前述分析均是针对某一特定方向的焊接残余应力,实际上,焊接空心球焊缝及其热影响区的残余应力为复杂的三向受力状态,单向应力状态难以描述其实际的工作状态,因此有必要根据实际屈服准则提取能表征焊接空心球焊缝复杂受力状态的等效应力。

1)Von Mises 等效焊接残余应力分布云图

如前所述,通过对比试验结果与有限元计算结果可知,前述建立的精细化数值模型具有一定的可靠性,因此,以 SJ1 模型为例,提取节点的 Von Mises 等效应力云图(图2.55),对其复杂受力状态进行分析。

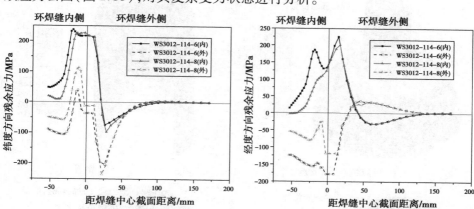

图 2.54 不同δ时空心球内外表面残余应力分布曲线图

由图 2.55(a)可知,节点上的 Von Mises 等效残余应力极值已达到 220 MPa,接近材料的屈服强度,因此焊缝及其附近区域将成为节点受力的薄弱区域。随离焊缝距离的增大,焊接残余应力逐渐减小直至消散,这符合图 2.20 中温度与温度梯度随离焊缝距离的增加而降低的物理规律,温度梯度越小局部所受约束就越小,故应力越小。此外,从图 2.55(a)中还可以看出,在焊缝附近区域,沿钢管环向方向,除起焊点外的其余部分,焊接残余应力基本处于同一量值水平,而焊接起始位置及其附近区域的残余应力存在明显差异。造成这种差异的原因是焊缝为环形闭合焊缝,焊接起始位置既是电弧焊的起弧点又是止弧点,每层焊接经历两次瞬时高温造成该区域应力复杂而不规律。

(1)钢管内焊接残余应力计算结果

由图 2.55(b)可知,钢管的最大 Von Mises 等效应力为 216 MPa,位于钢管与焊缝直接接触部位。从其剖面上的应力分布情况来看,沿着厚度方向,内外壁边界处焊接残余应力量值比钢管内部应力量值更大,呈两侧高内部低的分布模式。在钢管同一水平高度上,应力量值基本相同。钢管部分应力极小值为 1.19 MPa,故在离焊缝一定距离后钢管上的应力水平可忽略不计,这表明焊接对节点连接钢管的影响区域具有一定范围。

(2)空心球内焊接残余应力计算结果

从图 2.55(c)和图 2.55(d)中可以看出,空心球内的焊接残余应力极大值为 220 MPa,极小值为 1.31 MPa。焊接起始位置处的焊接残余应力与同一纬度上其余位置处应力的差异,在空心球上表现得更为明显。

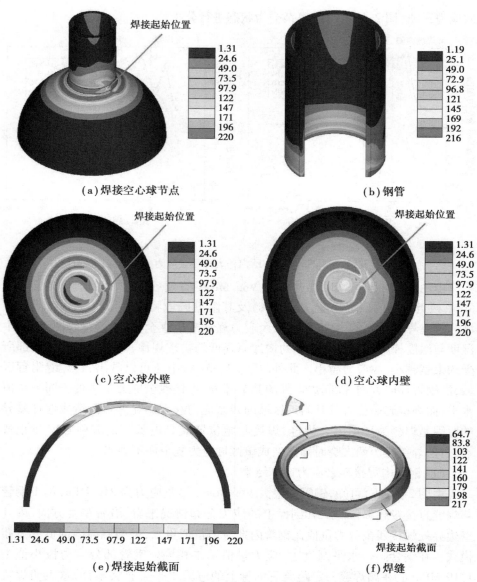

图 2.55　焊接空心球节点焊接残余应力云图(单位:MPa)

同样地,与钢管上应力分布相似,在空心球上同样存在一定的焊接影响区域,超出此区域时焊接残余应力可以忽略不计;同时,与空气接触的空心球外壁界面上的焊接残余应力大于空心球内壁;沿厚度方向焊接残余应力同样呈两侧高内部低的分布规律。

值得一提的是,空心球内壁焊接残余应力最大值出现在焊缝对应位置的下方,而外壁焊接残余应力最大值出现在焊缝直接接触位置的两侧,这也证明热边界条件对节点焊接残余应力存在影响,边界上焊接残余应力具有更大量值。即边界条件是造成焊接残余应力在厚度方向上呈"两侧高内部低"分布,以及空心球内外壁应力分布差异的原因。

(3)焊缝内焊接残余应力计算结果

从图 2.55(f)中可以看出,球-管对接焊缝的焊接残余应力均处于较大量值,极大值为 217 MPa,极小值为 64.7 MPa。同样地,在与空气接触的边界上应力量值高于不与外界接触的内部。除焊接起始位置外,应力在焊缝上的分布近似。总体而言,焊接过程在空心球节点上产生一个热效应影响区域,在这个区域内越靠近焊缝焊接残余应力量值越大,在此区域外焊接所导致的影响可忽略不计;由于焊接起始位置相比同一圆周上其余位置多经历了一次加热,使此处焊接残余应力与其余位置产生差异。

2)焊接残余应力分布模式

为了确定焊接残余应力的具体影响范围,根据前述计算结果归纳出基于 Von Mises 屈服准则的焊接残余应力简化分布模式,并假设不考虑焊接残余应力沿壁厚方向的变化,取沿壁厚的应力合力作为该位置的焊接残余应力量值。因此,在焊接空心球节点的同一圆周上建立了 9 条路径(图 2.56),路径的确定根据单元划分间隔选取,焊缝区域间隔一个单元取一条路径,其余路径间隔为两个单元长度。

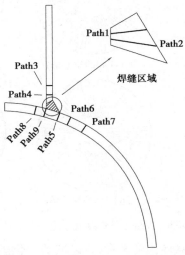

图 2.56 焊接残余应力描述路径在截面上的位置示意图

　　绘制如图2.56所示9条路径的 Von Mises 等效焊接残余应力分布曲线图,如图2.57所示,该曲线采用极坐标系,焊接起始位置角度设定为0°,且规定圆周处为应力零点,越靠近圆心,应力值越大。

　　对比图2.57中各条路径下的残余应力分布曲线,可以更直观地看到焊接残余应力相对较大的位置为焊缝以及空心球上的相邻区域。同时,结合图2.55中的应力云图,也可以非常直观地看到焊接起始位置的重复升降温对该区域的焊接残余应力分布存在较大影响。具体来看,首先这种起始位置的重复升温对钢管造成的影响范围最大,使钢管上的 Path3［图2.57(c)］、Path4［图2.57(d)］路径下应力波动区域的范围最大,为-45°～45°;其次是位于焊缝内的路径 Path1［图2.57(a)］和 Path7［图2.57(b)］,其应力波动区域为-13.5°～45°;位于空心球上的路径应力波动范围最小,为-18°～18°。

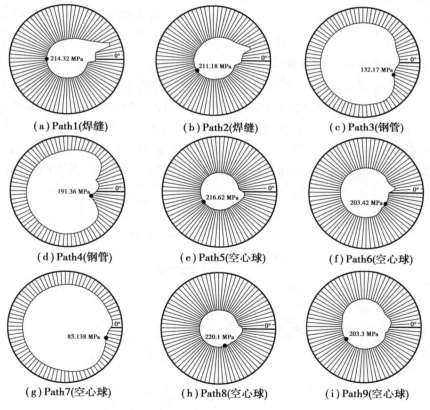

(a)Path1(焊缝)　　　　(b)Path2(焊缝)　　　　(c)Path3(钢管)

(d)Path4(钢管)　　　　(e)Path5(空心球)　　　　(f)Path6(空心球)

(g)Path7(空心球)　　　　(h)Path8(空心球)　　　　(i)Path9(空心球)

图2.57　各路径下焊接残余应力分布曲线

另一方面,从波动的具体幅度来看,各区域的变化规律不尽相同:焊缝内的

Path1 和 Path2 波动幅度最大,而钢管及空心球上各路径下的应力波动幅度则相对较小。分析其原因可能是焊缝直接与高温热源接触属于瞬时状态,而钢管与空心球所受的影响均由温度经过一定时间传播所致,存在连续性。此外,从各条路径下的应力分布曲线图还能明显地看出,各路径下的应力极值并非处于焊接起始位置,这一现象是由于当焊接起始位置再次经历高温时,该处焊缝再次熔融,则已生成的焊缝区域不再受此处材料的约束,故临近区域焊接残余应力会得到部分释放,即出现图 2.57 中的应力曲线下凹现象。

3)焊接热影响区的确定

图 2.57 实际上给出了焊缝及附近区域沿环向的应力分布曲线,工程实践中常常更加关注其沿竖向剖面的应力分布模式。从图 2.57 中还可以看到应力环向分布的一个显著特征,即同一环向路径下,除焊接起始位置外,其余位置的应力分布曲线接近同心圆,其应力值几乎相等。因此,结合钢材的良好塑性特征,可假定图 2.57 中各路径下的应力沿环向分布完全均匀,即沿圆周取一固定应力值,该固定应力值保证其沿圆周的合力与实际应力的合力相等。以 Path1 为例,将 Path1 的应力曲线绘制在笛卡尔坐标系上,再以应力曲线与 x 轴围成的面积相等为依据,获取 Path1 的简化应力取值,如图 2.58 所示。由此得到基于 Von Mises 屈服准则的空心球节点截面焊接残余应力简化分布模型,如图 2.59 所示。

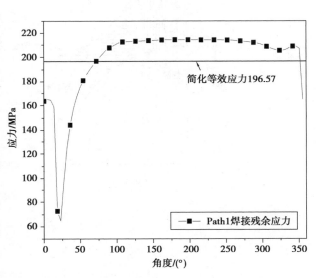

图 2.58　同一圆周焊接残余应力简化方法示例

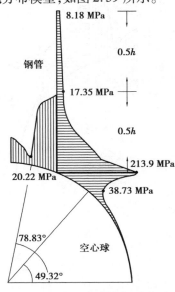

图 2.59　球截面焊接残余应力
简化分布模式图

由图 2.59 可知,沿节点竖向剖面上焊接残余应力的最大值为 213.9 MPa,与前述有限元准确值 220 MPa,仅相差 6.1 MPa,可以认为,在可接受范围内;并且残余应力的变化规律与前述分析结果完全一致,即残余应力随离焊缝距离的增长而降低。因此,完全可以利用直观性更强的图 2.59 来分析节点的热影响区。具体来看,图 2.59 中的钢管在其 1/2 高度处,焊接残余应力降至 17.35 MPa,相比于应力峰值降低了 91.89%;在空心球上纬度 $\varphi = 49.32°$ 处,焊接残余应力降至 38.73 MPa,相比于应力峰值降低了 81.89%,这时应力已降至较小量值。

若以材料屈服强度的 5% 作为焊接残余应力是否可忽略的依据来判断焊接的应力影响区域,各试件有限元模型的焊接影响区如图 2.60 所示,其中,钢管部分焊接影响区约为 $1.2d$,空心球部分则包括被钢管封闭的内部空心球以及外部球体上与焊缝位置纬度相距约 30° 以内的部分。

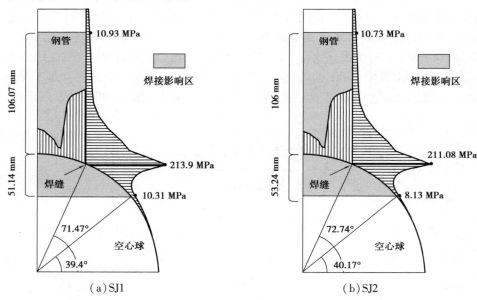

(a)SJ1　　　　　　　　　(b)SJ2

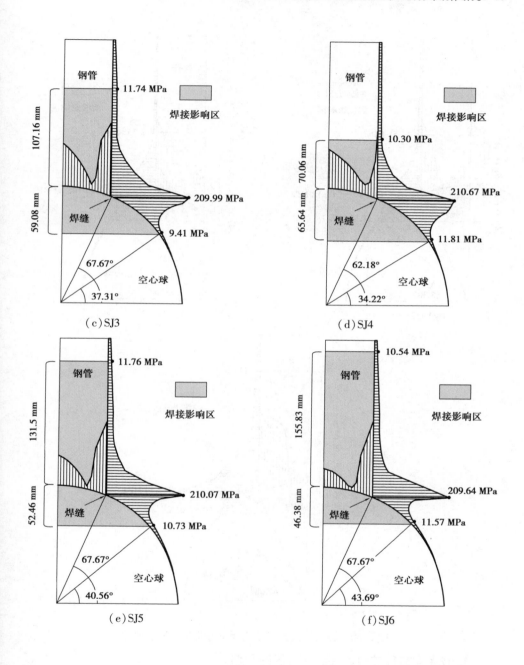

（c）SJ3

（d）SJ4

（e）SJ5

（f）SJ6

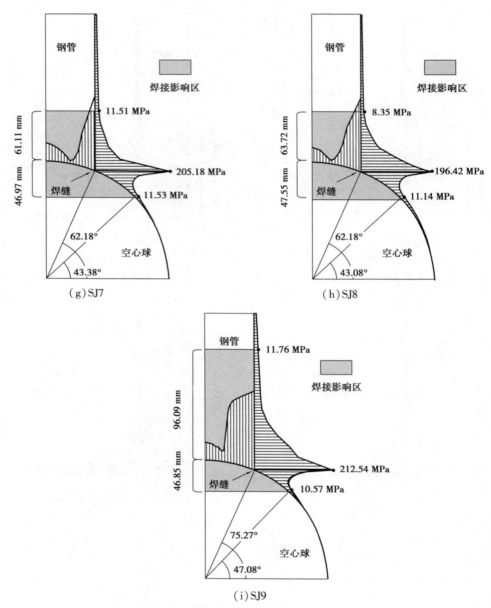

图 2.60　各模型截面焊接残余应力简化分布模型

4)节点构造尺寸对焊接热影响区的影响

对比图 2.60 中的各个模型可知,各模型的焊接残余应力分布规律是完全相同的,说明这一类空心球节点具有相同的焊接残余应力分布模式。空心球节

点的尺寸对焊接残余应力的最大值影响不大,各模型的最大值均处于 210 MPa
左右,但会影响焊接影响区的范围。

　　为了更清晰地分析各尺寸参数对焊接影响区的影响规律,绘制单一参数变
化下节点最大焊接残余应力、钢管与空心球上焊接影响区占比的趋势图,如图
2.61 所示。其中,影响区在钢管上的占比为钢管上影响区长度与钢管总长度的
比值,影响区在空心球上占比为空心球的 1/4 圆弧截面上影响区圆心角与 90°
的比值。

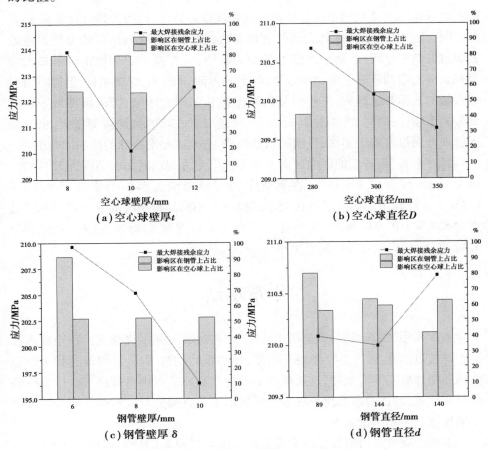

图 2.61　尺寸参数对节点焊接残余应力的影响

　　对比图 2.61 可知,钢管壁厚 δ 对最大焊接残余应力的影响最大,当钢管壁
厚增大时,最大焊接残余应力反而降低。此外,空心球直径 D 的增大也会使最
大焊接残余应力有所降低,但相比钢管壁厚 t,降低幅度很小。钢管直径 d 和空

心球壁厚 t 对焊接残余应力的影响呈"V"形,即存在一个最优尺寸使整个节点的焊接残余应力最小。

对比图 2.61 中不同构造尺寸下的焊接残余应力影响区,不难发现:从总体来看,当节点的各项构造尺寸发生变化时,空心球上的影响区范围变化不大。从图 2.61(a)和(b)中可以看出,随 t,D 的增大,空心球上的影响区范围略有减小,钢管上的影响区范围也有所变化,且变化幅度大于空心球上的;从图 2.61(c)和(d)中可以看出,随 δ,d 的增大,钢管上的影响区范围逐渐减小,空心球上的影响区范围则变化很小。分析产生这些规律的原因,是因为焊缝尺寸由 δ,d,D 共同决定的,一方面,δ 越大焊缝宽度越大,较大的焊缝截面可能会使焊缝处截面过渡趋于平缓,可减小焊缝处的应力集中,从而在一定程度上降低最大焊接残余应力以及钢管上的影响区范围;另一方面,d 越大,焊缝越长,但同时与焊缝接触的表面积也越大,使得焊缝区域的散热面积有所增大,故可能减小钢管部分的影响区;同样地,随着 D 的增大,焊缝与空心球的接触面积增大,也会使焊缝处截面过渡趋于平缓,且增加散热面积,进而减小空心球的影响区范围。

具体来看,钢管上的影响区占比最小的模型为 SJ7,其影响范围为 35.74%,最大为 SJ6 模型的 91.13%,在钢管上的焊接影响区范围为焊缝至 $0.6d \sim 1.35d$。空心球上的影响区占比最小的模型为 SJ8,其影响区范围为 47.69%,最大为 SJ4 模型的 61.98%,在垂直焊缝方向上的焊接影响区范围约在焊缝至 $0.5d$ 之间,相比钢管变化幅度更小。

本章小结

本章采用试验研究与数值模拟相结合的方法,主要围绕弦支穹顶上部焊接空心球节点的球-管连接焊缝展开研究,详细跟踪剖析了球-管焊接过程中的温度场和塑性应变演变规律,进而厘清了焊接空心球节点内的焊接残余应力分布规律和模式,并通过参数化分析进一步揭示了节点构造尺寸对焊接残余应力的影响规律。主要结论如下:

①空心球节点内的焊接残余应力最大值可达材料的屈服强度 220 MPa,且焊接残余应力的存在使焊缝及附近区域成为节点的受力薄弱区,会对节点及结构整体的力学性能产生不利影响。

②球-管对接环焊缝上除焊接起始点外,各处焊接残余应力量值基本相当。沿空心球和钢管的壁厚方向均表现出外侧焊接残余应力高于内部的规律。

③空心球节点上随离焊缝距离的增大,焊接残余应力逐步消散,仅在钢管与空心球上形成有限的焊接影响区,即钢管上的焊接影响区为焊缝至 $0.6 \sim 1.35$ 倍钢管直径 d 处,空心球上的焊接影响区范围内约为焊缝至 $0.5d$。

④焊接残余应力的量值与分布形式主要取决于节点的几何构造参数:空心球直径 D、钢管壁厚 δ、钢管直径 d。节点几何构造参数主要影响焊接影响区的范围,而焊接残余应力的极值受其影响不大。

第3章 焊接残余应力对空心球节点及弦支穹顶上部结构力学性能的影响

3.1 概述

通过第2章的研究可以发现，一方面，弦支穹顶上部空心球节点处存在复杂的焊接残余应力，最大残余应力值已达到材料的屈服强度，这必然会对节点刚度、承载力等力学性能产生影响，进而降低整个结构的力学性能；另一方面，对采用了焊接空心球节点的结构，以往在分析结构整体的力学性能时，通常将焊接空心球节点处理成完全刚性的节点，这也使得理论分析得到的结构性能与结构的实际性能有所出入，再加上焊接残余应力的影响就可能严重高估结构的安全性。

本章基于前述研究得到的焊接残余应力分布情况，通过试验研究与数值模拟相结合的方法，从宏观力学方面研究焊接残余应力对焊接空心球节点的轴向刚度、抗弯刚度、节点极限承载力的影响，并进一步考虑了焊接残余应力影响的半刚性节点结构整体分析模型，分析空心球节点焊接残余应力对弦支穹顶上部网壳结构承载力、变形等力学性能的影响。

3.2 焊接残余应力对焊接空心球节点轴向受力性能的影响

根据2.2节的介绍，为开展焊接空心球节点焊接残余应力及其对节点力学性能的影响研究，共设计了16组试件，其中，SJ1～SJ8为试验组试件，SJ1-D～SJ8-D为对照组试件，具体构造情况可查阅第2章中的表2.1，试验过程中采用超声冲击法对对照组试件的焊缝及影响区残余应力进行了一定程度的消除。为研究焊接残余应力对节点轴向刚度及轴向抗压承载力的影响，选取部分试件进行轴压试验,并依据《空间网格结构技术规程》(JGJ 7—2010)计算得到各节点的抗压承载力,列于表 3.1 中。

表 3.1 轴压试件表

试件编号	是否超声冲击处理	球径 D/mm	球壁厚 t/mm	管径 d/mm	管壁厚 δ/mm	极限承载力理论值 N_R/kN
SJ2	否	300	8	89	6	346
SJ2-D	是					
SJ3	否	350	8	89	6	329
SJ3-D	是					
SJ4	否	300	8	114	6	488
SJ4-D	是					
SJ5	否	300	10	114	6	610
SJ5-D	是					
SJ8	否	300	8	140	6	656
SJ8-D	是					

3.2.1 超声冲击对空心球节点焊接残余应力的消除效果

试件 SJ2-D,SJ3-D,SJ4-D,SJ5-D,SJ8-D 均采用 2.2.3 节介绍的超声冲击法消除了部分焊接残余应力,为了得到超声冲击消除焊接空心球节点处焊接残余应力的具体效果,在超声冲击完成后,仍然按照 2.2.2 节的磁测法测出 SJ2-D,SJ3-D,SJ4-D,SJ5-D,SJ8-D 等 5 组对照组试件在各自测点处(测点布置与试验组完全相同)的环向残余应力 σ_θ 和经向残余应力 σ_φ。由于焊接残余应力在节点内的分布是呈三维的,为了更清晰地分析超声冲击对焊接残余应力的影响,将各个测点测得的残余应力 $(\sigma_{i,\theta})_\alpha$ 和 $(\sigma_{i,\varphi})_\alpha$ 按式(3.1)折算为等效应力 $(\sigma_{i,equ})_\alpha$,再与超声冲击前的等效应力 $(\sigma_{i,equ}')_\alpha$ 按式(3.2)进行对比分析,i 依次等于 Ⅰ,Ⅱ,Ⅲ,Ⅳ,Ⅴ。

$$(\sigma_{i,equ})_\alpha = \sqrt{(\sigma_{i,\theta})_\alpha^2 + (\sigma_{i,\varphi})_\alpha^2 - (\sigma_{i,\theta})_\alpha \cdot (\sigma_{i,\varphi})_\alpha} \tag{3.1}$$

$$\beta = \frac{\sum (\sigma_{i,equ})_\alpha - \sum (\sigma_{i,equ}')_\alpha}{\sum (\sigma_{i,equ})_\alpha} \tag{3.2}$$

由 2.5 节的分析可知,在焊缝起灭弧处,由于单道三层焊工艺中焊接热源在该处重复升温,使得该点的焊接残余应力实测值波动较大,因此选择远离该点,以 $\alpha=180°$ 处测点网格的残余应力为例,分析超声冲击对焊接残余应力的消除效果。表 3.2 给出了 5 组对照组试件在超声冲击前后的应力测试结果。

表 3.2　超声冲击前后测试结果对比

试件	测点	冲击前/MPa			冲击后/MPa			$\beta/\%$
		$(\sigma_{i,\theta})_{180°}$	$(\sigma_{i,\varphi})_{180°}$	$(\sigma_{i,\mathrm{equ}})_{180°}$	$(\sigma'_{i,\theta})_{180°}$	$(\sigma'_{i,\varphi})_{180°}$	$(\sigma'_{i,\mathrm{equ}})_{180°}$	
SJ2-D	I	−26	−96	86	−13	−74	68	41
	II	79	−191	241	40	−100	125	
	III	44	−77	106	24	−43	59	
	IV	34	−34	60	19	−22	35	
	V	12	6	11	10	6	9	
SJ3-D	I	−29	−82	72	−35	−45	41	41
	II	104	−181	249	44	−90	118	
	III	57	−102	139	41	−68	95	
	IV	27	−19	40	21	−17	33	
	V	2	−12	13	2	−12	13	
SJ4-D	I	39	−65	91	31	−47	68	38
	II	67	−185	225	29	−105	122	
	III	39	−120	143	27	−80	97	
	IV	7	−6	11	7	−7	12	
	V	−7	−39	36	−2	−15	14	
SJ5-D	I	−40	−56	50	−47	−49	48	33
	II	62	−165	203	44	−83	111	
	III	42	−73	100	29	−58	76	
	IV	3	−12	13	1	−8	9	
	V	10	7	9	5	3	4	

续表

试件	测点	冲击前/MPa			冲击后/MPa			β/%
		$(\sigma_{i,\theta})_{180°}$	$(\sigma_{i,\varphi})_{180°}$	$(\sigma_{i,\mathrm{equ}})_{180°}$	$(\sigma'_{i,\theta})_{180°}$	$(\sigma'_{i,\varphi})_{180°}$	$(\sigma'_{i,\mathrm{equ}})_{180°}$	
SJ8-D	I	−49	−117	102	−34	−43	39	29
	II	59	−159	195	42	−92	119	
	III	41	−52	81	38	−45	71	
	IV	28	26	27	36	−26	54	
	V	10	0	10	15	8	13	

从表3.2中可以看出,超声冲击对焊接空心球节点的焊接残余应力有一定的消除作用,空心球焊接残余应力在超声冲击后能降低29%～41%。横向对比各组试件的消除效果,还可以看出,随着钢管管径、壁厚的增大,球-管对接焊缝的尺寸有所增加,超声冲击对焊接残余应力的消除效果有所降低。因此,焊接残余应力的消除尚应从焊接工艺及节点构造方面加以改善和避免。

3.2.2 焊接空心球节点轴向受压试验研究

分别对表3.1中所有试件开展轴向受压试验,考查各组试件的轴向刚度与轴向受压极限承载力,并通过对比分析明确焊接残余应力对节点轴向受力性能的影响规律。

1)试验方案

（1）加载方案

由于试件尺寸较大,无法在合适的万能试验机上加载,故采用反力架装置加载。为了固定试件实现轴力传递,以及节点两端的铰接,设计制作了一组铰支座。试件制作时,在节点钢管两侧焊接200 mm×200 mm 钢板,并用高强螺栓将其与铰支座转动端固定成一个整体,如图3.1所示。

采用单调静力加载,加载制度设计时参考表3.1中计算出的节点极限承载力理论值 N_R,将试验加载最大值放大为 $P=1.6N_R$,加载时按0.1P,0.2P,0.3P,0.4P,0.5P,0.6P,0.65P,0.7P,0.75P,0.8P,0.85P,0.9P,0.95P,1.0P 这14个等级,逐级加载。试验过程中,先预加载到0.4P消除试件及加载系统之间的缝隙,然后再正式加载。对照组试件SJ2-D～SJ5-D,SJ8-D采用与试验组试件完全相同的加载制度,具体加载制度见表3.3。

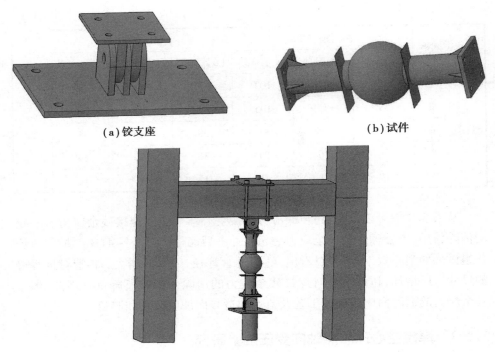

（a）铰支座 （b）试件

（c）加载方式

图 3.1　加载方案

表 3.3　加载制度

加载等级	加载时间 /min	SJ2/SJ2-D /kN	SJ3/SJ3-D /kN	SJ4/SJ4-D /kN	SJ5/SJ5-D /kN	SJ8/SJ8-D /kN
0.1P	5	35	33	49	61	66
0.2P	5	69	66	98	122	131
0.3P	5	104	99	146	183	197
0.4P	5	139	132	195	244	262
0.5P	10	173	164	244	305	328
0.6P	10	208	197	293	366	394
0.65P	10	215	204	303	378	407
0.7P	10	242	230	342	427	459

续表

加载等级	加载时间/min	SJ2/SJ2-D/kN	SJ3/SJ3-D/kN	SJ4/SJ4-D/kN	SJ5/SJ5-D/kN	SJ8/SJ8-D/kN
$0.75P$	10	260	247	366	458	492
$0.8P$	10	277	263	390	488	525
$0.85P$	10	294	279	415	519	558
$0.9P$	10	312	296	439	549	590
$0.95P$	10	329	312	464	580	623
$1.0P$	10	346	329	488	610	656

（2）测点布置

为获取节点的轴向受力性能,应量测加载过程中节点的轴向变形,本试验通过百分表测量加载过程中的位移变化,结合对应时刻的荷载值绘制轴力-位移曲线,并据此分析焊接空心球节点的轴向受力性能,如图 3.2 所示为节点的测点布置图,共布置 6 个电阻式千分表。当千斤顶位于底部加载时,整个结构将产生向上的位移,图中⑤,⑥千分表的位移值减去③,④千分表的位移值可获得空心球的轴向位移。

由于试件的加工存在误差,空心球两侧连接钢管的轴线与球心不可能完全在同一直线上,并且安装过程也会不可避免地出现偏差,所以试件加载是一定会出现偏心现象的,故在空心球两侧的钢管上布置如图 3.2 所示的应变片,用于测量加载过程中的实际偏心。加载过程中,焊接空心球上的应力变化也是需要关注的对象,故在空心球上布置如图 3.2 所示的应变花,用于记录加载过程中球面应力应变的变化情况。

（3）试验设备

①加载设备。加载系统由 200 t 气压控制式液压千斤顶、气压控制台、氮气瓶及泵机 4 个部分组成,如图 3.3 至图 3.6 所示。试验过程中通过气压控制台的加载与卸载开关控制液压千斤顶的进油与退油,进而控制千斤顶的上升与下降,即加载与卸载。升压降压旋钮用以控制系统油压,使千斤顶加载到某一荷载值时可维持恒定值,并配合速度控制旋钮控制加载卸载速度。

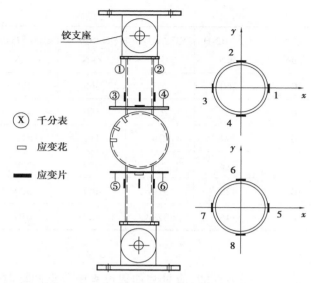

图 3.2　测点布置图

图 3.3　液压千斤顶

图 3.4　加载反力架

　　②测量系统。由移动电脑、静态应变测试仪、压力传感器、电阻式千分表、箔式电阻应变片、三片直角应变花和相应的若干连接导线组成。所有传感器通过信号线与应变测试仪连接,应变测试仪再与安装好测试软件的移动电脑连接,传感器端的变化将直接在移动电脑上显示,电测设备信息见表3.4。

图 3.5　气压控制台

图 3.6　压力传感器

表 3.4　电测设备

电测设备	型号	电阻/Ω	灵敏系数
静态应变测试仪	JM3812		
箔式电阻应变片	栅长×栅宽＝5 mm×2 mm	120	2
三片直角应变花	栅长×栅宽＝5 mm×2 mm	120	2

通过压力传感器在电脑上实时显示加载系统中的荷载值,据此指导液压千斤顶的加卸载与稳载。由于压力传感器并没有与试件固定,为了防止意外,试验过程中采用钢丝绳将其固定在端铰支座的固定高强螺杆上,如图 3.6 所示。

2）试验结果

根据上述试验方案,各组试件在加载过程中均记录了大量的应变、位移数据,下面以图 3.7 所示的试件 SJ2 为例介绍试验数据的主要处理过程,并对各组试件的破坏原因进行分析。

试验数据的处理方法如下:

①加载过程中的偏心计算。由于试验过程中试件的严格对中十分困难,且试件加工不可避免地存在偏差,试验时各组试件安装完成后必然存在一定的偏心。为测定偏心距 e,在两端钢管的焊接端附近各均匀布置 4 片应变

图 3.7　试件 SJ2 加载图

片,上侧钢管上的应变片编号依次为片1～片4,下侧钢管上的应变片编号依次为片5～片8(详见图3.2)。各荷载步下的应变片实测数据见表3.4,根据表3.4中的数据,按下述过程可计算出该试件沿图3.2中 x 方向和 y 方向的偏心距,进而可计算出试件总的偏心距 e。由于在加载后期偏心距 e 逐渐增大,试件SJ2加载至255 kN就已屈服破坏,无法继续加载。因此,表3.5仅给出荷载从0～255 kN阶段,以及荷载下降至245 kN时的数据。

表3.5 试件SJ2上、下端钢管偏心距计算表

荷载/kN	0	31	69	105	139	176	208	225	244	255	245
片1	39	-63	-202	-340	-450	-535	-615	-642	-687	-724	-699
片2	-31	-112	-227	-351	-451	-540	-612	-640	-663	-664	-669
片3	42	-40	-173	-299	-406	-502	-592	-620	-662	-684	-667
片4	-64	-136	-239	-329	-423	-578	-738	-884	-1 003	-1 076	-1 015
上端 x 向偏心距	0	2.3	0.5	1	0.2	-1	-1	-0.2	0.6	-4.1	3
上端 y 向偏心距	0	1	1	2.8	0.6	-6	-8.5	-20.1	-16.3	-21.3	-26.7
上端总偏心距 e	0	2.5	1.1	3	0.6	6.1	8.6	20.1	16.3	21.7	26.8
片5	-46	-127	-226	-322	-414	-520	-615	-671	-721	-748	-753
片6	25	-84	-222	-357	-470	-549	-612	-615	-652	-655	-531
片7	-45	-142	-274	-402	-525	-682	-826	-913	-999	-1 065	-1 080
片8	136	59	-35	-119	-204	-302	-404	-482	-540	-579	-601
下端 x 向偏心距	0.0	-1.8	-2.8	-2.8	-2.9	-4.5	-4.7	-5.5	-6.0	-11.5	4.6
下端 y 向偏心距	0.0	3.4	3.7	4.5	2.6	-1.7	-3.8	-13.1	-3.5	-10.6	70.6
下端总偏心距 e	0.0	3.8	4.6	5.3	3.9	4.8	6.0	14.2	6.9	15.6	70.7

注:表中应变片值数据为微应变,偏心距单位为mm,表中所述上、下端位置及 x,y 方向如图3.2所示。

偏心距 e 的求解过程: e 的求解是建立在贴应变片处截面满足平截面假定的基础上。以荷载为31 kN时上端钢管沿 x 方向偏心距为例,取图3.2中应变片片1—片4在 x 方向的相对位置为横坐标、各应变片在各个荷载步的应变增量为纵坐标,如图3.8所示。按照平截面假定,各应变增量应在同一平面(应变增量平面)上。利用统计手段拟合图3.8中的回归直线,即为坐标系平面与应变增量平面的交线,它与纵轴的交点即为应变增量平面的平均应变 ε,轴力可由 $N = E\varepsilon A$ 求得,其中,钢材弹性模量 $E = 2.07 \times 10^5$ MPa,A 为钢管截面面积。由应

变增量平面上各点与平均应变的差值即可求得仅由弯矩产生的应力 $\sigma = E\varepsilon_1$，ε_1 为 4 片应变片测得应变的最大值，从而可由 $M = E\varepsilon_1 W$ 求得弯矩，W 为截面模量，则偏心距 $e = M/N$。

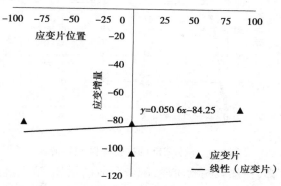

图 3.8　应变增量 x 向分布图

②荷载-位移曲线。根据图 3.2 中布置的 4 套千分表③，④，⑤，⑥所测的竖向应变可推算出焊接空心球节点的竖向位移，然后绘制节点的荷载-位移曲线。试验中，所用的电阻式千分表采用全桥连接单片工作方式，与 1/4 电桥相似，只有一个桥臂参与工作，所测变形为实际变形的 1/4。对电阻式千分表，采用此方法连接时，一个微应变对应 0.01 mm 变形。因此，根据③，④，⑤，⑥的读数可按式（3.3）计算节点的竖向位移。试件 SJ2 在试验过程中测得的数据与计算结果见表 3.6，绘制的荷载-位移曲线如图 3.9 所示。

$$\delta = \left[\left| \frac{\text{b5 读数} + \text{b6 读数}}{2} \right| - \left| \frac{\text{b3 读数} + \text{b4 读数}}{2} \right| \right] \times 4 \times 0.01 \quad (3.3)$$

表 3.6　试件 SJ2 竖向位移计算表

荷载/kN	0	31	69	105	139	176	208	225	244	255	245	230	220
③	5	13	26	36	44	53	61	66	69	70	77	84	86
④	9	19	32	44	55	65	74	79	83	85	90	91	93
⑤	-12	-27	-43	-57	-69	-85	-101	-118	-138	-168	-241	-296	-326
⑥	-12	-27	-43	-57	-69	-85	-101	-118	-138	-168	-241	-296	-326
位移 δ/mm	0.0	0.2	0.4	0.5	0.6	0.8	1.1	1.6	2.3	3.4	6.1	8.1	9.3

注：表中千分表值为微应变。

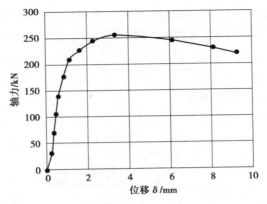

图 3.9　试件 SJ2 的试验荷载-位移曲线

　　由图 3.9 可知,在加载初始阶段,随着荷载的增加,节点竖向位移基本呈线性增大;在临近破坏阶段,两者关系明显呈非线性,此时空心球局部区域进入塑性且塑性区不断发展;在加载的后阶段,位移增长得很快,到达破坏荷载后变形继续迅速增加,同时迅速卸载。

　　③试件破坏模式。其余试件的加载过程与试验数据处理过程和 SJ2 完全相同,其数据处理结果将在后面统一介绍。对焊接空心球节点,它在极限荷载下的破坏模式也是需要关注的地方,图 3.10 至图 3.17 给出了部分试件破坏时的形态图。

(a)正视图	(b)侧视图	(a)正视图	(b)侧视图
图 3.10　试件 SJ2 破坏模式图		图 3.11　试件 SJ3 破坏模式图	

(a) 正视图　　　　(b) 侧视图

图 3.12　试件 SJ4 破坏模式图

(a) 正视图　　　　(b) 侧视图

图 3.13　试件 SJ5 破坏模式图

(a) 正视图　　　　(b) 侧视图

图 3.14　试件 SJ8 破坏模式图

(a) 正视图　　　　(b) 侧视图

图 3.15　试件 SJ3-D 破坏模式图

<table>
<tr><td>（a）正视图</td><td>（b）侧视图</td><td>（a）正视图</td><td>（b）侧视图</td></tr>
<tr><td colspan="2">图 3.16　试件 SJ4-D 破坏模式图</td><td colspan="2">图 3.17　试件 SJ5-D 破坏模式图</td></tr>
</table>

　　图 3.10 至图 3.17 中正视图为垂直于图 3.9 中的 y-y 轴方向,侧视图为垂直于图 3.9 中的 x-x 轴方向。总结图 3.15 至图 3.17 所示的破坏情况,可以发现焊接空心球节点的轴向受压破坏模式大致可以分为三大类:一是由于铰支座无法沿 y 轴方向转动,轴力主要在 y 轴方向发生偏心,试件加载至破坏,空心球发生转动,此时焊缝附近有较大剪应力,如图 3.10 所示的试件 SJ2 属于此情况;二是当轴力主要沿 x 轴方向发生偏心时,试件加载至破坏,铰支座可转动,钢管会倾斜,此时焊缝附近有一侧凹陷一侧凸起;三是加载过程中偏心始终较小,试件加载至破坏,钢管均匀陷入空心球,此时主要发生冲剪破坏,如图 3.12 所示的试件 SJ4 便属于此情况。

　　受试验条件所限,轴向加载焊接空心球破坏模式不一,导致极限承载能力值无法比较,故下文未讨论焊接残余应力对节点极限承载能力的影响。

3.2.3　焊接残余应力对节点轴向受力性能影响的参数化分析

　　通过前述分析可知,焊接空心球节点轴向加载时,在加载前、中期偏心距 e 较小,试件近似轴向受压;在加载后期,荷载增加到节点极限承载能力设计值附近时,偏心距 e 逐渐增大,改变了空心球轴向受压的破坏模式。因此,下面仅通过荷载-位移曲线中的加载前、中期部分,分析焊接残余应力对轴向刚度的影响。

1）空心球直径 D

从加载试件中选取未经超声冲击处理的 SJ2,SJ3 和经过超声冲击处理的 SJ2-D,SJ3-D,空心球直径 D 分别为 300,350 mm,球壁厚 t 均为 8 mm,连接钢管尺寸为 89 mm×6 mm。绘制 4 组试件的荷载-位移曲线,如图 3.18 和图 3.19 所示,据此分析在焊接空心球直径 D 这单一因素的影响下,焊接残余应力对焊接空心球节点的极限承载力和节点轴向刚度的影响。

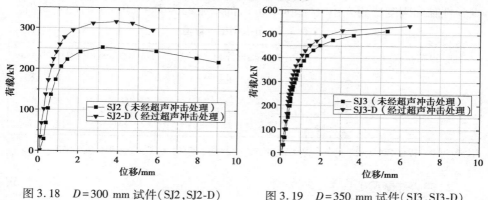

图 3.18　$D=300$ mm 试件(SJ2,SJ2-D) 荷载-位移曲线

图 3.19　$D=350$ mm 试件(SJ3,SJ3-D) 荷载-位移曲线

（1）对节点极限承载力的影响

表 3.7 分别提取了 SJ2 和 SJ2-D、SJ3 和 SJ3-D 的极限承载力,可以对比分析出未经超声冲击处理和经过超声冲击处理的、不同球直径 D 的节点极限承载力。结合表 3.7、图 3.18 和图 3.19 可以看出,未经超声冲击处理的焊接空心球节点的极限承载力明显降低,降幅最大约为 24.44%,且随空心球直径 D 的增大,极限承载力降幅变小,$D=300$ mm 时的降幅约为 $D=350$ mm 时的 6 倍。

表 3.7　节点极限承载力

节点尺寸	极限承载力	$D=300$ mm	$D=350$ mm
$d=89$ mm,$t=8$ mm,$\delta=6$ mm	N/kN	255.2	517.57
	N_{UIT}/kN	317.63	538.84
	$(N-N_{\text{UIT}})/N$/%	24.44%	4.11%

注:N 为未经超声冲击处理的节点极限承载力;N_{UIT} 为经过超声冲击处理后的节点极限承载力。

（2）对节点轴向刚度的影响

从荷载-位移曲线可以看出,试验与理论计算存在差异,表现为没有完全弹性阶段,随着加载进行,荷载-位移曲线的斜率一直在发生变化,因此定义:将位移为 0 ~ 1 mm 的荷载-位移曲线拟合为直线,将此直线的斜率视为弹性轴向刚度。

表3.8为当空心球直径 D 变化时,未经超声冲击处理和经过超声冲击处理的节点弹性轴向刚度计算值。从表3.8中可以看出,经过超声冲击处理的节点弹性轴向刚度增大,增幅分别为 21.2%,14.4%,且随空心球直径 D 的增大,节点弹性轴向刚度增幅变小,$D=300$ mm 时的增幅约为 $D=350$ mm 时的 1.5 倍。

表3.8　节点刚度计算值

节点尺寸	弹性轴向刚度	$D=300$ mm	$D=350$ mm
$d=89$ mm,$t=8$ mm,$\delta=6$ mm	$K/(10^3 \text{ N} \cdot \text{mm}^{-1})$	206.11	400.18
	$K_{UIT}/(10^3 \text{ N} \cdot \text{mm}^{-1})$	249.88	457.8
	$(K-K_{UIT})/K/\%$	21.24%	14.40%

注:K 为未进行超声冲击处理的节点弹性轴向刚度;K_{UIT} 为超声冲击处理的节点弹性轴向刚度。

2)空心球壁厚 t

从加载试件中选取未经超声冲击处理的 SJ4,SJ5 和经过超声冲击处理的 SJ4-D,SJ5-D,空心球直径 D 均为 300 mm,球壁厚 t 分别为 8,10 mm,连接钢管尺寸为 114 mm×6 mm。绘制 4 组试件的荷载-位移曲线,如图3.20 和图3.21 所示,据此分析在球壁厚 t 这一单因素影响下,焊接残余应力对焊接空心球节点的极限承载力和节点轴向刚度的影响。

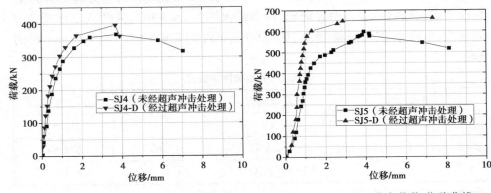

图3.20　$t=8$ mm 节点荷载-位移曲线　　图3.21　$t=10$ mm 节点荷载-位移曲线

(1)对节点极限承载力的影响

表3.9 分别提取了 SJ4 和 SJ4-D、SJ5 和 SJ5-D 的极限承载力,可对比分析出

未经超声冲击处理和经过超声冲击处理的、不同球壁厚 t 的节点极限承载力。结合表3.9、图3.20和图3.21可以看出,经过超声冲击处理后的焊接空心球节点极限承载力增大,增幅最大约为10.85%,且随空心球壁厚 t 的增大,极限承载力增幅增大,$t=10$ mm 时的增幅约为 $t=8$ mm 时的15倍。

表3.9 极限承载力计算值

节点尺寸	极限承载力	$t=8$ mm	$t=10$ mm
$d=114$ mm,$D=300$ mm,$\delta=6$ mm	N/kN	395.62	601.2
	N_{UIT}/kN	398.46	666.46
	$(N-N_{\mathrm{UIT}})/N$/%	0.72%	10.85%

(2)对节点轴向刚度的影响

表3.10为当球壁厚 t 变化时,未经超声冲击处理和经过超声冲击处理的节点弹性轴向刚度计算值。从表3.10中可以看出,经过超声冲击处理的节点弹性轴向刚度增大,增幅最大约为60.6%,且随球壁厚 t 的增大,节点弹性轴向刚度增幅变大,$t=10$ mm 时的增幅约为 $t=8$ mm 时的2.7倍。

表3.10 节点弹性轴向刚度计算表

节点尺寸	弹性轴向刚度	$t=8$ mm	$t=10$ mm
$d=114$ mm,$D=300$ mm,$\delta=6$ mm	$K/(10^3$ N·mm$^{-1})$	271.24	387.96
	$K_{\mathrm{UIT}}/(10^3$ N·mm$^{-1})$	333.03	623.09
	$(K-K_{\mathrm{UIT}})/K$/%	22.78%	60.61%

3)钢管直径 d

从加载试件中选取未经超声冲击处理的 SJ2,SJ4,SJ8 和经过超声冲击处理的 SJ2-D,SJ4-D,SJ8-D,空心球直径 D 均为 300 mm,球壁厚 t 均为 8 mm,钢管壁厚 δ 均为 6 mm,钢管直径 d 分别为 89,114,140 mm 的6组试件。绘制出各组试件的荷载-位移曲线,如图3.22、图3.23和图3.24所示。据此分析在钢管直径 d 这一单因素影响下,焊接残余应力对焊接空心球节点的极限承载力和节点轴向刚度的影响。

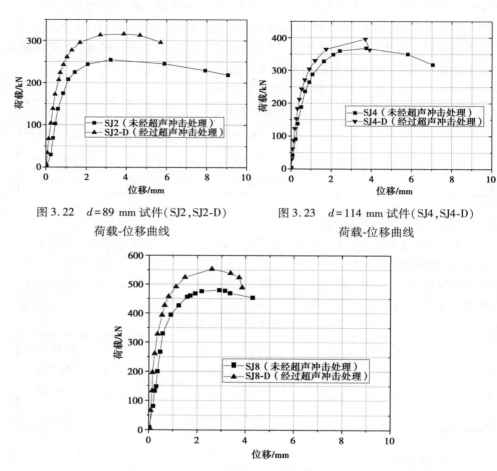

图 3.22　$d=89$ mm 试件(SJ2,SJ2-D)　　　图 3.23　$d=114$ mm 试件(SJ4,SJ4-D)
荷载-位移曲线　　　　　　　　　　　　荷载-位移曲线

图 3.24　$d=140$ mm 试件(SJ8,SJ8-D)荷载-位移曲线

(1)对节点极限承载力的影响

表 3.11 分别提取了 SJ2 和 SJ2-D、SJ4 和 SJ4-D、SJ8 和 SJ8-D 的极限承载力,可对比分析出未经超声冲击处理和经过超声冲击处理的、不同钢管直径 d 的节点极限承载力。结合表 3.11、图 3.22 至图 3.24 可以发现,经过超声冲击处理后的焊接空心球节点极限承载力提高,增幅最大约为 24.44%,且随钢管直径 d 的增大,极限承载力增幅先减小后增大。

表 3.11　极限承载力计算表

节点尺寸	极限承载力	$d=89$ mm	$d=114$ mm	$d=140$ mm
$t=8$ mm, $D=300$ mm,$\delta=6$ mm	N/kN	255.24	395.62	479.28
	N_{UIT}/kN	317.63	398.46	555.86
	$(N-N_{\text{UIT}})/N$/%	24.44%	0.72%	15.98%

（2）对节点轴向刚度的影响

表 3.12 为当钢管直径 d 变化时,未经超声冲击处理和经过超声冲击处理的节点弹性轴向刚度计算值。从表 3.12 中可以看出,经过超声冲击处理的节点弹性轴向刚度增大,增幅分别为 21.24%,22.8%,1.97%,且随钢管直径 d 的增大,节点弹性轴向刚度增幅先增大后减小。

表 3.12　节点弹性轴向刚度计算表

节点尺寸	弹性轴向刚度	$d=89$ mm	$d=114$ mm	$d=140$ mm
$t=8$ mm, $D=300$ mm,$\delta=6$ mm	$K/(10^3$ N·mm$^{-1})$	206.11	271.24	447.88
	$K_{\text{UIT}}(10^3$ N·mm$^{-1})$	249.88	333.03	456.69
	$(K-K_{\text{UIT}})/K$/%	21.24%	22.78%	1.97%

由上述参数化分析可知,超声冲击消除焊接残余应力处理,能提高焊接空心球节点轴向刚度,焊接空心球节点弹性轴向刚度提高约 11.2%,且焊接残余应力对焊接空心球节点弹性轴向刚度的影响,将随焊接空心球直径 D 的增大而减小;随焊接空心球壁厚 t 的增大而增大;随钢管直径 d 的增加,先增大后减小。

3.3　焊接残余应力对焊接空心球节点抗弯性能的影响

弦支穹顶结构的上部网壳大多采用焊接空心球节点的单层网壳,此时节点处的抗弯刚度会影响结构整体的受力性能。焊接残余应力不仅会对节点的轴向刚度产生影响,还对节点的抗弯刚度和抗弯承载力造成不容忽视的影响。本节通过试验研究与数值模拟相结合的方法探究焊接残余应力对节点抗弯极限承载力与抗弯刚度等力学性能的影响。

3.3.1 焊接残余应力对空心球节点抗弯性能影响的试验研究

1）试验节点选取与制作

参考焊接残余应力对节点轴向受力性能的影响因素,可以估计焊接残余应力对焊接空心球节点抗弯性能的影响也将取决于空心球的外径 D 与壁厚 t、连接钢管的外径 d 与壁厚 δ 等因素。为了探究焊接残余应力对空心球节点抗弯刚度、抗弯极限承载力等力学性能的影响,从表 2.1 中选取 10 组试件开展焊接残余应力对节点抗弯性能的试验研究,选取的试件情况见表 3.13,为与前述轴向受压试件的编号区分,用 SJ/W 表示受弯试件编号。所有试件的钢管壁厚 δ 均取 6 mm,单侧钢管长度 h 均取 470 mm,焊接空心球及连接钢管等仍均采用 Q235 钢材。

表 3.13 纯弯试验试件参数表

项目	试件编号	表 2.1 中编号	D/mm	t/mm	d/mm	是否消除焊接残余应力
试验组	SJ/W-A1	SJ1	280	8	89	否
	SJ/W-B1	SJ2	300	8	89	
	SJ/W-C1	SJ4	300	8	114	
	SJ/W-D1	SJ5	300	10	114	
	SJ/W-E1	SJ7	300	12	114	
对照组	SJ/W-A2	SJ1-D	280	8	89	是
	SJ/W-B2	SJ2-D	300	8	89	
	SJ/W-C2	SJ4-D	300	8	114	
	SJ/W-D2	SJ5-D	300	10	114	
	SJ/W-E2	SJ7-D	300	12	114	

制作试件示意图如图 3.25 所示,主要由空心球、连接钢管、固定端板、布置测点用槽形板等部分构成。固定端板采用尺寸为 240 mm×240 mm×12 mm 的方钢板改制,在其四角开螺孔,用于与试验加载装置连接固定。连接螺栓采用 10.9 级 M20 高强螺栓,试验中仅利用高强螺栓的强度,不需要施加预紧力。设置测点槽板的主要目的是安放电子角度计,其构造示意图如图 3.26(a)所示。为了尽可能地测得空心球的实际转动变形,测点槽板需尽量靠近空心球,因此实际安装时测点槽板基本贴近焊缝,但测点槽板仅采用三点点焊固定在钢管

上,且焊接电流电压取值小、焊接持续时间短,能尽可能地避免测点槽板焊接对试验结果的影响。此外,测点槽板较薄,试件在搬运、存放时可能发生变形或脱落,因此测点槽板在试件进行加载前才进行焊接,通过点焊与两侧钢管连接。空心球出厂时已通过热处理消除了两半球焊接时产生的焊接残余应力,钢管采用无缝钢管。为便于试验加载,将所有试件两侧的连接钢管的夹角均设置为180°,且在两侧钢管的端部焊接端板[图 3.26(b)],方便加载时与地面铰支座连接,10 组节点试件的实物图如图 3.27 所示。

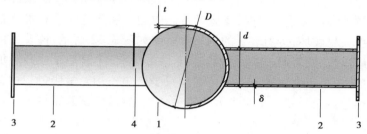

图 3.25　试验节点尺寸示意图

1—焊接空心球;2—无缝钢管;3—固定端板;4—测点槽板

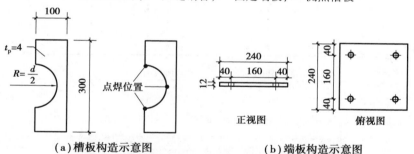

（a）槽板构造示意图　　　　　（b）端板构造示意图

图 3.26　辅助构件示意图

图 3.27　受弯节点试件

2)试验方案

(1)试验加载装置与设备

为排除其他因素对节点抗弯性能的影响,采用纯弯试验测量各组试件的抗弯刚度。纯弯试验采用近似两点加载方案,其受力简图如图3.28所示,并采用门式加载架(图3.29)加载。试验加载装置包括压力传感器、100 t 液压千斤顶、传力装置和固定铰支座等,如图3.30所示。其中,固定铰支座(图3.31)由基座、转轴、连接支座3个部分构成,支座的转动能力由转轴实现,试件与连接支座通过4颗高强螺栓连接,连接支座设置纵向加劲肋防止支座在加载过程中竖直钢板发生失稳破坏;传力装置的构造示意图如图3.32所示,该装置由加载梁和传力支座组成,两者通过高强螺栓连接,加载时千斤顶受控顶升对加载梁产生向下作用力,节点空心球区域可以看作只受弯矩作用。试验过程中首先将压力传感器通过悬架吊置于横梁下方的跨中位置;然后将试验试件置于门式加载架下方,保证空心球节点中心刚好位于门式加载架中心处,且试件轴线方向垂直于加载架所在平面,并通过高强螺栓将试件端板与固定铰支座连接,以避免

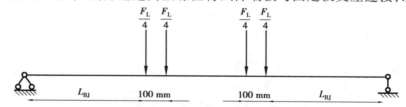

图3.28 受弯试件受力简图

L_{BJ}—试件边界到传力端的距离;F_L—试件加载的荷载值

图3.29 门式加载架实物图

支座处产生弯矩反力,如图 3.30 所示;最后将图 3.32 所示传力装置放置在节点上方,并在传力装置与压力传感器之间串联千斤顶后物理对中传感器、千斤顶和实心球节点。

图 3.30　焊接空心球节点纯弯试验加载装置

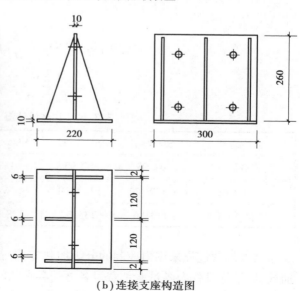

（a）固定铰支座整体实物图　　　　　　（b）连接支座构造图

图 3.31　固定铰支座

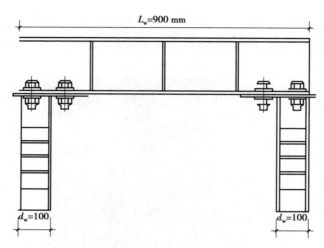

图 3.32　加载传力装置(单位:mm)

(2)试验荷载与加载制度

焊接空心球节点受弯极限承载力目前在规范中没有明确规定,文献[59]结合圆钢管受弯设计方法给出的相应计算公式被广泛认可。本章试件加载荷载的设计值也可参考文献[59]提出的受弯极限承载力计算式[见式(3.4)]计算出各组试件的极限弯矩 M_R,然后按式(3.5)反算出极限荷载值 F_L。为了得到每组试件的破坏模式,试验时将最大荷载值取为 $1.2F_L$,各组试件的试验荷载设计值见表 3.14。

$$M_R = \left(0.3 + 0.57\frac{d}{D}\right)td^2f \tag{3.4}$$

$$F_L = \frac{4.8M_R}{2L_{BJ} + 0.1} \tag{3.5}$$

表 3.14　加载设计值

试件编号	SJ/W-A1	SJ/W-A2	SJ/W-B1	SJ/W-B2	SJ/W-C1
荷载量值/kN	62.93	62.93	61.35	61.35	110.86
试件编号	SJ/W-C2	SJ/W-D1	SJ/W-D2	SJ/W-E1	SJ/W-E2
荷载量值/kN	110.86	138.57	138.57	166.29	166.29

试件加载过程采用力控制的分级加载方式,首先施加 10 kN 的荷载进行预加载,以消除试件及各试验加载设备之间存在的间隙;然后正式加载,共分为 13 个等级,其中,在 $0\sim0.7F_L$ 取 $0.1F_L$ 为一个加载等级,在 $0.7\sim1.0F_L$ 取 $0.05F_L$

为一个加载等级,每级持荷时间为 5 min。荷载量值不能通过传感器直接读取,需要对其读数进行换算间接得到。因此,加载前还需对压力传感器进行标定,得到传感器读数与实际荷载的对应关系。标定结果如图 3.33 所示,传感器读数与实际荷载呈线性关系,通过数据拟合得到两者的对应关系,即

$$U_y = 0.708P \tag{3.6}$$

式中　U_y——压力传感器读数;

　　　P——加载荷载值,kN。

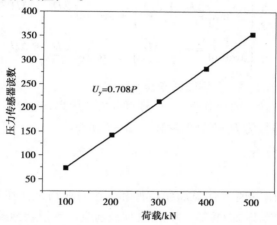

图 3.33　传感器读数与实际荷载的关系示意图

（3）测点布置

要测量节点的抗弯性能,需要在试验过程中测出节点的转角位移,由于焊接空心球的直径较大,节点发生的转角变形是空心球和邻近钢管的综合变形,难以通过某个点就测出节点的综合转角位移,因此,试验时在空心球及两侧相邻钢管区域共布置 5 个位移测点 $D_1 \sim D_5$,如图 3.34 所示。通过各测点变形的几何关系(图 3.35),按式(3.7)计算试件两侧的转角;同时,在空心球两侧基本贴近球管焊缝处布置 2 个转角位移计 A_1 和 A_2,直接测量两侧钢管的角度变化,也可通过对位移计计算的转角位移进行初步校核;为了分析节点的抗弯性能,在空心球表面布置应变片(花)(图 3.34),以跟踪空心球在加载过程中的力学性能。各个试件、百分表数据与角度仪数据变化规律相同但在量值上存在一定差异,总体表现为角度仪测量结果偏大,图 3.38 中两条曲线并不重合的原因主要是节点具有一定形状但百分表数据处理时将节点简化成杆系模型,忽略了实际形状的影响,因此同时布置了角度仪和百分表。

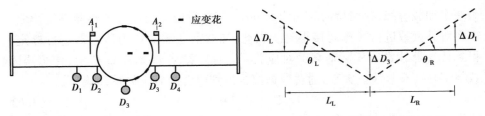

图 3.34　试件测点布置位置示意图　　　图 3.35　试件变形几何示意图

$$\theta_{\mathrm{L}} = \frac{1}{2}\left[\arctan\left(\frac{\Delta D_1 + \Delta D_3}{L_1}\right) + \arctan\left(\frac{\Delta D_2 + \Delta D_3}{L_2}\right)\right]$$

$$\theta_{\mathrm{R}} = \frac{1}{2}\left[\arctan\left(\frac{\Delta D_4 + \Delta D_3}{L_4}\right) + \arctan\left(\frac{\Delta D_5 + \Delta D_3}{L_5}\right)\right] \quad (3.7)$$

式中　　θ_{L}, θ_{R}——试件左、右侧的转角位移；

　　　　L_i——编号为 i 的百分表到 D_3 号百分表的距离,mm；

　　　　ΔD_i——编号为 D_i 百分表读数,$i = 1 \sim 5$,mm。

3)试验结果分析

(1)试验现象

　　总结试验规律发现,5 组试验组试件和 5 组对照组试件在纯弯矩作用下具有相似的试验现象,以 SJ/W-A1 为例,在加载前空心球形状饱满,节点两侧钢管轴线夹角呈 180°的平直状态,如图 3.36(a)所示。加载过程中,随着荷载的增加,两侧钢管缓慢弯曲,空心球向下移动,钢管与传力装置接触区域发生局部受压变形；当荷载接近极限荷载时,位移传感器读数波动较为明显,同时千斤顶无法继续加载,压力传感器的读数不再继续增长,随后停止加载。加载结束后,可明显看出钢管弯曲变形较大[图 3.36(b)],同时焊接空心球的焊缝附近不再呈饱满状态,而是呈上部下凹、下部拉伸的形态[图 3.36(c)]。

　　对比 SJ/W-A1 和 SJ/W-A2 的变形情况,发现焊接残余应力对节点在弯矩作用下的变形也有一定影响。图 3.37 所示为 SJ/W-A1 和 SJ/W-A2 在加载结束后的变形情况对比图,从肉眼上可观察到对照组 SJ/W-A1 的弯曲变形比试验组 SJ/W-A2 的弯曲变形更为明显,可以预见焊接残余应力对节点的抗弯刚度有一定影响。其他组试件的变形情况与 SJ/W-A1 和 SJ/W-A2 相似,但具体变形值略有不同,在此不再赘述,下面将对各组试件的具体变形情况和刚度进行详细分析。

（a）加载前　　　　　　　　　　　　　（b）加载后

（c）空心球变形

图 3.36　试件变形情况

（a）有焊接残余应力　　　　　　（b）无焊接残余应力

图 3.37　加载后对照试件变形对比图

（2）焊接残余应力对节点抗弯力学性能的影响

根据试验实测数据绘制各组试件的弯矩-转角位移曲线,如图 3.38 所示。其中,转角位移包括角度传感器直接测得的数据和利用百分表测得的数据按式（3.7）计算得到的转角值。

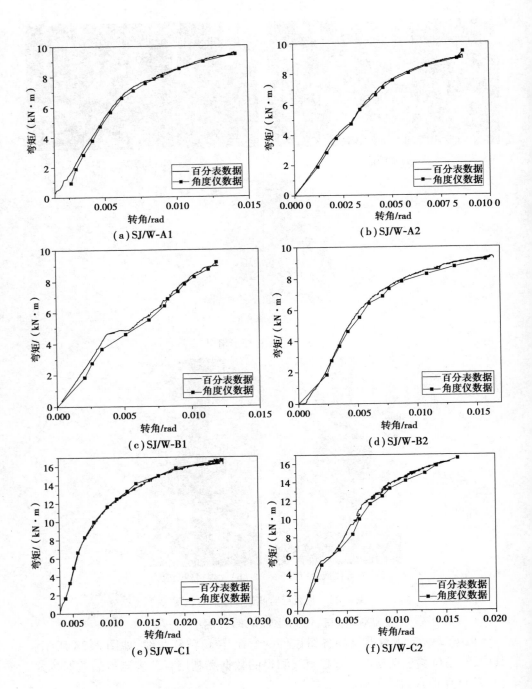

（a）SJ/W-A1

（b）SJ/W-A2

（c）SJ/W-B1

（d）SJ/W-B2

（e）SJ/W-C1

（f）SJ/W-C2

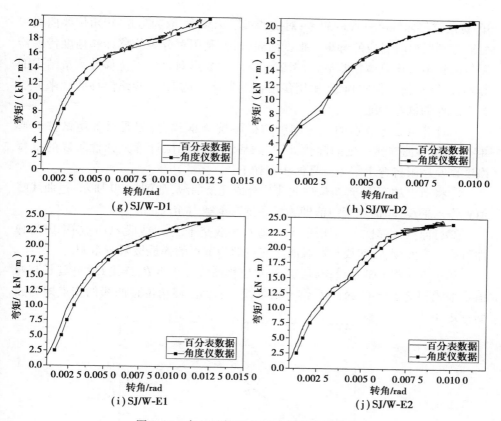

图 3.38 各组试件节点弯矩-转角位移曲线

从图 3.38 中可以看出,各组试件的弯矩-转角位移曲线变化趋势较为接近,均表现为:当荷载较小时,弯矩-转角位移曲线接近直线,可以认为节点此时处于弹性阶段;随着荷载的增加,曲线斜率随着转角位移的增大而呈非线性减小。同时,还可以看出空心球节点的弯矩-转角位移曲线没有明显的屈服平台。

对比图 3.38 中各组试件由百分表测得的转角位移与由角度传感器直接测得的转角位移,发现两者变化规律相同,但在具体量值上存在一定差异,表现为利用百分表测得的转角位移偏小,这是因为在弯矩作用下焊接空心球的下表面因为拉伸而有向上变形趋势,导致位移测点 D3(布置在空心球下表面)测得的位移小于空心球中心的实际位移,进而使计算出来的转角位移也偏小。因此,利用角度传感器测得的转角位移更加接近节点的实际转角位移。

为量化分析焊接残余应力对焊接空心球节点抗弯性能的影响,提取试验组与对照组试件的抗弯刚度与极限抗弯承载力。对抗弯刚度,将其定义为节点弯矩-转角位移曲线弹性段的斜率;对抗弯极限承载力,取为弯矩-转角位移曲线中变形达到极值时对应的弯矩。根据前述分析,利用百分表位移计和角度传感器测得的转角位移总体相差不大,考虑到空心球变形对百分表位移计测量结果的影响,以及从偏于保守角度,采用角度传感器测得的弯矩-转角位移曲线来分析各组试件的抗弯性能。

为计算空心球节点的抗弯刚度与极限抗弯承载力,需要对各组试件的弯矩-转角位移曲线作一定的简化处理,然后利用作图法计算其弹性阶段的抗弯刚度以及极限抗弯承载力。具体步骤如下:

①将节点的弯矩-转角位移曲线拟合成光滑曲线,如图 3.39 所示,过曲线峰值点作水平线,峰值点弯矩值即为极限抗弯承载力 M_U;

②过原点作弹性段的切线,与峰值水平线交于点 A,线段 OA 的斜率即为弹性阶段抗弯刚度 K,切线与荷载曲线交点即为节点的弹性极限弯矩 M_E;

③过点 A 作 x 轴垂线,与弯矩-转角位移曲线交于点 B,连接 OB 并延长与峰值水平线相交于点 C,过点 C 作 x 轴垂线,与弯矩-转角位移曲线的交点即为屈服弯矩 M_P[60]。

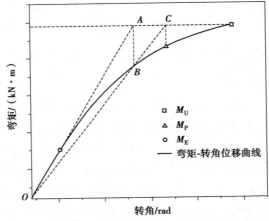

图 3.39 作图法确定空心球节点抗弯刚度与极限抗弯强度

按上述方法绘制得到各组试件的拟合弯矩-转角位移曲线,如图 3.40 所示。同时,为了对比分析焊接残余应力对节点抗弯性能的具体影响程度,将对应的对照组试件与试验组试件绘制在同一图中,然后计算得到各组试件的抗弯刚度以及抗弯承载力,见表 3.15。

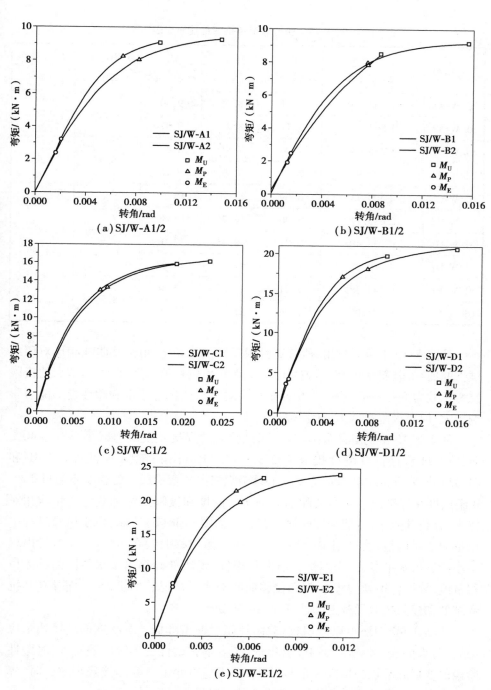

图 3.40　有/无焊接残余应力的试件弯矩-转角曲线对比

表3.15　空心球节点抗弯性能对比表

节点编号	K /(kN·m·rad^{-1})	M_E /(kN·m)	M_P /(kN·m)	M_U /(kN·m)	K提高率 /%	M_U变化率 /%
SJ/W-A1	1 498.66	2.41	8.02	9.30	4.50	0.75
SJ/W-A2	1 569.21	3.17	8.23	9.37		
SJ/W-B1	1 335.44	1.96	7.85	8.47	10.43	7.53
SJ/W-B2	1 490.93	2.47	7.93	9.16		
SJ/W-C1	2 500.73	3.69	13.26	16.17	6.89	-1.76
SJ/W-C2	2 685.71	3.96	12.96	15.89		
SJ/W-D1	4 036.49	3.71	18.05	20.07	6.36	-1.99
SJ/W-D2	4 310.82	4.23	17.09	19.68		
SJ/W-E1	5 744.28	7.21	19.87	23.46	8.79	2.21
SJ/W-E2	6 298.00	7.74	21.54	23.99		

　　从图3.40中可以看出,所有试验组试件的弯矩-转角位移曲线相比对照组试件的曲线,其斜率更大,但破坏时的最大转角位移值有所减小,而节点的极限抗弯承载力变化不大,说明焊接残余应力对节点的抗弯刚度和塑性变形能力影响较大,但对极限承载力影响不大。

　　从表3.15中的具体数据来看,当试验组的焊接残余应力减小30%～40%时,空心球节点抗弯刚度提高4.5%～10.43%不等;除B组试件(SJ-B1和SJ-B2)外,降低焊接残余应力对空心球节点极限抗弯承载力的影响不超过5%。B组试件在焊接残余应力消除前后的抗弯刚度和极限抗弯承载力变化均相对较大,分析其原因,可能与试验误差有关。如图3.38(c)所示,由于试验过程中设备的临时调整,使得SJ-B1试件的弯矩-转角位移曲线在400 kN左右时出现一小段近似水平段,因为测量系统的局限性,无法准确得出该水平段的具体位移量值,故拟合得到的弯矩-转角位移曲线与实际情况有所出入,从而导致其抗弯刚度和极限抗弯承载力的计算存在一定误差。

　　从图3.40中还可以看出,试验组经超声冲击降低一定程度的焊接残余应力后,节点的M_E会延后而M_P会提前,节点的弹塑性变形阶段缩短,同时塑性阶段的变形和节点的极限变形均减小,说明超声冲击消除焊接残余应力时,焊缝附近会产生新的塑性变形,进而降低节点延性。

总体来看,焊接残余应力对节点力学性能的影响趋势是明确的,即降低焊接空心球节点处的残余应力可提高节点的抗弯刚度,最大提高10%左右,但对节点极限抗弯承载力影响不大。

3.3.2　焊接残余应力对节点抗弯性能影响的有限元分析

试验过程中不可避免地会存在一些误差,导致试验测得的数据有可能不能真实反映焊接空心球节点的力学性能,尤其是现有技术尚不能完全消除空心球节点内的残余应力,焊接残余应力对节点力学性能的影响程度难以准确量化。因此,可借助有限元分析技术,通过与部分试验数据对比,在验证有限元模型具有一定可靠性的基础上,系统分析焊接残余应力对空心球节点力学性能的影响规律。

利用 ANSYS 有限元软件建立 10 组试件的精细化数值模型,采用与第 2 章一样的建模方法建立球-管连接节点的 1/2 模型,如图 3.41 所示。以 SJ/W-A1 为例,为消除钢管端部约束对焊缝区域的影响,钢管长度取为 1.5d 即 133.5 mm。球-管对接焊缝模拟试验时的单道三层焊,共建立三层焊缝单元,如图 3.41(b)所示。为保证计算精度,采用映射网格划分单元,共建立 19 683 个单元、32 344 个节点。在空心球的对称面上施加对称约束,同时在钢管顶端面采用 MPC184 刚臂单元连接至离钢管顶端一定距离的中心点上,对刚臂施加 50 kN·m 的弯矩,当有限元计算不收敛时则认为节点达到极限承载力状态。

焊接空心球节点内的焊接残余应力是焊接过程中的不均匀升降温和钢材在高温下发生的热塑性膨胀造成的。利用 ANSYS 的热-结构耦合分析可对球-管连接焊缝进行跟踪模拟,具体过程是:首先将所有单元定义为 SOLID70,利用单元"生死"技术,按照焊接顺序分层依次激活焊缝单元,并对激活的单元施加短暂的体生热率热源荷载模拟焊接过程中热源的移动,进而计算出焊接过程及焊接完成后的不均匀温度场;其次将所有单元转换为 SOLID185,建立结构分析模型,并对节点施加合适的约束以及前述分析得到的不均匀温度场,即可获取空心球节点内的焊接残余应力分布模式;最后可将焊接残余应力作为节点内部的初应力,叠加其他外部荷载,如弯矩,即可计算分析焊接空心球节点考虑焊接残余应力影响的各项力学性能。

第 2 章已对焊接空心球节点的焊接残余应力的分布规律及模式进行了详细分析,以 SJ/W-A1 为例,2.5.4 节的图 2.55(a)给出了该节点沿其剖面的残余应力分布模式。由图2.55(a)可知,节点的最大残余应力为213.9 MPa,位于焊缝区域,非常接近Q235钢材的屈服强度。焊接冷却后,远离焊缝的区域产生压应力,焊缝及其附近区域产生拉应力,并且拉应力达到材料的屈服极限。因此,构件在弯矩作用下易发生弯曲变形,此时该区域不能承受负载,相当于有效承载面积减小,导致焊接残余应力对空心球节点抗弯刚度有一定程度的削弱,所有试验试件中削弱程度最大为10.43%,最小为4.5%;由极限承载力计算公式可得出焊接残余应力对空心球节点抗弯极限承载力影响不大,变化程度不超过5%。但抗弯极限承载力有所影响主要是经过超声冲击后,节点的塑性变形能力发生改变,这可能导致节点弹塑性变形阶段缩短,塑性阶段变形能力减弱,从而降低节点极限变形。

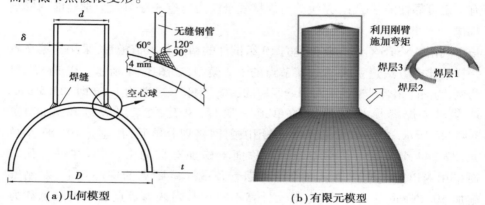

图3.41　球-管连接节点模型

1)有限元计算结果

仍以SJ/W-A1和SJ/W-A2为例,对有限元计算结果进行对比分析。图3.42为SJ/W-A1的有限元和试验变形模式对比图,从图中可以看出,有限元计算结果与试验结果基本吻合,节点在极限弯矩作用下的变形模式表现为节点一侧受压凹陷,一侧受拉伸直,这证实了有限元模型的可靠性。图3.43为SJ/W-A1和SJ/W-A2在极限状态下的有限元变形云图,可以看出,焊接残余应力对空心球节点在极限弯矩作用下的变形模式不会产生影响,均与图3.42(b)所示的试验结果相似,但会影响其具体的变形量值。具体来看,图3.43(a)所示的未消除残余应力的SJ/W-A1的最大变形要比图3.43(b)所示的SJ/W-A2大,且是在SJ/W-A1的极限弯矩9.23 kN·m小于SJ/W-A2的极限弯矩9.60 kN·m的情况下,可见有限元结果也证实焊接残余应力会降低节点的抗弯刚度。图3.44为两组试件在极限状态下的Von Mises等效应力云图对比图,可以看出两组试件的最大等效应力均出现在受压侧焊缝与空心球交界位置,达到材料的屈服强度;与变形量值相似,考虑焊接残余应力的节点整体应力水平更大。

（a）有限元结果　　　　　　　　　　　（b）试验结果

图 3.42　SJ／W-A1 变形模式对比图

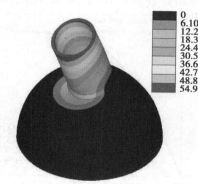 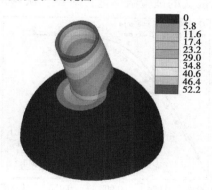

（a）SJ／W-A1　　　　　　　　　　　　　（b）SJ／W-A2

图 3.43　极限弯矩下变形云图（单位:mm）

 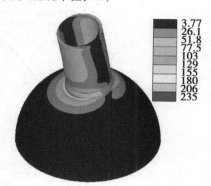

（a）SJ／W-A1　　　　　　　　　　　　　（b）SJ／W-A2

图 3.44　极限受弯下 Von Mises 等效应力云图（单位:MPa）

2)构造尺寸对空心球节点抗弯性能的影响分析

图3.43、图3.44列出的变形与应力云图难以量化分析焊接残余应力对节点抗弯性能的影响,因此,根据前述方法,首先提取各组试件有限元计算结果的弯矩-转角位移曲线,再计算相关的力学性能特征参数,并结合节点的主要几何构造尺寸进行参数化分析。

(1)空心球直径 D

以空心球直径 D 为对比项的试件组有 SJ/W-A1(2)、SJ/W-B1(2)4 组试件,考虑到对比试件数量较少,补充表 2.1 中的 SJ3 和 SJ3-D 进行对比分析。为了与本章分析试件编号统一,此处将 SJ3 和 SJ3-D 重新编号为 SJ/W-F1 和 SJ/W-F2。各试件的弯矩-转角位移曲线如图 3.45 所示,各组试件的抗弯极限承载力与抗弯刚度计算结果列于表 3.16 中。其中,SJ/W-A1(2)与 SJ/W-B1(2)均与前文的试验结果进行对比。从弯矩-转角位移曲线来看,有限元模拟结果

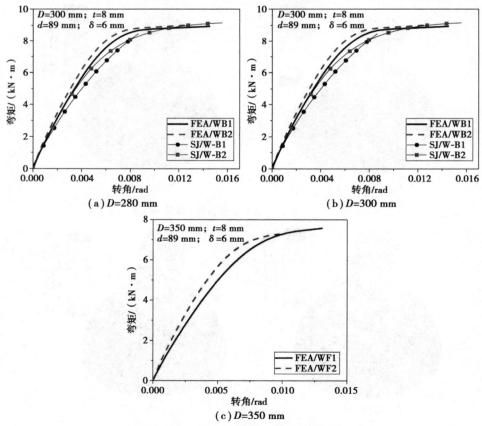

(a)D=280 mm

(b)D=300 mm

(c)D=350 mm

图3.45 空心球节点弯矩-转角位移曲线

的变化规律与试验测试结果基本一致;有限元模拟结果相比于试验所得曲线弹性段的斜率更大,但弯矩峰值基本相同,进入塑性阶段后曲线变化更平缓,这可能是在有限元模拟时,材料采用理想的双折线模型,而实际试验中材料属性与之存在一定差异造成的。

表 3.16　焊接残余应力对空心球节点力学性能影响对比表(Ⅰ)

对比项	是否考虑焊接残余应力	抗弯极限承载力			抗弯刚度		
空心球直径 D/mm		有限元 /(kN·m)	试验 /(kN·m)	相对差/%	有限元 /(kN·m·rad^{-1})	试验 /(kN·m·rad^{-1})	相对差/%
280	是	9.23	9.30	0.75	1 506.98	1 498.66	0.56
	否	9.60	9.37	2.45	1 693.13	1 569.21	7.90
300	是	8.94	8.47	5.55	1 397.50	1 335.44	4.65
	否	9.02	9.16	1.53	1 565.67	1 490.93	5.01
350	是	7.35	—	—	1 034.44	—	—
	否	7.58	—	—	1 177.54	—	—

　　为了更清晰地分析焊接空心球直径对焊接残余应力和节点刚度的影响,绘制焊接残余应力对节点抗弯极限承载力与抗弯刚度的影响随空心球直径 D 的变化趋势,如图 3.46 所示。

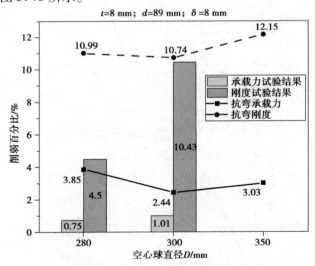

图 3.46　焊接残余应力对节点抗弯性能削弱程度相对 D 的变化趋势

　　当空心球直径 D 发生改变时,焊接残余应力对节点抗弯刚度的削弱程度均在 10% 以上,而抗弯极限承载力的削弱程度均不超过 5%,考虑与不考虑焊接残余应力的节点抗弯极限承载力、抗弯刚度相近。当空心球直径 D 等于 280 mm 和 300 mm 时,节点抗弯刚度相近,节点抗弯刚度被焊接残余应力的削弱程度也更接近;而当直径 D 等于 350 mm 时,节点抗弯刚度降低至所有模型的最小值,焊接残余应力对其影响则增至最大值,结合之前章节的分析结果:随着空心球直径 D 的增大焊接残余应力极值以及其在空心球上的影响区域有所减小,可以判断空心球直径 D 引起的焊接残余应力的大小及分布范围的改变不是决定节点抗弯刚度受影响程度的唯一因素。因此,本节猜想焊接残余应力对节点刚度的影响程度具有相对性,当节点刚度较小时焊接残余应力的影响占主导地位,焊接残余应力对节点刚度的削弱就越大。

(2)空心球壁厚 t

以空心球壁厚 t 为对比项的试件组有 SJ/W-C1(2),SJ/W-D1(2),SJ/W-E1(2)6 组试件,绘制各试件的弯矩-转角位移曲线如图 3.47 所示。计算各试件抗弯极限承载力与抗弯刚度的有限元计算值和试验值,见表 3.17。

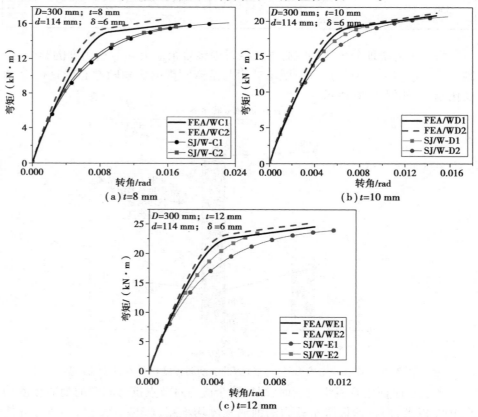

图 3.47　空心球节点弯矩-转角位移曲线

表 3.17　焊接残余应力对空心球节点力学性能影响对比表（Ⅱ）

对比项 空心球 壁厚 t/mm	是否考虑焊接残余应力	抗弯极限承载力			抗弯刚度		
		有限元 /(kN·m)	试验 /(kN·m)	相对差/%	有限元 /(kN·m·rad^{-1})	试验 /(kN·m·rad^{-1})	相对差/%
8	是	16.07	16.17	0.62	2 558.87	2 500.73	2.32
	否	16.67	15.89	4.91	2 804.57	2 685.71	4.43
10	是	21.22	20.07	5.73	4 146.90	4 036.49	2.74
	否	21.86	19.68	11.08	4 475.01	4 310.82	3.81
12	是	25.16	23.46	7.25	6 258.24	5 744.28	8.95
	否	25.50	23.99	6.23	6 640.97	6 298.00	5.55

　　同样地，绘制焊接残余应力对节点抗弯极限承载力与抗弯刚度的影响随空心球壁厚 t 的变化趋势，如图 3.48 所示。

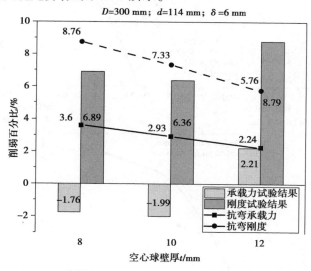

图 3.48　焊接残余应力对节点抗弯性能削弱程度相对 t 的变化趋势

　　当空心球壁厚 t 发生改变时，焊接残余应力对节点抗弯刚度与抗弯极限承载力的削弱程度都随 t 的增大而减小；焊接残余应力的影响仍主要体现在节点抗弯刚度上，最大值为 8.76%，最小值为 5.76%；焊接残余应力对抗弯极限承载力的影响均未超过 5%。从图 3.48 中可以看出，试验数据与有限元分析数据相差较大，试验数据反映的规律也不明显，抗弯极限承载力的数据还出现了与模拟结果相反的情况,这是因为在实际情况中,对照试验组试件即使在消除焊接残余应力前也无法保证两试件的完全一致,试验结果会出现一定的误差。

(3)钢管直径 d

以钢管直径 d 为对比项的试件组有 SJW-B1(2)、SJW-C1(2)4 组试件,补充表 2.1 中的 SJ8 和 SJ8-D 进行对比分析,同样为了统一,此处将 SJ8 和 SJ8-D 重新编号为 SJ/W-G1 和 SJ/W-G2。绘制各组试件的弯矩-转角位移曲线,如图 3.49 所示。计算各组试件的抗弯极限承载力与抗弯刚度值,见表 3.18,同样地,绘制焊接残余应力对节点抗弯极限承载力与抗弯刚度的影响随钢管直径 d 的变化趋势,如图 3.50 所示。

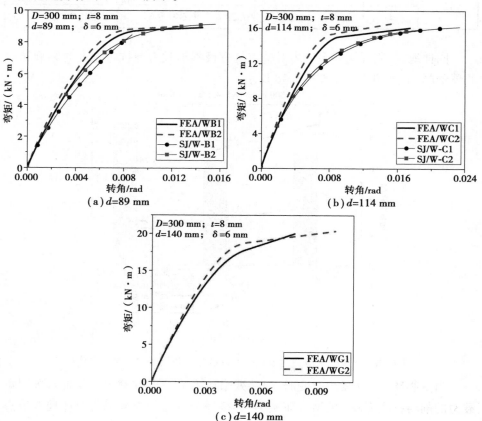

图 3.49　空心球节点弯矩-转角位移曲线

表 3.18　焊接残余应力对空心球节点力学性能影响对比表(Ⅲ)

对比项	是否考虑焊接残余应力	抗弯极限承载力			抗弯刚度		
钢管直径 d/mm		有限元/(kN·m)	试验/(kN·m)	相对差/%	有限元/(kN·m·rad⁻¹)	试验/(kN·m·rad⁻¹)	相对差/%
89	是	8.94	8.47	5.55	1 397.50	1 335.44	4.65
	否	9.02	9.16	1.53	1 565.67	1 490.93	5.01
114	是	16.07	16.17	0.62	2 558.87	2 500.73	2.32
	否	16.67	15.89	4.91	2 804.57	2 685.71	4.43
140	是	20.04	—	—	4 921.04	—	—
	否	20.39	—	—	5 246.64	—	—

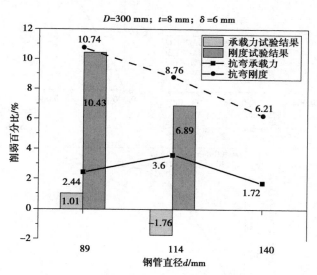

图 3.50　焊接残余应力对节点抗弯性能削弱程度相对 d 的变化趋势

　　三组试件中抗弯刚度最大削弱 10.74%,而承载力最大削弱 3.6%,但非同组试件。随着与节点连接的钢管直径 d 的增大,焊接残余应力对节点抗弯刚度的削弱逐步减小且试验结果表现出相似特征,但对抗弯承载力的影响规律不明显。

（4）钢管壁厚δ

为分析钢管壁厚δ对节点焊接残余应力和抗弯性能的影响,选取试件 SJ/W-E1（2）,同时补充 SJ/W-H1,SJ/W-H2,SJ/W-I1 和 SJ/W-I2 进行分析。其中,SJ/W-H1 和 SJ/W-H2 的尺寸为:$D=300$ mm,$t=12$ mm,$d=140$ mm,$\delta=8$ mm;SJ/W-I1 和 SJ/W-I2 的尺寸为:$D=300$ mm,$t=12$ mm,$d=140$ mm,$\delta=10$ mm。试件编号后缀"1"表示该试件未消除焊接残余应力,后缀"2"表示该试件已经消除焊接残余应力。绘制各组试件的弯矩-转角位移曲线如图 3.51 所示。计算各试件抗弯极限承载力与抗弯刚度值见表 3.19。绘制焊接残余应力对节点抗弯极限承载力与抗弯刚度的影响随钢管壁厚δ的变化趋势如图 3.51 所示。

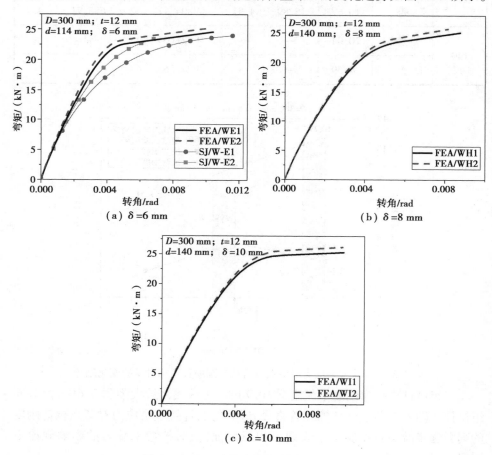

图 3.51 空心球节点弯矩-转角位移曲线

表 3.19　焊接残余应力对空心球节点力学性能影响对比表（Ⅳ）

对比项 钢管壁厚 δ/mm	是否考虑焊接残余应力	抗弯极限承载力			抗弯刚度		
		有限元 /(kN·m)	试验 /(kN·m)	相对差/%	有限元 /(kN·m·rad^{-1})	试验 /(kN·m·rad^{-1})	相对差/%
6	是	25.16	23.46	7.25	6 258.24	5 744.28	8.95
	否	25.50	23.99	6.23	6 640.97	6 298.00	5.55
8	是	25.07	—	—	6 584.65	—	—
	否	25.71	—	—	6 861.87	—	—
10	是	25.33	—	—	6 530.26	—	—
	否	26.19	—	—	6 803.42	—	—

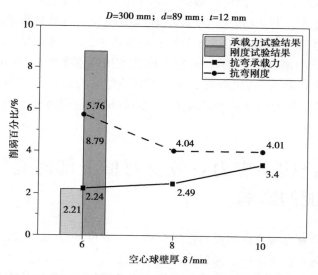

图 3.52　焊接残余应力对节点抗弯性能削弱程度相对 δ 的变化趋势

从图 3.51、图 3.52 和表 3.19 中可以看出，随着钢管壁厚 δ 的增大，节点抗弯刚度受焊接残余应力的削弱呈减小趋势，而抗弯极限承载力有所增长。钢管壁厚 δ 对空心球节点抗弯刚度的影响不大，此时焊接残余应力对节点刚度的削弱程度随 δ 的变化规律与 δ 对焊接残余应力分布的影响规律一致，也表现为随 δ 的增大而减小。此参数变化下的 3 对试件抗弯刚度均处于较大的量值，但焊接残余应力对抗弯刚度的削弱程度却相对较小，最大为 5.76%，因此，本组数据也反映了节点抗弯刚度越大，焊接残余应力对其影响越小的规律。

总体而言,焊接残余应力对空心球节点抗弯力学性能的影响主要表现在抗弯刚度上,有限元分析结果中考虑空心球直径 D 影响的一组试件的抗弯刚度削弱程度最大为12.15%,试验结果中 B 组试件抗弯刚度削弱最大达到10.43%,该组试件有限元分析结果也达到了10.74%。而焊接残余应力对节点抗弯极限承载力的影响不大,均未超过4%。有限元分析结果未表现出试验中以超声冲击法消除焊接残余应力的构件极限变形减弱的情况,在一定程度上可以验证超声冲击可能给节点增加了塑性变形影响了节点塑性阶段的变形。由于现实条件下,因材料自身属性、焊接工艺等因素,同组对照试件在消除焊接残余应力前无法做到完全一致,因此,仅考虑有无焊接残余应力的对照试件的理想状态难以达到,这是导致有限元模拟结果与试验结果存在一定误差的主要原因。

针对焊接残余应力对空心球节点抗弯刚度的削弱,综合各参数变化的分析结果来看,空心球节点的构造参数既影响了节点上焊接残余应力的分布,又决定了节点刚度的大小,当节点刚度较小时焊接残余应力对其影响越大,反之则越小。具体地,节点抗弯刚度主要与空心球直径 D、空心球壁厚 t 及钢管直径 d 相关,随着 t,d 的增大或 D 的减小,空心球节点抗弯刚度增大,焊接残余应力对节点抗弯刚度影响减弱;而钢管壁厚 δ 对空心球抗弯刚度影响较弱,此时焊接残余应力对节点抗弯刚度的削弱取决于 δ 对焊接残余应力分布的影响,表现为随 δ 的增大而减小。

3.4 焊接残余应力对弦支穹顶上部网壳结构静力性能的影响

焊接残余应力对节点的受力性能存在一定程度的削弱,对结构整体的受力也会产生影响。弦支穹顶上部单层网壳结构的面外刚度较弱,对节点的抗弯刚度较为敏感,因此,本节以弦支穹顶上部结构常用的 K6 型单层球面网壳结构为例,考虑焊接空心球节点的半刚性,并且引入焊接残余应力对节点力学性能的影响,分析整体结构的极限承载力与稳定性等力学性能受到的影响。

3.4.1 节点模拟方法

焊接空心球节点在单层网壳设计计算时被考虑为刚接节点,然而实际情况中焊接空心球节点可以传递一定弯矩,属于半刚性节点。因此,本节采用了现有研究中常用的弹簧单元与刚臂单元组合的半刚性节点模拟方法,并通过削弱弹簧单元刚度的方式来模拟焊接残余应力对节点抗弯刚度与轴向刚度的削弱。

在有限元分析软件 ANSYS 中采用刚臂单元 MPC184 与弹簧单元 COMBIN14 来模拟焊接空心球节点的节点域大小及其抗弯刚度与轴向刚度,如图 3.53 所示。其中,刚臂单元长度 $L_{MPC} = D/2$,用来模拟空心球区域,D 为空心球直径;空心球与钢管间采用三组弹簧单元连接,分别是沿 x 轴伸缩的弹簧单元,绕 y 轴及垂直于图中 xOy 平面的 z 轴转动的弹簧单元,分别对应焊接空心球节点的轴向刚度 K_1 以及两个方向的转动刚度 K_2,K_3。前述研究表明,焊接残余应力主要影响节点刚度,因此,本节通过削减节点各个方向刚度取值的方法来考虑焊接残余应力的影响。根据 3.2 节的研究可知,焊接残余应力对节点轴向刚度的削弱程度约为 11%,3.3 节的研究表明焊接残余应力对节点抗弯刚度的削弱程度约为 10%。故本节均为最不利情况,考虑焊接残余应力后,取节点轴向刚度削弱 11%,抗弯刚度削弱 10%。

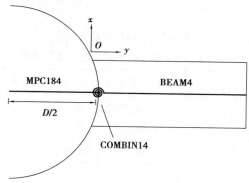

图 3.53　节点模拟示意图

3.4.2　结构整体分析

1)分析结构模型

单层球面网壳是使用焊接空心球节点连接杆件的典型结构之一,凯威特型单层球面网壳又是单层网壳中的常用形式,相比于肋环形等其他网壳结构形式具有更均匀的网格布置及更好的受力性能。本节分析的 K6 单层网壳结构模型信息如图 3.54 所示,网壳跨度 30 m,矢高 6.8 m,矢跨比 0.27。网壳的约束方式为周边三向铰支,恒荷载取 1.0 kN/m²,活荷载取 0.5 kN/m²。按照一致缺陷模态法施加 1/300 跨度的初始缺陷。采用同一规格节点与杆件,空心球节点尺寸为 300×8($D×t$),连接钢管尺寸为 114×6($d×\delta$),节点刚度取不考虑焊接残余应力的节点静力试验结果,相关信息见表3.20。

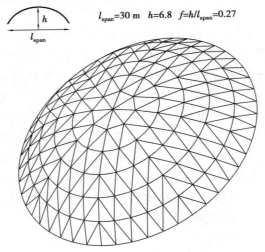

$l_{span}=30\text{ m}$ $h=6.8$ $f=h/l_{span}=0.27$

图 3.54   K6 型单层球面网壳

表 3.20   模拟节点截面信息与刚度取值表

项目	杆件截面面积/mm²	杆件截面惯性矩/mm⁴	$K_1/(\text{kN}\cdot\text{m}^{-1})$		$K_2,K_3/(\text{kN}\cdot\text{m}\cdot\text{rad}^{-1})$	
			不考虑焊接残余应力	考虑焊接残余应力	不考虑焊接残余应力	考虑焊接残余应力
取值	1.86×10^6	2.04×10^3	333.00	296.37	2 685.71	2 417.139

模型的加载分两步:一是建立不考虑半刚性节点的结构模型,并以每个格构作为一多边形面划分为 Surf154 单元,约束所有节点并于所有面单元上施加均布面荷载,即考虑结构为满跨均布荷载;计算求解各个节点处支承反力。二是将各支承反力的反向荷载作为等效荷载生成荷载文件,用于现有模型荷载施加,利用弧长法追踪结构的荷载位移曲线,分析结构的承载力能力与变形情况。

2)有限元结果分析

由于本节只考虑了满跨均布面荷载的情况,因此,结构的主要变形形式为竖向变形,两模型的竖向位移云图如图 3.55 所示。

从图 3.55 中可以看出,两模型的变形分布模式相近,总体均表现为靠近支座处变形较小,由外向内网壳变形逐步增大,而顶点区域又发生较小的竖直向上的变形;从对比来看,考虑焊接残余应力的模型结构变形量值更大,且发生较大变形的节点数量更多。由于节点焊接残余应力的影响,两个模型最大变形节点位置具有差异,分别为图 3.55(a)中的 10 号节点与图 3.55(b)中的 5 号节点。相比于不考虑节点焊接残余应力的结构模型,最大变形量值由 0.109 m 增至 0.122 m,增幅为 11.93%;对比同一节点,5 号节点变形由 0.109 m 增至 0.118 m,增幅为 8.26%,10 号节点变形由 0.104 m 增至 0.122 m,增幅为 17.31%。

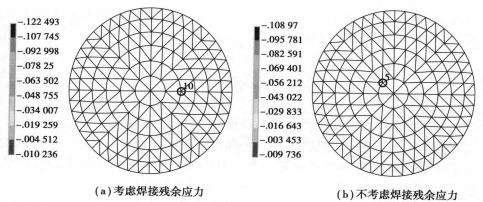

（a）考虑焊接残余应力　　　　　　　　（b）不考虑焊接残余应力

图 3.55　结构竖向位移对比图

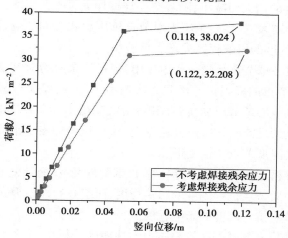

图 3.56　结构荷载位移曲线

提取两模型各自最大竖向变形点的位移,绘制结构的荷载-位移曲线如图 3.56 所示。根据荷载-位移曲线可以判断,考虑焊接残余应力与否,网壳结构的破坏模式均属于失稳破坏,节点刚度削弱也弱化了结构整体的变形能力,进而降低了承载力,降幅约 7.19%。

可见,对于使用焊接空心球节点的大跨度空间结构而言,当考虑节点与杆件连接焊缝的焊接残余应力时,整体结构的变形能力与承载能力均受到一定程度的不利影响;由于节点刚度的削弱降低了结构的抗变形能力,因此,在结构变形方面,焊接空心球节点焊接残余应力基本不影响结构的变形特征只增大变形量值;而大跨度空间钢结构的破坏模式通常属于稳定性破坏,由于节点焊接残余应力的影响,结构局部可提前达到失稳变形,从而导致了结构极限承载力的降低。但本节在考虑焊接残余应力对空心球节点刚度的影响时仅取了最不利情形,因此所得结果偏于保守。

本章小结

本章在第 2 章中厘清空心球节点焊接残余应力分布模式的基础上,主要围绕焊接残余应力对节点的轴向受压性能和抗弯性能,以及弦支穹顶上部网壳结构整体力学性能的影响展开研究,也是采用了试验研究与数值模拟相结合的方法,得到的主要结论如下:

①焊接残余应力对空心球节点轴向抗压承载力与轴向刚度的影响程度随着空心球直径 D 的增大而减小,随着空心球壁厚 t 的增大而增大;而对钢管,随着钢管直径 d 的增大,焊接残余应力对节点抗压承载力的影响程度先减小后增大,对节点轴向刚度的影响程度先增大后减小。

②若焊接空心球节点承受纯弯矩作用,焊接残余应力对其受弯破坏模式无显著影响,且对节点的极限抗弯承载力影响不大,影响程度不超过 5%;但焊接残余应力会降低空心球节点的抗弯刚度,最大降低 10.43%;同时,通过焊接残余应力对节点抗弯性能的试验研究还发现,采用超声冲击法消除空心球节点焊接残余应力时会降低节点塑性变形能力。

③参数化分析表明焊接空心球壁厚 t、钢管外径 d、钢管壁厚 δ 的增大会减弱焊接残余应力对节点抗弯刚度的影响程度,而空心球外径 D 的增大会增强焊接残余应力对节点抗弯刚度的影响程度。

④在弦支穹顶上部网壳结构整体力学性能的分析中,通过削弱节点的轴向刚度和抗弯刚度以考虑焊接残余应力对结构层面的影响,计算结果表明焊接空心球节点的焊接残余应力可导致结构极限承载力与刚度分别降低 7.19% 和 11.93%。

第4章　弦支穹顶结构预应力优化与找力分析方法

4.1　概述

拉索作为弦支穹顶结构的主要承力构件,其索力大小对结构安全起着至关重要的作用,主要体现在两个方面:一是降低网壳结构在外荷载作用下的杆件内力峰值及竖向挠曲变形;二是拉索与网壳形成自平衡体系,减小支座对结构的径向约束反力。但当结构中预应力水平过高时,会加重结构自身和下部支承体系的负担;当预应力水平过低时,对改善结构受力性能的效果甚微。因此,确定拉索预应力是弦支穹顶设计中最关键的问题。弦支穹顶预应力的取值问题从本质上是预应力的优化问题,已有的5种弦支穹顶预应力设计方法[61]都对工程人员有较高的要求,在工程中应用不方便。而影响矩阵法概念明了、计算简单,对工程人员要求不高,适合在工程中广泛应用。为了阐述影响矩阵法确定弦支穹顶结构预应力态拉索预应力的原理,本章以山东茌平体育馆弦支穹顶屋盖作为研究背景,该工程具有跨度大、环索圈数多等特点,根据位移平方和最小、弯矩平方和最小、弯曲应变能最小等多个优化目标,应用影响矩阵法原理确定出7个预应力设计方案,研究了影响矩阵法在弦支穹顶工程中的适用性,最后将基于不同优化目标的优化结果进行对比分析。

找力分析是弦支穹顶结构设计过程中的一个重要环节,其理论是基于柔性张拉结构的设计提出的,近年来,被重视且逐步完善成理论。无论是对弦支穹顶结构进行受力分析前,还是弦支穹顶结构的拉索张拉施工过程中,都涉及预应力的张拉控制问题。进行受力分析时,若将预应力值换算成初应变施加到相应环索上,由于弦支穹顶结构的超静定特性,预应力将重分布,这将导致在未施加其他外荷载之前,索内预应力已有损失,且损失值较大,不能满足工程要求。因此,在对弦支穹顶结构进行各类荷载工况下的结构计算时,必须找出一组初应变值,使弦支穹顶结构在预应力平衡态下的索杆内力值等于设计值,寻找这组初应变的过程即为找力分析。

4.2　弦支穹顶结构预应力优化准则

弦支穹顶中合理的预应力是充分发挥下部索撑体系对上部网壳结构内力和变形优化的前提。为了确定合理的预应力,首先介绍弦支穹顶结构的 3 种状态:零状态、初始态、荷载态[62]。零状态,是结构在无自重和无预应力作用下的自平衡状态,也称施工放样态;初始态,是结构在自重和预应力作用下的平衡状态,也称预应力平衡态;荷载态,是处于初始态的结构在某一荷载工况作用下,结构最终达到的一种平衡状态。理想的结构状态是结构在自重、预应力及荷载的共同作用下,结构内力及变形能够满足最优的要求。一般预应力优化准则可归结为以下几类[63-67]:

①初始建筑构型不变准则。确定环索预应力幅值时,应使初始态张拉施工完成后,结构应满足既定的几何形态要求,反拱不致过大;荷载态,结构最大变形值满足规范要求,即在环索设计预应力与长期荷载的联合作用下,弦支穹顶的结构构型保持与建筑设计所给定的结构构型一致,结构的挠度变形接近零。

②支座径向反力抵消准则。确定环索预应力幅值时,应以长期荷载(通常为 1.0 恒载+0.5 活载)作用下,支座对弦支穹顶的约束力最小,即应使由环索设计预应力与长期荷载共同作用下,弦支穹顶屋盖达到自平衡时,其支座处径向推力接近零。

③支座水平径向位移抵消准则。拉索预应力以及后继荷载态作用将导致屋盖支座径向内、外滑移。在保证荷载态滑动支座正常工作性能的前提下,为方便滑动支座的设计,应使所选取的初始态预应力下支座径向内、外滑移量相差不大。

④等效节点力抵消准则。确定环索预应力幅值时,应使由环索设计预应力在撑杆上端网壳节点上产生的等效节点力恰好等于由运行荷载在相应节点上产生的等效节点荷载。

⑤风吸效应环索不松弛准则。对矢跨比较小的弦支穹顶,风荷载作用下上部网壳面将会产生负压荷载,弦支穹顶结构索撑体系可能会产生与其预应力相反的内力。为了保障在最不利荷载工况的作用下,风吸力的大小不能使索撑体系预应力松弛,不出现环索压力,保证环索受拉特性,环索预应力幅值应不低于

由最不利风荷载作用对弦支穹顶结构索撑体系产生的反向内力幅值。

⑥上部网壳杆件内力最小准则。确定环索预应力幅值时,应合理调整上部单层球面网壳杆件的内力分布,降低杆件内力峰值,优化杆件截面,减小结构用钢量。

4.3 基于影响矩阵理论的弦支穹顶结构预应力优化方法

4.3.1 影响矩阵理论

设计阶段选取某些位置的结构特性参数(内力、变形、位移等)来作为控制变量,以这一系列的控制变量作为衡量结构是否达到优化目标的标准。这些被选中的位置,称为关心位置。为了使这些关心位置结构特性参数满足要求,会调整另一些位置,这部分位置称为被调位置。假设要使 n 个关心位置的结构特性参数达到指定目标值,首先要计算 m 个被调位置的结构特性参数。根据影响矩阵法原理有如下定义:

1)调值向量

关心位置的 n 个结构特性参数需要达到的目标值组成的列向量,其表达式为

$$\{\boldsymbol{S}\} = \{s_1 \quad \cdots \quad s_i \quad \cdots \quad s_n\}^{\mathrm{T}} \qquad (4.1)$$

式中 s_i——第 i 个关心位置的结构特性参数的目标值。

2)被调向量

结构中用来被调整以使关心位置的结构特性参数达到目标值的 m 个被调位置的结构特性参数所组成的列向量,其表达式为

$$\{\boldsymbol{X}\} = \{x_1 \quad \cdots \quad x_j \quad \cdots \quad x_n\}^{\mathrm{T}} \qquad (4.2)$$

式中 x_j——第 j 个被调位置的结构特性参数的调整值。

3)影响向量

被调向量中第 j 个元素发生单位变化时,引起调值向量 $\{\boldsymbol{S}\}$ 的变化向量,其表达式为

$$\{\boldsymbol{A}\}_j = \{a_{1j} \quad \cdots \quad a_{ij} \quad \cdots \quad a_{nj}\}^{\mathrm{T}} \qquad (4.3)$$

4）影响矩阵

若被调向量中的每个元素均发生单位变化，会得到 m 个影响向量（$\{A\}_1\cdots$ $\{A\}_j\cdots\{A\}_m$），依次排列形成的矩阵就是影响矩阵，其表达式为

$$[A] = [\{A\}_1 \quad \cdots \quad \{A\}_j \quad \cdots \quad \{A\}_m] = \begin{pmatrix} a_{11} & \cdots & a_{1m} \\ \vdots & & \vdots \\ a_{n1} & \cdots & a_{nm} \end{pmatrix} \quad (4.4)$$

如果结构在调整阶段满足线性叠加原理，则有

$$\begin{cases} a_{11}x_1 + a_{12}x_2 + \cdots + a_{1m}x_m = s_1 \\ a_{21}x_1 + a_{22}x_2 + \cdots + a_{2m}x_m = s_2 \\ \vdots \\ a_{n1}x_1 + a_{n2}x_2 + \cdots + a_{nm}x_m = s_n \end{cases} \quad (4.5)$$

即

$$[A]\{X\} = \{S\} \quad (4.6)$$

在弦支穹顶结构中，下弦拉索中的预应力通过撑杆使上部网壳产生与外荷载作用下相反的位移，从而降低结构在外荷载作用下的杆件内力峰值及竖向挠曲变形。因此，弦支穹顶结构的结构响应可以看作由两个部分共同组成，即仅外荷载作用下的结构响应与仅拉索预应力作用下的结构响应，式（4.6）可写成式（4.7）：

$$[A]\{X\} + \{S\}_0 = \{S\} \quad (4.7)$$

式中 $[A]$——拉索预应力对结构响应的影响矩阵；

$\{X\}$——被调向量；

$[A]\{X\}$——拉索预应力作用下的结构响应向量；

$\{S\}_0$——外荷载作用下的结构响应向量；

$\{S\}$——拉索预应力与外荷载共同作用下的结构响应向量，即调值向量。

基于不同的优化准则，可以选择节点位移、杆件轴力、截面弯矩等作为控制量。以下分别推导其影响矩阵约束方程。

（1）以节点位移平方和最小为优化目标

以节点位移平方和最小为优化目标，是基于初始建筑构形不变准则，要求设计预应力与运行荷载的联合作用下，结构构型保持与建筑设计所给定的结构构型一致，即结构的挠度变形接近零。选取上部网壳节点作为关心节点，则 $\{D\}$ 是拉索预应力与外荷载共同作用下关心节点需要达到的指定位移向量；环索预应力是被调截面，各环索预应力组成的向量 $\{X\}$ 为被调向量。根据静力平

衡条件,将环索预应力变化引起的结构响应进行线性叠加,可以得到任意一节点 i 处位移在环索预应力与外载作用下的平衡方程式,即

$$d_{ix} + d_{i0} = d_i \qquad (4.8)$$

式中 d_{ix}——节点 i 在各圈环索预应力共同作用下的位移;

   d_{i0}——节点 i 在外荷载单独作用下的位移;

   d_i——节点 i 在环索预应力与外载共同作用下的位移。

根据影响矩阵原理,d_{ix} 可写成式(4.9)的形式。

$$d_{ix} = \{ a_{i1} \quad a_{i2} \quad \cdots \quad a_{ij} \quad \cdots \quad a_{im} \} \{ X \} = a_{i1}x_1 + a_{i2}x_2 + \cdots + a_{ij}x_j + \cdots + a_{im}x_m$$

$$(4.9)$$

式中 a_{ij}——第 j 圈环索施加单位预应力后引起节点 i 的位移改变量,

   $\{ a_{i1} \quad a_{i2} \quad \cdots \quad a_{ij} \quad \cdots \quad a_{im} \}$ 是各圈环索依次施加单位预应力后所引起的节点 i 的位移改变量组成的行向量。

对每一个节点都有相应的平衡方程式(4.9),将其组合在一起可以得到方程组:

$$
\begin{aligned}
a_{11}x_1 + a_{12}x_2 + \cdots + a_{1m}x_m + d_{10} &= d_1 \\
a_{21}x_1 + a_{22}x_2 + \cdots + a_{2m}x_m + d_{20} &= d_2 \\
&\vdots \\
a_{n1}x_1 + a_{n2}x_2 + \cdots + a_{nm}x_m + d_{n0} &= d_n
\end{aligned}
\qquad (4.10)
$$

将式(4.10)转换成矩阵形式:

$$[A]\{X\} + \{D\}_0 = \{D\} \qquad (4.11)$$

式中 $[A]$——拉索预应力对关心节点的位移影响矩阵;

   $\{X\}$——被调向量;

   $[A]\{X\}$——预应力单独作用下的节点位移向量;

   $\{D\}_0$——仅有外荷载作用时关心节点的位移向量;

   $\{D\}$——调值向量。

从而位移平方和 D^2 为

$$D^2 = ([A]\{X\} + \{D\}_0)^T \cdot ([A]\{X\} + \{D\}_0) \qquad (4.12)$$

展开得

$$D^2 = \{D\}_0^T\{D\}_0 + \{D\}_0^T[A]\{X\} + \{X\}^T[A]^T\{D\}_0 + \{X\}^T[A]^T[A]\{X\}$$

$$(4.13)$$

则位移平方和最小的优化目标为

$$
\begin{cases}
\min \quad D^2 \\
\text{s.t} \quad 0 \leqslant x_i < F_{\text{limit}}
\end{cases}
\qquad (4.14)
$$

式中 F_{limit}——单根拉索的极限轴拉力。

（2）以支座径向反力最小为优化目标

以支座径向反力最小为优化目标，是基于支座径向反力抵消准则，要求确定环索预应力幅值时，使得弦支穹顶结构在预应力与荷载共同作用下，支座径向反力接近零或等于零。显然，支座位置为关心位置，需要调整环索预应力使得支座处径向反力达到指定优化目标值。因此，支座处的径向反力需要达到的指定优化目标值组成的向量是调值向量 $\{D\}$，环索预应力是被调截面，环索预应力组成的向量是被调向量 $\{X\}$。

仍然根据静力平衡条件，对环索预应力变化引起的结构响应进行线性叠加，得到任意支座 i 处水平径向反力在环索预应力与外载作用下的平衡方程为

$$F_{ix} + F_{i0} = F_i \tag{4.15}$$

式中 F_{i0}——支座 i 在仅有外荷载作用时的水平径向反力；

F_i——支座 i 在环索预应力与外载共同作用下的水平径向反力；

F_{ix}——支座 i 在各圈环索预应力单独作用下的水平径向反力。

根据影响矩阵原理，F_{ix} 可写成式（4.16）的形式：

$$F_{ix} = \{a_{i1} \quad a_{i2} \quad \cdots \quad a_{ij} \quad \cdots \quad a_{im}\}\{X\} = a_{i1}x_1 + a_{i2}x_2 + \cdots a_{ij}x_j + \cdots + a_{im}x_m \tag{4.16}$$

同前，a_{ij} 是第 j 圈环索施加单位预应力引起支座 i 水平径向反力的改变量，即 $\{a_{i1} \quad a_{i2} \quad \cdots \quad a_{ij} \quad \cdots \quad a_{im}\}$ 是各圈环索依次施加单位预应力所引起的支座 i 水平径向反力的改变量组成的行向量。

对每一个支座都有与式（4.16）相应的平衡方程，将其组合在一起可以得到方程组：

$$\begin{cases} a_{11}x_1 + a_{12}x_2 + \cdots + a_{1m}x_m + F_{10} = F_1 \\ a_{21}x_1 + a_{22}x_2 + \cdots + a_{2m}x_m + F_{20} = F_2 \\ \qquad\qquad\qquad \vdots \\ a_{n1}x_1 + a_{n2}x_2 + \cdots + a_{nm}x_m + F_{n0} = F_n \end{cases} \tag{4.17}$$

转换为矩阵形式为

$$[A]\{X\} + \{F\}_0 = \{F\} \tag{4.18}$$

式中 $[A]$——环索预应力对支座水平径向反力的影响矩阵；

$\{X\}$——被调向量；

$[A]\{X\}$——环索预应力作用下的支座水平径向反力向量；

$\{F\}_0$——外荷载作用下的支座水平径向反力向量；

　　$\{F\}$——环索与外荷载共同作用下的支座水平径向反力向量,即调值
　　　　向量。

①指定 m 个支座水平径向反力值为优化目标

将指定的 m 个支座处的平衡方程式与式(4.16)组合成一个方程组,可以
解得唯一的环索预应力 $\{X\}$,再将 $\{X\}$ 代入式(4.17)中,可以解得全部支座处
的水平径向反力。

②指定全部支座水平径向反力值为优化目标

此时,假定优化目标为反力平方和最小,由式(4.18)得

$$F^2 = (\{F\} - \{F\}_0 - [A]\{X\})^{\mathrm{T}}(\{F\} - \{F\}_0 - [A]\{X\}) \quad (4.19)$$

对 F^2 求偏导,令 $\dfrac{\partial F^2}{\partial x_i}=0$,可得

$$[A]^{\mathrm{T}}[A]\{X\} = [A]^{\mathrm{T}}(\{F\} - \{F\}_0) \qquad (4.20)$$

将求得的环索预应力 $\{X\}$ 代入式(4.17)中,可求得的支座水平径向反力即
接近指定的反力值。

(3)以弯矩平方和最小为优化目标

以弯矩平方和最小为优化目标,是基于网壳杆件内力最小准则,要求确定
环索预应力幅值时,合理调整上部单层球面网壳杆件的内力分布,降低杆件内
力峰值,使网壳杆件内力变得更加均匀。在弦支穹顶结构中,上部网壳杆件承
受节点荷载使得与节点相连的截面发生弯矩突变。因此,选取网壳杆件单元左
右两端截面为关心截面,所有关心截面弯矩平方和 M^2 最小为优化目标函数,M^2
按式(4.21)计算:

$$M^2 = \sum (M_{Li}^2 + M_{Ri}^2) \qquad (4.21)$$

式中　M_{Li},M_{Ri}——网壳杆件 i 左右两端的弯矩。

任意杆件 i 的左端截面弯矩在环索预应力与外荷载共同作用下的平衡方
程为

$$M_{L_{ix}} + M_{L_{i0}} = M_{L_i} \qquad (4.22)$$

式中　$M_{L_{i0}}$——杆件 i 左端截面在外载作用下的弯矩;

　　　M_{L_i}——杆件 i 左端截面在环索预应力与外载共同作用下的弯矩;

　　　$M_{L_{ix}}$——杆件 i 左端截面在各圈环索预应力共同作用下的弯矩。

根据影响矩阵理论,将 $M_{L_{ix}}$ 写成式(4.23)的形式:

$$M_{L_{ix}} = \{a_{L_{i1}}\ a_{L_{i2}}\ \cdots\ a_{L_{ij}}\ \cdots\ a_{L_{im}}\}\{X\} = a_{L_{i1}}x_1 + a_{L_{i2}}x_2 + \cdots + a_{L_{ij}}x_j + \cdots + a_{L_{im}}x_m$$

$$(4.23)$$

式中　$a_{L_{ij}}$——第 j 圈环索施加单位预应力引起杆件 i 左端截面弯矩的改变量；

$\{a_{L_{i1}}\quad a_{L_{i2}}\cdots a_{L_{ij}}\cdots a_{L_{im}}\}$——各圈环索依次施加单位预应力引起杆件 i 左端截面弯矩的改变量组成的行向量；

$\{X\}$——各圈环索预应力组成的列向量。

对每一根杆件左端截面都有与式 $M_{Lix} = \{a_{L_{i1}}\quad a_{L_{i2}}\cdots a_{L_{ij}}\cdots a_{L_{im}}\}\{X\} = a_{L_{i1}}x_1 + a_{L_{i2}}x_2 + \cdots + a_{L_{ij}}x_j + \cdots + a_{L_{im}}x_m$，相应的平衡方程，将其组合在一起可得方程组：

$$\begin{cases} a_{L_{11}}x_1 + a_{L_{12}}x_2 + \cdots + a_{L_{1m}}x_m + M_{L_{10}} = M_{L_1} \\ a_{L_{21}}x_1 + a_{L_{22}}x_2 + \cdots + a_{L_{2m}}x_m + M_{L_{20}} = M_{L_2} \\ \vdots \\ a_{L_{n1}}x_1 + a_{L_{n2}}x_2 + \cdots + a_{L_{nm}}x_m + M_{L_{n0}} = M_{L_n} \end{cases} \quad (4.24)$$

转换为矩阵形式为：

$$[A]_L\{X\} + \{M\}_{L_0} = \{M\}_L \quad (4.25)$$

同样地，每根杆件右端截面弯矩平衡方程的矩阵形式为

$$[A]_R\{X\} + \{M\}_{R_0} = \{M\}_R \quad (4.26)$$

式中　$[A]_L,[A]_R$——环索预应力对杆件左、右端弯矩的影响矩阵；

$[A]_L\{X\},[A]_R\{X\}$——环索预应力作用下的杆件左、右端弯矩；

$\{M\}_{L_0},\{M\}_{R_0}$——外荷载作用下的杆件左、右端弯矩；

$\{M\}_L,\{M\}_R$——环索与外荷载共同作用下的杆件左、右端弯矩。

将式(4.24)、式(4.25)、式(4.26)代入式(4.21)可得

$$\begin{aligned} M^2 &= \sum M_{L_i} + \sum M_{R_i} = \{M\}_L^T\{M\}_L + \{M\}_R^T\{M\}_R \\ &= ([A]_L\{X\} + \{M\}_{L_0})^T([A]_L\{X\} + \{M\}_{L_0}) + ([A]_R\{X\} + \{M\}_{R_0})^T([A]_R\{X\} + \{M\}_{R_0}) \\ &= (\{X\}^T[A]_L^T[A]_L\{X\} + \{X\}^T[A]_L^T\{M\}_{L_0} + \{M\}_{L_0}^T[A]_L\{X\} + \{M\}_{L_0}^T\{M\}_{L_0}) + \\ &\quad (\{X\}^T[A]_R^T[A]_R\{X\} + \{X\}^T[A]_R^T\{M\}_{R_0} + \{M\}_{R_0}^T[A]_R\{X\} + \{M\}_{R_0}^T\{M\}_{R_0}) \quad (4.27) \end{aligned}$$

为使 M^2 最小，对其求偏导，令 $\dfrac{\partial M^2}{\partial x_i}=0$，可得

$$([A]_L^T[A]_L + [A]_R^T[A]_R)\{X\} = -([A]_L^T\{M\}_{L_0} + [A]_R^T\{M\}_{R_0}) \quad (4.28)$$

由式(4.28)可得以弯矩平方和最小为优化目标的最优索力 $\{X\}$。

(4)以弯曲应变能最小为优化目标

基于网壳杆件内力最小准则，以弯曲应变能最小为优化目标，要求确定环索预应力幅值时，合理调整上部单层球面网壳杆件的内力分布，降低杆件内力峰值，使网壳杆件内力变得更加均匀。

结构的弯曲应变能可写为

$$U = \int_{S} \frac{M^2(S)}{2EI} \mathrm{d}S \tag{4.29}$$

网壳结构可以离散为杆系结构,其结构整体的弯曲应变能可写为

$$U = \sum_{i=1}^{m} \frac{L_i}{4E_i I_i} (M_{L_i}^2 + M_{R_i}^2) \tag{4.30}$$

式中 m——结构单元总数;

L_i, E_i, I_i——i 号单元的杆件长度、弹性模量、截面惯性矩;

M_{Li}, M_{Ri}——i 号单元左、右两端的弯矩。

将式(4.30)写成矩阵形式

$$U = \{M_L\}^{\mathrm{T}}[B]_m\{M_L\} + \{M_R\}^{\mathrm{T}}[B]_m\{M_R\} \tag{4.31}$$

式中 $\{M_L\}, \{M_R\}$——左、右两端弯矩向量,即长期荷载和预应力共同作用下网壳杆件单元左、右端弯矩组成的弯矩向量;

$[B]_m$——对角系数矩阵,其对角元素 b_{ii} 为

$$b_{ii} = \frac{L_i}{4E_i I_i} \quad (i = 1, 2, \cdots, m) \tag{4.32}$$

令荷载单独作用下网壳杆件单元左、右端弯矩向量 $\{M_{L_0}\}, \{M_{R_0}\}$,施调索力向量为 $\{X\}$,$\{M_L\}, \{M_R\}$ 为

$$\begin{cases} \{M_L\} = \{M_{L_0}\} + [A]_L\{X\} \\ \{M_R\} = \{M_{R_0}\} + [A]_R\{X\} \end{cases} \tag{4.33}$$

其中,$[A]_L, [A]_R$ 为网壳杆件单元左、右端弯矩的影响矩阵。将式(4.33)代入式(4.31),得

$$U = \{X\}^{\mathrm{T}}[A]_L^{\mathrm{T}}[B]_m[A]_L\{X\} + \{X\}^{\mathrm{T}}[A]_L^{\mathrm{T}}[B]_m\{M\}_{L_0} + \{M\}_{L_0}^{\mathrm{T}}[B]_m[A]_L\{X\} +$$
$$\{M\}_{L_0}^{\mathrm{T}}[B]_m\{M\}_{L_0} + \{X\}^{\mathrm{T}}[A]_R^{\mathrm{T}}[B]_m[A]_R\{X\} + \{X\}^{\mathrm{T}}[A]_R^{\mathrm{T}}[B]_m\{M\}_{R_0} +$$
$$\{M\}_{R_0}^{\mathrm{T}}[B]_m[A]_R\{X\} + \{M\}_{R_0}^{\mathrm{T}}[B]_m\{M\}_{R_0} \tag{4.34}$$

为使调整后结构弯曲应变能最小,令 $\dfrac{\partial M^2}{\partial x_i} = 0$,可得

$$([A]_L^{\mathrm{T}}[B]_m[A]_L + [A]_R^{\mathrm{T}}[B]_m[A]_R)\{X\} = -([A]_L^{\mathrm{T}}[B]_m\{M\}_{L_0} + [A]_R^{\mathrm{T}}[B]_m\{M\}_{R_0}) \tag{4.35}$$

以弯曲应变能最小和以弯矩平方和最小为优化目标的区别在于,弯曲应变能考虑了单元柔度对单元弯矩的影响,$[B]_m$ 可看作单元柔度对单元弯矩的加权矩阵。对不同截面的网壳杆件单元,优化结果意味着刚度大的单元可适当多

分担弯矩。$[B]_m$ 可由设计人员根据构件的重要性和自身特点,人为给出各构件在优化时的加权量。一般来说,以弯曲应变能进行优化的效果比以弯矩平方和最小为优化目标更合理。

(5)以拉压应变能最小为优化目标

对弦支穹顶结构,相比于弯曲应变能更加关注结构的拉压应变能。以拉压应变能为优化目标,只需要将式(4.30)中的杆件左右端弯矩与预应力影响矩阵的关系项替换成杆件跨中截面轴力与预应力影响矩阵的关系项,即拉压应变能为

$$U = \sum_{i=1}^{m} \frac{P_i^2 L_i}{2E_i A_i} = \{P\}^{\mathrm{T}}[B]_f\{P\} = (\{P_0\} + [A]\{X\})^{\mathrm{T}}[B]_f(\{P_0\} + [A]\{X\})$$

$$(4.36)$$

式中　　P_i——i 号杆件单元的中截面轴力;

A_i——i 号单元的截面面积;

$\{P\}$——荷载与预应力共同作用下杆件中截面轴力形成的列阵;

$\{P_0\}$——长期荷载单独作用下杆件截面轴力形成的列阵;

$[A]$——预应力对杆件中截面轴力的影响矩阵;

$[B]_f$——对角系数矩阵,其对角元素为

$$b_{ii} = \frac{L_i}{2E_i A_i} \quad (i = 1, 2, \cdots, m)$$

$$(4.37)$$

令 $\dfrac{\partial U}{\partial x_i} = 0$,使调整后结构弯曲应变能最小,可得

$$[A]^{\mathrm{T}}[B]_f[A]\{X\} = -[A]^{\mathrm{T}}[B]_f\{P_0\}$$

$$(4.38)$$

(6)同时以弯曲应变能最小与拉压应变能最小为优化目标

将前述两节的分析结果进行结合,可得到同时以弯曲应变能最小和拉压应变能最小为优化目标函数,其表达式为

$$U = \{X\}^{\mathrm{T}}[A]_L^{\mathrm{T}}[B]_m[A]_L\{X\} + \{X\}^{\mathrm{T}}[A]_L^{\mathrm{T}}[B]_m\{M\}_{L_0} + \{M\}_{L_0}^{\mathrm{T}}[B]_m[A]_L\{X\} +$$
$$\{M\}_{L_0}^{\mathrm{T}}[B]_m\{M\}_{L_0} + \{X\}^{\mathrm{T}}[A]_R^{\mathrm{T}}[B]_m[A]_R\{X\} + \{X\}^{\mathrm{T}}[A]_R^{\mathrm{T}}[B]_m\{M\}_{R_0} +$$
$$\{M\}_{R_0}^{\mathrm{T}}[B]_m[A]_R\{X\} + \{M\}_{R_0}^{\mathrm{T}}[B]_m\{M\}_{R_0} + \{P_0\}^{\mathrm{T}}\{P_0\} + \{P_0\}^{\mathrm{T}}[B]_f[A]\{X\} +$$
$$\{X\}^{\mathrm{T}}[A]^{\mathrm{T}}[B]_f\{P_0\} + \{X\}^{\mathrm{T}}[A]^{\mathrm{T}}[B]_f[A]\{X\}$$

$$(4.39)$$

(7)同时以位移平方和与弯曲应变能之和最小为优化目标

结合位移平方和最小与弯曲应变能最小进行多目标预应力优化设计时,位移平方和部分与(1)小节中以位移平方和最小为优化目标进行预应力优化时一

样,调值向量为$\{\boldsymbol{D}\}=\begin{Bmatrix}D_\text{x}\\D_\text{z}\end{Bmatrix}$;在长期荷载单独作用下的位移为$\{\boldsymbol{D}_0\}=\begin{Bmatrix}D_{\text{x}0}\\D_{\text{z}0}\end{Bmatrix}$,影响

矩阵则为$[\boldsymbol{A}]=\begin{bmatrix}A_\text{x}\\A_\text{z}\end{bmatrix}$。弯曲应变能部分与(4)节中以弯曲应变能最小为优化目标时一致,选择上部网壳所有杆件的左、右两端界面作为关心截面,调值向量为$\{\boldsymbol{M}\}_\text{L}$,$\{\boldsymbol{M}\}_\text{R}$。在长期荷载单独作用下,杆件左、右端弯矩列阵分别为$\{\boldsymbol{M}\}_{\text{L}0}$,$\{\boldsymbol{M}\}_{\text{R}0}$;杆件左、右端影响矩阵为$[\boldsymbol{A}]_\text{L}$,$[\boldsymbol{A}]_\text{R}$;对角系数矩阵$[\boldsymbol{B}]_\text{m}$由杆件长度、弹性模量、截面惯性矩等计算得到,其优化目标函数为

$$
\begin{aligned}
\sum &= D^2 \times \lambda^2 + U \\
&= \lambda^2 \times (\{\boldsymbol{D}_0\}^\text{T}\{\boldsymbol{D}_0\} + \{\boldsymbol{D}_0\}^\text{T}[\boldsymbol{A}]\{\boldsymbol{X}\} + \{\boldsymbol{X}\}^\text{T}[\boldsymbol{A}]^\text{T}\{\boldsymbol{D}_0\} + \{\boldsymbol{X}\}^\text{T}[\boldsymbol{A}]^\text{T}[\boldsymbol{A}]\{\boldsymbol{X}\}) + \\
&\quad \{\boldsymbol{X}\}^\text{T}[\boldsymbol{A}]_\text{L}^\text{T}[\boldsymbol{B}]_\text{m}[\boldsymbol{A}]_\text{L}\{\boldsymbol{X}\} + \{\boldsymbol{X}\}^\text{T}[\boldsymbol{A}]_\text{L}^\text{T}[\boldsymbol{B}]_\text{m}\{\boldsymbol{M}\}_{\text{L}0} + \{\boldsymbol{M}\}_{\text{L}0}^\text{T}[\boldsymbol{B}]_\text{m}[\boldsymbol{A}]_\text{L}\{\boldsymbol{X}\} + \\
&\quad \{\boldsymbol{M}\}_{\text{L}0}^\text{T}[\boldsymbol{B}]_\text{m}\{\boldsymbol{M}\}_{\text{L}0} + \{\boldsymbol{X}\}^\text{T}[\boldsymbol{A}]_\text{R}^\text{T}[\boldsymbol{B}]_\text{m}[\boldsymbol{A}]_\text{R}\{\boldsymbol{X}\} + \{\boldsymbol{X}\}^\text{T}[\boldsymbol{A}]_\text{R}^\text{T}[\boldsymbol{B}]_\text{m}\{\boldsymbol{M}\}_{\text{R}0} + \\
&\quad \{\boldsymbol{M}\}_{\text{R}0}^\text{T}[\boldsymbol{B}]_\text{m}[\boldsymbol{A}]_\text{R}\{\boldsymbol{X}\} + \{\boldsymbol{M}\}_{\text{R}0}^\text{T}[\boldsymbol{B}]_\text{m}\{\boldsymbol{M}\}_{\text{R}0}
\end{aligned}
\tag{4.40}
$$

式中　λ^2——使位移平方和与弯曲应变能保持相同的数量级。

(8)同时以位移平方和与拉压应变能之和最小为优化目标

结合位移平方和最小与弯曲应变能最小进行多目标预应力优化设计时,位移平方和部分与(7)小节的处理方式一样;拉压应变能部分与(5)小节中以拉压应变能最小为优化目标进行优化一致,调值向量为$\{\boldsymbol{P}\}$,在长期荷载单独作用下,杆件中截面轴力向量为$\{\boldsymbol{P}_0\}$;影响矩阵为$[\boldsymbol{A}]_\text{f}$;对角系数矩阵$[\boldsymbol{B}]_\text{f}$,由杆件长度、弹性模量、截面面积等计算得到,则优化目标函数为

$$
\begin{aligned}
\sum &= D^2 \times 10^n + U \\
&= 10^n \times (\{\boldsymbol{D}_0\}^\text{T}\{\boldsymbol{D}_0\} + \{\boldsymbol{D}_0\}^\text{T}[\boldsymbol{A}]\{\boldsymbol{X}\} + \{\boldsymbol{X}\}^\text{T}[\boldsymbol{A}]^\text{T}\{\boldsymbol{D}_0\} + \{\boldsymbol{X}\}^\text{T}[\boldsymbol{A}]^\text{T}[\boldsymbol{A}]\{\boldsymbol{X}\}) + \\
&\quad \{\boldsymbol{P}_0\}^\text{T}\{\boldsymbol{P}_0\} + \{\boldsymbol{P}_0\}^\text{T}[\boldsymbol{B}]_\text{f}[\boldsymbol{A}]_\text{f}\{\boldsymbol{X}\} + \{\boldsymbol{X}\}^\text{T}[\boldsymbol{A}]^\text{T}[\boldsymbol{B}]_\text{f}\{\boldsymbol{P}_0\} + \{\boldsymbol{X}\}^\text{T}[\boldsymbol{A}]^\text{T}[\boldsymbol{B}]_\text{f}[\boldsymbol{A}]\{\boldsymbol{X}\}
\end{aligned}
\tag{4.41}
$$

4.3.2　影响矩阵在非线性弦支穹顶结构中的计算方法

上节中详细阐述了影响矩阵的计算原理,但弦支穹顶结构形式复杂,工程人员更为关注预应力优化的实际操作流程。因此,为了更为清晰地介绍影响矩阵应用到弦支穹顶结构的方法,下面依托实际工程详细介绍影响矩阵在弦支穹顶结构中的应用。

1)工程概况

为了不失一般性,选取目前世界上环索布置圈数最多的弦支穹顶结构——山东茌平体育馆弦支穹顶作为分析对象,笔者在天津大学攻读博士学位期间有幸参与了该结构的设计与理论分析工作,并在天津大学校园内协助课题组建立了该结构的1:10缩尺试验模型,开展了结构的张拉试验和静力加载试验,积累了大量的试验数据,本书后续多个章节的分析均会利用前期获取的试验数据对本书提出的理论计算进行验证。下面先介绍该结构的基本情况。

山东茌平体育馆位于山东省茌平区"三馆一场"体育文化中心,占地面积15 622 m^2,总建筑面积约25 575 m^2,其建筑外形由一个球面和两个相向倾斜的空间曲线拱组成,采用弦支穹顶叠合拱复合结构体系,如图4.1所示。其中,弦支穹顶的上部采用了K6+联方型单层球面网壳结构,网壳节点为焊接空心球节点,结构模型如图4.2所示。整个屋盖结构共设置了内外两圈共48个支座,其中,第一圈支座位于K6与联方型网壳分界线上,第二圈支座位于网壳最外圈。整个网壳跨度为107.9 m,矢高为22.5 m。网壳杆件均采用圆钢管,规格有$\phi203\times6$,$\phi219\times7$,$\phi245\times7$,$\phi273\times8$,$\phi299\times8$。弦支穹顶下部共设置7圈索撑体系,撑杆高度从外到里分别为6.0,5.5,5.0,4.5,4.5,4.5,4.5 m,撑杆规格为$\phi219\times7$,环索采用半平行钢丝束,其中,外三圈的截面面积为4 657 mm^2,内四圈的截面面积为2 117 mm^2,斜拉索采用$\phi80$钢拉杆。

图4.1 茌平体育馆效果图

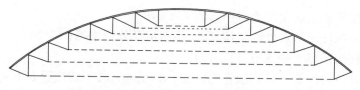

图 4.2　茌平体育馆结构模型图

2）弦支穹顶结构非线性的影响及处理方法

根据上节的介绍,影响矩阵计算过程中需要将结构响应进行线性叠加,因此,影响矩阵原理一般适用于结构非线性不强的结构。然而,当对弦支穹顶结构的环索施加预应力时,撑杆下节点位置不可避免地会发生变化,导致弦支穹顶结构上部网壳的结构响应随环索预应力的增长不成比例,弦支穹顶结构的响应是呈非线性的。如图 4.3 所示为依托工程弦支穹顶结构中某一节点位移和某一杆件内力随环索预应力的变化曲线,可以看出,结构响应与环索预应力之间存在非线性关系。因此,影响矩阵法不能直接用于非线性较强的弦支穹顶结构中,需要对该方法进行改进。为了消除非线性的影响,本节提出两种改进方法。

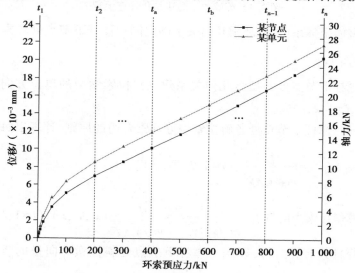

图 4.3　结构响应随预应力变化曲线图

（1）等效预应力法

为消除弦支穹顶结构非线性的影响,采用等效预应力法将环索预应力按照静力平衡关系,直接施加到网壳撑杆上节点及斜拉索上节点处。

对预应力简化计算做如下假定:

①忽略环索施加预应力时引起的大变形；

②同一撑杆下节点处的斜拉索，其径向水平分力相等；

③撑杆的顶撑力始终沿竖直方向。

等效预应力法简化计算示意图，如图4.4所示，其等效流程如下：

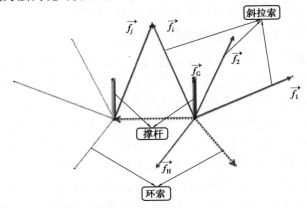

图4.4　等效预应力法简化计算示意图

①在整体坐标系中，以环索几何关系确定同一撑杆下节点处环索合力向量 $\overrightarrow{f_H} = (x_h, y_h, z_h)$。

②以撑杆下节点处斜拉索几何关系建立斜拉索索力的单位方向向量 $\overrightarrow{e_i} = (x_i, y_i, z_i)$，$i = 1, 2, \cdots, m$。

③以同一撑杆下节点处各斜拉索均分环索合力的原则，计算出每根斜拉索的水平分量 $|\overrightarrow{f_1}|_{xy} = \dfrac{|\overrightarrow{f_H}|}{m\sqrt{x_i^2 + y_i^2}}$，$(i = 1, 2, \cdots, m)$。

④计算斜拉索力向量 $\overrightarrow{f_1} = \dfrac{|\overrightarrow{f_H}|}{m\sqrt{x_i^2 + y_i^2}} \overrightarrow{e_1} = \dfrac{|\overrightarrow{f_H}|}{m\sqrt{x_i^2 + y_i^2}}(x_i, y_i, z_i)$，$(i = 1, 2, \cdots, m)$。

⑤因撑杆只有竖向力，以同一撑杆下节点处斜拉索力向量的竖向分量之和，作为该撑杆的力向量 $\overrightarrow{f_C} = \left(0, 0, \sum\limits_{i=1}^{m} z_i\right)$。

⑥同一网壳节点处的多根斜拉索力向量合力的反作用力为网壳节点力向量，即 $\overrightarrow{f_G} = -(\overrightarrow{f_i} + \overrightarrow{f_j})$。

⑦重复步骤①—步骤⑥，分别计算出各圈环索在单位预应力作用时，网壳各斜拉索上节点及撑杆上节点处的力向量。

用等效预应力法将环索预应力等效到网壳上后,所选的节点与单元的响应,如图 4.5 所示,随环索预应力成比例增长,即消除了弦支穹顶结构的非线性影响。

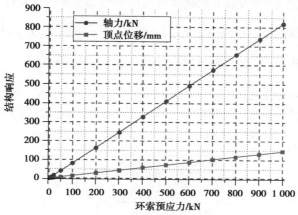

图 4.5　等效荷载法处理后结构响应随预应变化曲线图

（2）迭代法

为消除弦支穹顶结构的非线性影响,还可将如图 4.3 所示的结构响应曲线划分为若干区间,即将结构响应曲线简化为折线段,若划分的区间足够小,结构响应在这些区间内是呈线性的,也可采用影响矩阵法,如图 4.6 所示。

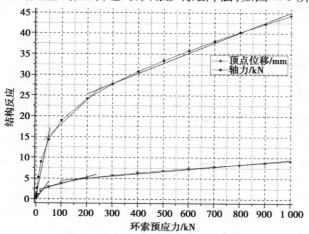

图 4.6　迭代法计算方法

对依托工程,共有 7 圈环索,故有调值向量 $\{X\} = \{x_1 \ x_2 \ x_3 \ x_4 \ x_5 \ x_6 \ x_7\}^T$,具体计算流程如下:

①用 $x_i = 1$ kN 的结构响应 $s(x_i = 1)$ 构建影响矩阵 $[A]_{j-1}$;

②进行预应力优化得到 $\{\boldsymbol{X}\}_{j-1}=\left\{x_{1,j-1}\quad x_{2,j-1}\quad x_{3,j-1}\quad x_{4,j-1}\quad x_{5,j-1}\quad x_{6,j-1}\quad x_{7,j-1}\right\}^{\mathrm{T}}$；

③判断 $t_{\mathrm{a}}<x_{i,j-1}\leqslant t_{\mathrm{b}}$，取下次优化计算时单位力 $x_{i}=\dfrac{t_{\mathrm{a}}+t_{\mathrm{b}}}{2}\,\mathrm{kN}$；

④构建对角系数矩阵 $[\boldsymbol{\lambda}]_{j}=\mathrm{diag}\left(x_{1}\quad x_{2}\quad\cdots\quad x_{i}\quad\cdots\quad x_{7}\right)$，根据结构响应 $S\left(x_{i}=\dfrac{t_{\mathrm{a}}+t_{\mathrm{b}}}{2}\right)$ 构建矩阵 $[\boldsymbol{A}]_{j}'$，则新影响矩阵 $[\boldsymbol{A}]_{j}=[\boldsymbol{A}]_{j}'[\boldsymbol{\lambda}]_{j}^{-1}$；

⑤进行预应力优化得 $\{\boldsymbol{X}\}_{j}=\left\{x_{1,j}\quad x_{2,j}\quad x_{3,j}\quad x_{4,j}\quad x_{5,j}\quad x_{6,j}\quad x_{7,j}\right\}^{\mathrm{T}}$。

重复步骤③—步骤⑤，直至 $|x_{i,j}-x_{i,j-1}|<\lim\Delta$，得 $\{\boldsymbol{X}\}_{j}$ 即为最优预应力。改进影响矩阵法——迭代法的计算流程，如图4.7所示。

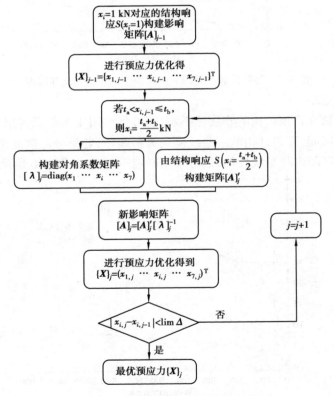

图4.7　改进影响矩阵法计算流程

3）计算结果

按照上述改进方法对山东茌平体育馆弦支穹顶结构的预应力进行优化，并与原设计值[68]进行对比分析，计算结果见表4.1。

表4.1 优化结果

目标编号	优化目标	环索圈数编号（由内及外）/kN						
		x_1	x_2	x_3	x_4	x_5	x_6	x_7
1	位移平方和最小	32.7	12.2	25.1	103.9	192.3	480.7	1 816.4
2	弯矩平方和最小	0	0	5.4	33.8	44.5	191.8	935.7
3	弯曲应变能最小	1.4	1.4	12.5	52	63.9	161.1	781.7
4	拉压应变能最小	7.4	0	0	0	76.2	370.6	1 287.4
5	弯曲与拉压应变能最小	5.1	0	0	0	77.1	363.6	1 247.3
6	位移平方和与弯曲应变能之和最小	27.7	15.3	26.6	101	178.3	532	1 782.5
7	位移平方和与拉压应变能之和最小	30.9	0	2.4	52.6	159.3	448.9	1 699.9
8	原设计值[68]	127	420	390	530	810	1 242	2 060

4）方案比选分析

将表4.1中的预应力优化结果施加到结构中去，从结构整体变形、杆件轴向应力以及应变能3个方面进行对比分析。

（1）网壳竖向位移

提取各优化目标下的上部网壳竖向变形，并统计出上部网壳节点的竖向变形分布情况，见表4.2。从表4.2中可以看出，文献[68]的顶点位移向上，而根据不同目标优化后得到的结果顶点位移均向下，满足《空间网格结构技术规程》要求，其中，以目标1、目标6、目标7的位移最小。从表4.2中还可以发现，以位移作为控制量（目标1）进行优化后，约80%的网壳节点位移<10 mm；以弯矩作为控制量（目标2、目标3）进行优化后，超过80%的网壳节点位移>20 mm；以轴力为控制量（目标4）进行优化后，超过80%的网壳节点位移集中在20~30 mm的区间范围内，从图4.8也可以看出，按照各种目标优化后的网壳节点位移分布云图。对比各个目标的节点位移平方和，目标1的位移平方和确实最小，相比于原设计值[68]，目标1的位移平方和约为它的28.3%，降低了71.7%；以弯曲应变能为优化目标的位移平方和最大,是原设计值[68]的 2.8 倍左右。综上,对于节点位移而言,以位移作为控制量的优化效果最好,其次是轴力,弯矩作为优化目标的节点位移优化效果较差。

表 4.2　各目标优化后节点位移

| 目标编号 | 优化目标 | 顶点位移/mm | 分布统计 | | | | $Z = \sum z^2$ | $\dfrac{Z_i - Z_8}{Z_8}$/% |
			$|z|<$ 10 mm/%	10 mm< $|z|<$20 mm/%	20 mm< $|z|<$30 mm/%	$|z|>$30 mm/%		
1	位移平方和	−5.26	79.2	14.7	3.9	2.2	86 784.8	−71.7
2	弯矩平方和	−38.35	4.4	13.0	32.8	49.8	653 277.7	112.8
3	弯曲应变能	−42.45	4.4	8.7	17.1	69.8	864 007.3	181.4
4	拉压应变能	−26.18	14.0	41.9	41.5	2.7	292 235.3	−4.8
5	弯曲、拉压应变能	−27.70	11.8	36.5	48.4	3.4	323 246.4	5.3
6	位移平方和、弯曲应变能之和	−6.58	79.6	14.1	4.2	2.2	89 814.9	−70.7
7	位移平方和、拉压应变能之和	−8.57	71.4	22.9	3.6	2.2	100 239.4	−67.3
8	原设计值[68]	36.09	37.7	35.0	16.3	11.0	307 001.3	0.0

单位：mm

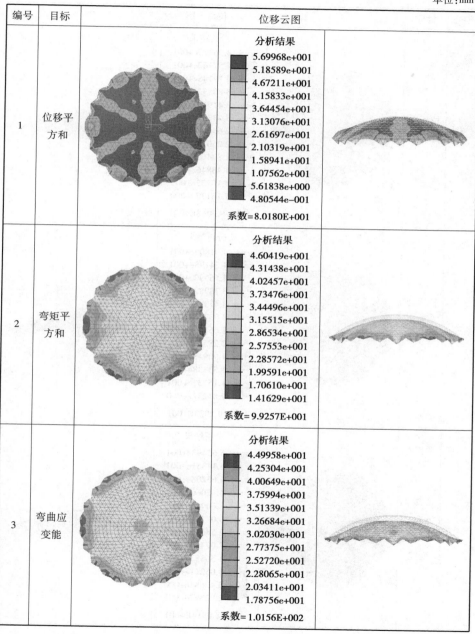

编号	目标	位移云图		
1	位移平方和	**分析结果** 5.69968e+001 5.18589e+001 4.67211e+001 4.15833e+001 3.64454e+001 3.13076e+001 2.61697e+001 2.10319e+001 1.58941e+001 1.07562e+001 5.61838e+000 4.80544e−001 系数=8.0180E+001		
2	弯矩平方和	**分析结果** 4.60419e+001 4.31438e+001 4.02457e+001 3.73476e+001 3.44496e+001 3.15515e+001 2.86534e+001 2.57553e+001 2.28572e+001 1.99591e+001 1.70610e+001 1.41629e+001 系数=9.9257E+001		
3	弯曲应变能	**分析结果** 4.49958e+001 4.25304e+001 4.00649e+001 3.75994e+001 3.51339e+001 3.26684e+001 3.02030e+001 2.77375e+001 2.52720e+001 2.28065e+001 2.03411e+001 1.78756e+001 系数=1.0156E+002		

续表

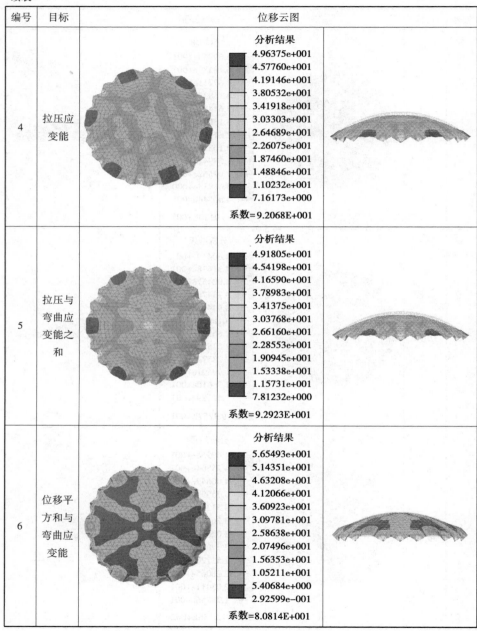

编号	目标	位移云图
4	拉压应变能	分析结果 4.96375e+001 4.57760e+001 4.19146e+001 3.80532e+001 3.41918e+001 3.03303e+001 2.64689e+001 2.26075e+001 1.87460e+001 1.48846e+001 1.10232e+001 7.16173e+000 系数=9.2068E+001
5	拉压与弯曲应变能之和	分析结果 4.91805e+001 4.54198e+001 4.16590e+001 3.78983e+001 3.41375e+001 3.03768e+001 2.66160e+001 2.28553e+001 1.90945e+001 1.53338e+001 1.15731e+001 7.81232e+000 系数=9.2923E+001
6	位移平方和与弯曲应变能	分析结果 5.65493e+001 5.14351e+001 4.63208e+001 4.12066e+001 3.60923e+001 3.09781e+001 2.58638e+001 2.07496e+001 1.56353e+001 1.05211e+001 5.40684e+000 2.92599e−001 系数=8.0814E+001

续表

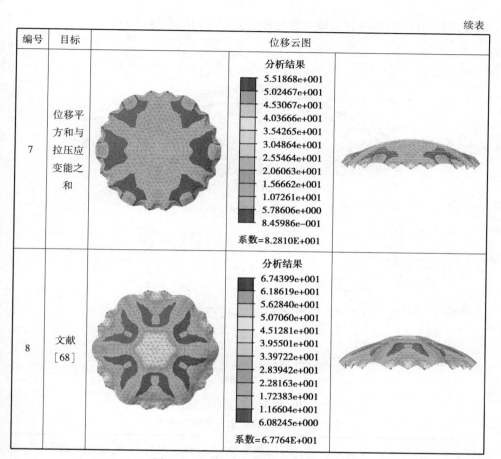

编号	目标	位移云图
7	位移平方和与拉压应变能之和	**分析结果** 5.51868e+001 5.02467e+001 4.53067e+001 4.03666e+001 3.54265e+001 3.04864e+001 2.55464e+001 2.06063e+001 1.56662e+001 1.07261e+001 5.78606e+000 8.45986e−001 系数=8.2810E+001
8	文献[68]	**分析结果** 6.74399e+001 6.18619e+001 5.62840e+001 5.07060e+001 4.51281e+001 3.95501e+001 3.39722e+001 2.83942e+001 2.28163e+001 1.72383e+001 1.16604e+001 6.08245e+000 系数=6.7764E+001

图 4.8 各优化目标优化后位移云图

为了更加清晰地对比各优化目标的优化效果,提取上部网壳其中一榀主肋上的节点竖向位移,绘制网壳剖面变形形状图,如图 4.9 所示;网壳剖面竖向位移分布曲线图,如图 4.10 所示。从两图可以发现文献[68]的网壳整体上拱;以目标 2、目标 3、目标 4、目标 5 进行优化后,网壳基本保持原形下沉;以目标 1、目标 6、目标 7 进行优化后网壳中部节点基本处于原位置,但两端上移。

(2)杆件应力

提取各优化目标下的上部网壳杆件轴向应力,并统计其分布情况,见表 4.3 和图 4.11 所示。由表 4.3 与图 4.11 可以看出,文献[68]中有 40% 的杆件的轴向应力>30 MPa,以各优化目标进行优化后,超过 90% 的杆件轴向应力值<30 MPa。对杆件轴向应力,各优化目标的优化效果明显,其中,目标 4、目标 5 优化后效果

最好,网壳杆件的轴向应力最大值与最小值的绝对值最接近。

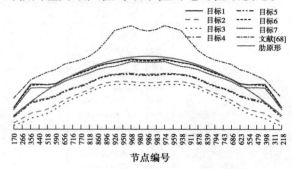

图4.9　网壳剖面变形形状

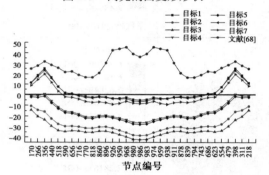

图4.10　网壳剖面竖向位移/mm

表4.3　各目标优化后杆件轴向应力

目标编号	优化目标	σ_{min}/MPa	σ_{max}/MPa	$\|\sigma\|<10$/%	$10<\|\sigma\|<20$/%	$20<\|\sigma\|<30$/%	$30<\|\sigma\|<40$/%	$40<\|\sigma\|<50$/%	$\|\sigma\|>50$/%
1	位移平方和最小	35.8	-83.5	32.7	42.8	17.8	2.4	1.9	2.6
2	弯矩平方和最小	63.5	-33.7	32.1	41.2	22.6	2.5	1.0	0.7
3	弯曲应变能最小	82.8	-33.9	29.8	41.2	23.3	1.7	2.0	2.0
4	拉压应变能最小	29.8	-34.1	40.4	40.0	18.9	0.7	0.0	0.0

续表

目标编号	优化目标	σ_{min} /MPa	σ_{max} /MPa	$|\sigma|<10$ /%	$10<|\sigma|<20$ /%	$20<|\sigma|<30$ /%	$30<|\sigma|<40$ /%	$40<|\sigma|<50$ /%	$|\sigma|>50$ /%
5	弯曲与拉压应变能最小	29.4	-34.2	40.9	38.7	19.6	0.7	0.0	0.0
6	位移平方和与弯曲应变能之和最小	35.5	-80.5	32.2	43.1	17.5	3.1	1.8	2.4
7	位移平方和与拉压应变能之和最小	34.4	-68.2	35.2	39.7	19.9	2.7	1.6	1.0
8	原设计值[68]	45.1	-137	23.5	20.7	15.4	7.5	7.1	25.8

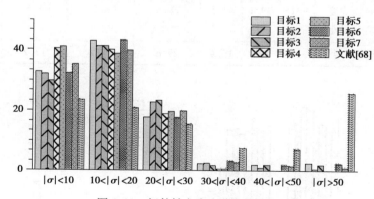

图 4.11　杆件轴向应力分布情况/%

　　提取各优化目标优化后的上部网壳杆件的组合应力,并统计其分布情况,见表 4.4 和图 4.12 所示。结合表 4.4 和图 4.12 可知,文献[68]超过 40% 杆件截面的组合应力大于 60 MPa,而经过不同优化目标进行优化后,杆件组合应力大幅度降低,超过 80% 的杆件截面的组合应力小于 40 MPa,优化效果明显。

表4.4 各目标优化后杆件组合应力

目标编号	目标	min /MPa	max /MPa	$\|\sigma\|<20$ /%	$20<\|\sigma\|<40$ /%	$40<\|\sigma\|<60$ /%	$60<\|\sigma\|<80$ /%	$\|\sigma\|>80$ /%
1	位移平方和最小	−335	135	39.4	40.9	9.1	3.6	7.0
2	弯矩平方和最小	−105	308	41.5	42.2	8.9	3.9	3.6
3	弯曲应变能最小	−107	319	40.1	43.4	7.8	4.2	4.5
4	拉压应变能最小	−204	283	45.6	39.6	8.9	3.0	2.9
5	弯曲与拉压应变能最小	−180	286	46.2	38.9	9.1	3.0	2.8
6	位移平方和与弯曲应变能之和最小	−330	124	40.8	40.4	9.0	3.0	6.8
7	位移平方和与拉压应变能之和最小	−315	99.1	41.5	39.8	8.5	4.5	5.7
8	实际应用	−379	127	10.4	29.6	17.2	17.7	25.1

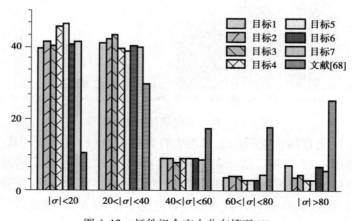

图4.12 杆件组合应力分布情况/%

（3）应变能

提取各优化目标下的上部网壳杆件应变能，并统计其分布情况，见表 4.5。从表 4.5 中可以看出，相比于原设计值[68]，按各目标优化后拉压应变能均降幅超过 75%，弯曲应变能降幅超过 30%。其中，以目标 4、目标 5 进行优化后，拉压应变能降低最多，降幅为 88.9%，以目标 3 进行优化后，弯曲应变能降低 45.8%。

表 4.5　各目标应变能反应

目标编号	优化目标	U_f /$\times 10^4$ J	$\dfrac{U_f(8)-U_f(i)}{U_f(8)}$ /%	U_m /$\times 10^4$ J	$\dfrac{U_m(8)-U_m(i)}{U_m(8)}$ /%
1	位移平方和最小	6.13	74.9	5.67	30.9
2	弯矩平方和最小	4.41	81.9	4.48	45.4
3	弯曲应变能最小	6.09	75.0	4.45	45.8
4	拉压应变能最小	2.70	88.9	4.73	42.4
5	弯曲与拉压应变能最小	2.72	88.9	4.69	42.4
6	位移平方和与弯曲应变能之和最小	5.83	76.1	5.53	32.6
7	位移平方和与拉压应变能之和最小	4.75	80.5	5.42	34.0
8	原设计值[68]	24.38	0	8.21	0

注：U_f 表示拉压应变能；U_m 表示弯曲应变能。

从网壳节点位移、杆件截面应力、结构整体应变能 3 个方面进行综合考虑，以目标 7 进行优化后，各对比项效果均靠前，超过 94% 的网壳节点位移<20 mm，网壳节点位移平方和相比原设计值[68]降低 67.3%，超过 74% 的杆件轴向应力<20 MPa，超过 81% 的杆件截面组合应力<40 MPa，与原设计值[68]相比拉压应变能降低 80.5%，弯曲应变能降低 34%。

4.4 考虑两端张拉力不等与索撑节点预应力随机摩擦损失的找力分析方法

采用张拉环索施加预应力时,由于张拉设备及索力监测系统的局限性,同一张拉索段两侧张拉点处的实际控制值有可能不等;同时,各个索撑节点在施工构造上难免存在差异,导致各节点处拉索与撑杆下节点间的摩擦系数并不完全相等。此时,中间的被动张拉索段的内力分布将变得十分复杂,而确定出各索段的准确内力分布情况是精细化评估预应力摩擦损失对结构整体性能影响的必要条件。为模拟弦支穹顶结构实际张拉施工过程中的预应力分布情况,本节提出一种考虑两端张拉控制力不等,并且能够在各索撑节点处引入不同摩擦系数的索力计算方法。

4.4.1 张拉索段受力分析

如图 4.13 所示一连续张拉索段由 $n-1$ 个索撑节点、n 个索段构成,两侧的张拉点 1 与张拉点 2 处的张力值 $[T_1] \neq [T_2]$,各索撑节点处的摩擦系数 μ_i 各不相等。同时,假定:

①$[T_1] \geqslant [T_2]$;
②两侧同步张拉且张拉过程不致使撑杆下节点的位置产生较大的变化。

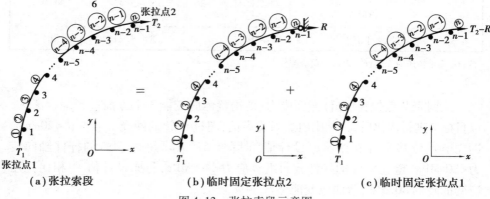

| (a) 张拉索段 | (b) 临时固定张拉点2 | (c) 临时固定张拉点1 |

图 4.13　张拉索段示意图

环索张拉时,同一张拉段的索力是由张拉点开始逐渐向相邻索段传递的,由于索撑节点处的摩擦损失,相邻索段内力不相等。为不失一般性,以如图 4.14 所示的第 i 个索撑节点为例,T_i 为主动端索力,T_{i+1} 为被动端索力,N_i 为该索撑节点对索的垂直压力,f_i 为节点处的摩擦力。假设拉索与撑杆间的最大静

摩擦力为$f_{i,\max}$,动摩擦系数为μ_i,根据静力平衡关系和摩擦传递规律有以下两种情况:

①当索未出现滑移,即$T_{i+1}=0$时,其表达式为

$$\begin{cases} f_i \leqslant f_{i,\max} = \mu_i N_i \\ f_i = T_i \cdot \sin \alpha \\ N_i = T_i \cdot \cos \alpha \end{cases} \quad (4.42)$$

由式(4.42)可得,$\tan \alpha \leqslant \mu_i$,又因为$0°<\alpha<90°$,所以 $0°<\alpha<\arctan \mu_i$。即若$0°<\alpha<\arctan \mu_i$,则索不能发生滑动,预应力无法施加,是施工过程中应予以避免的。

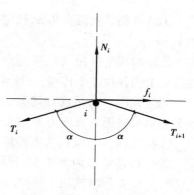

图 4.14　张拉过程中节点i
受力示意图

②当索出现滑移,即$T_{i+1}>0$时,其表达式为

$$\begin{cases} f_i = \mu_i N_i \\ f_i + T_{i+1} \cdot \sin \alpha = T_i \cdot \sin \alpha \\ N_i = T_i \cdot \cos \alpha + T_{i+1} \cdot \cos \alpha \end{cases} \quad (4.43)$$

由式(4.43)可得第i个索撑节点处的摩擦力、第$i+1$号段索的内力分别如式(4.44)、式(4.45)所示。定义k_i^1,k_i^2分别为摩擦力系数和索力传递系数,其计算式如式(4.46)、式(4.47)所示。容易看出,均只与摩擦系数μ_i和索段夹角α有关。

$$f_i = \mu_i T_i \frac{2 \sin \alpha}{\tan \alpha + \mu_i} = k_i^1 \cdot T_I \quad (4.44)$$

$$T_{i+1} = T_i \cdot \frac{\tan \alpha - \mu_i}{\tan \alpha + \mu_i} = k_i^2 \cdot T_i \quad (4.45)$$

$$k_i^1 = \mu_i \frac{2 \sin \alpha}{\tan \alpha + \mu_i} \quad (4.46)$$

$$k_i^2 = \frac{\tan \alpha - \mu_i}{\tan \alpha + \mu_i} \quad (4.47)$$

4.4.2　被动张拉索段内力计算流程

若张拉索段为一端固定、一端张拉如图 4.13(b)所示,则可按式(4.45)依次计算所有索力;但实际工程中索段较长,为克服摩擦力的影响,需两端同时张拉[图 4.13(a)],索力的传递是双向的,任一索段的两端均可能为主动张拉端,则按以下步骤求解:

①计算相邻索段夹角 α,确定各索撑节点处的摩擦系数 μ_i,计算索撑节点处的 k_{1_i},k_{2_i};

②临时固定张拉点2,张拉点1处索段拉索内力 $T_1=[T_1]$,此时拉索内力由张拉点1向张拉点2传递,如图4.13(b)所示;

③按式(4.45)依次计算第②~ n 号索段内力 $T_2 \sim T_n$,根据力的平衡得张拉点2处临时嵌固支座反力 $R=T_n$;

④按式(4.44)反向依次计算第 $n-1 \sim 1$ 号节点处摩擦力 $f_{n-1} \sim f_1$;

⑤保持各索段内力不变,释放张拉点2处的固定约束,且临时固定张拉点1,将 $[T_2]$ 与 R 同时施加于张拉点2处,张拉点2处的不平衡张拉力 $\Delta T_n=[T_2]-R$,不平衡张拉力由张拉点2向张拉点1传递;

⑥仿照式(4.45),按 $\Delta T_i=k_i^2 \cdot \Delta T_{i+1}$ 从第 $n-1$ 号索段反向依次计算各索段的不平衡索力 ΔT_i;

⑦若 $\Delta T_i>f_i$,则张拉点2处主动张拉力可继续向张拉点1处传递,第 i 号索段最终内力为 $T_i+\Delta T_i$;若 $\Delta T_i<f_i$,则张拉点2处张拉力不能继续向张拉点1处传递,此时,第 $1 \sim i$ 号索段内力为 T_i,$i+1 \sim n$ 号索段内力为 $T_i+\Delta T_i$。具体计算流程,如图4.15所示。

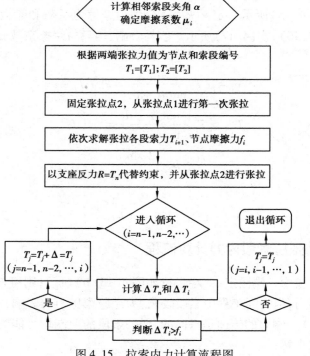

图4.15 拉索内力计算流程图

4.4.3 索力计算值与试验值对比分析

笔者前期对课题组所建立的山东茌平体育馆弦支穹顶 1：10 缩尺模型开展了张拉试验研究,如图 4.16 所示为山东茌平体育馆弦支穹顶的 1：10 缩尺模型,缩尺模型中的构件规格,见表 4.6。预应力施加方式采用张拉环索方式,从内向外第 1～2 圈设置 1 个张拉点,第 3 圈对称设置 2 个张拉点,第 4～7 圈环索每圈对称设置 4 个张拉点,张拉点及索力测点布置示意图,如图 4.17 所示。结合预应力优化分析结果与模型试验相似比理论确定出各圈环索的预应力施工控制值见表 4.7,具体的张拉装置及张拉控制方法详见文献[69]。

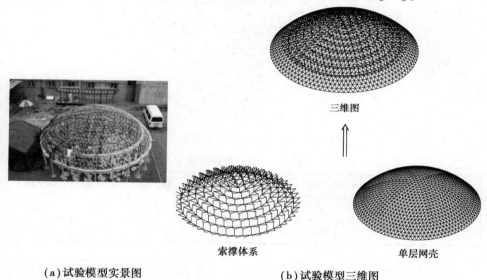

三维图

索撑体系 单层网壳

(a)试验模型实景图 (b)试验模型三维图

图 4.16 试验模型图

表 4.6 1：10 缩尺模型杆件规格表

项目	原型杆件规格	原型杆件截面积 /cm²	模型杆件规格	模型杆件截面积实际值 理论值 /cm²
6,7 圈环索	$\phi7\times73$	28.090	钢丝绳($\phi12$)	0.568 8/0.561 8
1～5 圈环索	$\phi7\times121$	46.570	钢绞线(规格 1×7/ $\phi12.7$)	0.987/0.931 4
撑杆	P219×7	46.620	P13×3	0.942/0.932 4
径向拉杆	$\phi80$	50.240	$\phi11.5$	1.039/1.004 8

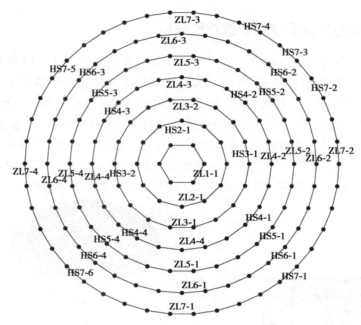

图 4.17　环索张拉点与测点布置示意图

表 4.7　预应力控制值

级数	第 1 圈	第 2 圈	第 3 圈	第 4 圈	第 5 圈	第 6 圈	第 7 圈
第 1 级(N)	100	370	495	945	1 270	2 220	4 950
第 2 级(N)	300	1 770	1 600	2 000	2 470	5 040	11 500

为了尽可能地减小张拉过程中的预应力摩擦损失,保证索力传递的均匀性,模型试验中采用了课题组自主研发的滚动式张拉索节点,课题组在前期已对该节点进行了系统的研究,得到了该节点的摩擦系数随张拉力的变化规律,如图 4.18 所示。从图 4.18 中可以看出,索撑节点处的摩擦系数随张拉力的变化将发生变化,考虑模型试验中的最大预应力为 10 kN 左右,本节计算中假定所有索撑节点处的摩擦系数均取 $\mu = 0.165$。

为验证上述考虑摩擦索力计算方法的正确性,按实际张拉力控制值计算各索段拉索内力,并与试验实测值进行对比。如图 4.19 所示为按实际张拉力控制值计算得到的拉索内力,为更清晰地描述索撑节点处摩擦对环索内力的分布影响规律,图 4.20 至图 4.23 列出了环索内力变化曲线图(列出第 4~7 圈),表 4.8 给出了典型测点处的实测值与计算值的相对误差。

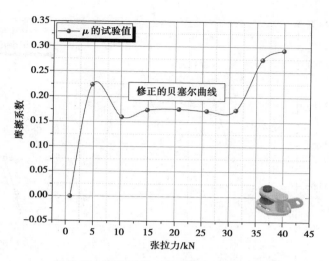

图 4.18　摩擦系数 μ 随张拉力变化曲线图

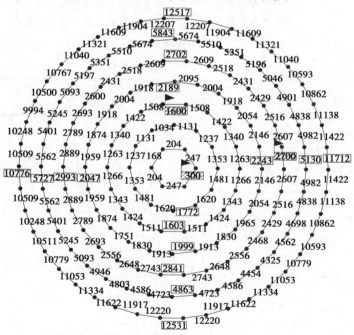

图 4.19　索力理论计算值

注:图中"　　　"内的数字为各圈环索张拉点处的实际张拉控制值;"　　　"内的数字为因现场设备故障未监测到的实际张拉控制值,按表4.6中的理论控制值计算。

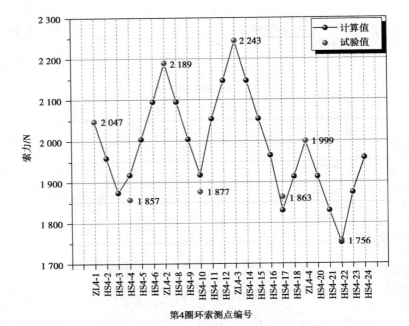

图4.20　第4圈环索内力分布图

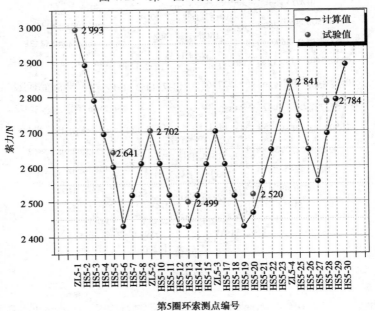

图4.21　第5圈环索内力分布图

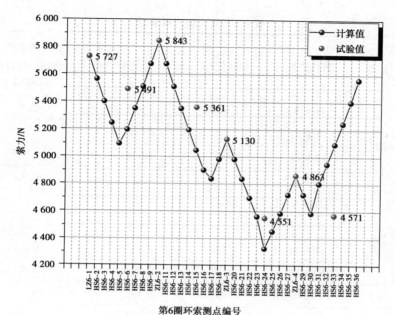

图 4.22　第 6 圈环索内力分布图

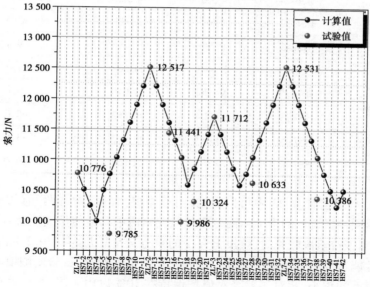

图 4.23　第 7 圈环索内力分布图

表 4.8　索力相对误差表

索段位置	测点编号	实测值/N	计算值/N	相对误差/% $\dfrac{实测值-计算值}{计算值}$
第 4 圈	HS4-4	1 857	1 918	−3.2
	HS4-10	1 877	1 918	−2.1
	HS4-17	1 863	1 830	1.8
	HS4-22	1 756	1 751	0.3
第 5 圈	HS5-5	2 641	2 600	1.6
	HS5-13	2 499	2 429	2.9
	HS5-20	2 520	2 468	2.1
	HS5-28	2 784	2 693	3.4
第 6 圈	HS6-6	5 491	5 197	5.7
	HS6-15	5 361	5 046	6.2
	HS6-24	4 551	4 325	5.2
	HS6-33	4 671	5 093	−8.3
第 7 圈	HS7-6	9 785	10 767	−9.1
	HS7-15	11 441	11 609	−1.4
	HS7-17	9 986	11 040	−9.6
	HS7-19	10 324	10 862	−5.0
	HS7-28	10 633	11 053	−3.8
	HS7-38	10 386	11 053	−6.0

从图 4.20 至图 4.23 中可以看出,由于摩擦力的影响,计算值与试验实测值均表明同一张拉段的索力由两侧张拉点向索段中间近似呈线性递减。对第 7 圈环索,当张拉索段较长时,索段 HS7-4 的索力误差最大达到 20.2%,势必对结构整体性能造成不容忽视的影响。从表 4.8 中可以看出,试验实测值与计算值的相对误差均较小,相对误差绝对值均保持在 10% 以内。因此,计算值与试验实测值的相同分布规律与较小误差表明,本书提出的索力计算方法具有一定的可靠性,这为后述精细化分析索力误差对结构性能的影响奠定了基础。

根据表 4.8 对比分析不同位置处拉索索力试验实测值与计算值,不难发现

以下规律:

①由内向外,随着预应力控制值的逐渐增大,拉索索力的计算值与试验实测值的相对误差也逐渐增大,第 4~7 圈的平均相对误差的绝对值分别为 1.8%,2.5%,6.4%,5.8%。

②最外圈拉索的索力最大,理论计算值均大于试验实测值,即计算值低估了摩擦的影响。分析其原因,主要是因为在上述理论计算模型中,所有索撑节点处的摩擦系数均统一取为 $\mu=0.165$;从图 4.14 中可以看出,摩擦系数随拉索内力增大有增大的趋势,因此,对预应力控制值本身较大的最外圈拉索,采用与内圈相同的摩擦系数会低估其摩擦损失。

本章小结

本章围绕弦支穹顶结构的关键环节——预应力的设计与找力问题展开研究,首先基于影响矩阵理论,推导出线性结构节点位移约束条件和杆件内力约束条件的控制方程,提出了多目标同时优化的计算方法;然后针对弦支穹顶结构的非线性效应,对影响矩阵法进行了修正进而提出了改进的影响矩阵法,并通过实际工程验证了改进影响矩阵法在弦支穹顶结构预应力优化计算中的可行性;最后针对弦支穹顶结构预应力张拉施工过程中存在两端张拉控制力不等且各索撑节点处摩擦损失随机变化的现象,提出了一种考虑两端张拉控制力不等,并且能够在各索撑节点处引入不同摩擦系数的找力计算方法,准确计算出弦支穹顶结构的索力分布,为精细化评估预应力摩擦损失对结构整体性能影响奠定基础。得到的主要结论如下:

①通过对比分析多目标预应力优化结果发现,以"位移平方和与拉压应变能之和最小"为优化目标的效果最为明显,对结构轴应力的改善起着显著作用。

②弦支穹顶结构采用张拉环索方式施加预应力时,环索中同一张拉段的索力由两侧张拉点向索段中间近似呈线性递减;通过与张拉试验结果进行对比,验证了本章提出的同时考虑两端张拉控制力不等和各索撑节点处摩擦滑移系数随机变化的找力方法具有一定的可靠性。

第5章 弦支穹顶结构拉索-索撑节点副摩擦滑移分析

5.1 概述

拉索作为弦支穹顶结构中的核心构件,其预应力能否按照设计值准确施加是弦支穹顶结构能否发挥高效性能的关键。然而,工程实践发现,弦支穹顶结构张拉施工过程中不可避免地会在索撑节点处产生预应力损失,对结构的承载性能产生较大影响。但是要准确考查张拉过程中预应力摩擦损失对结构整体性能的具体影响程度,很显然,其前提条件是要准确获取拉索与索撑节点间的摩擦滑移系数。但由于拉索构造复杂,在索撑节点处又承受弯折变形与较大预拉力的联合作用,导致拉索与索撑节点间的摩擦滑移系数难以被准确确定,进而无法准确评估结构的整体力学性能。

本章从拉索的绞捻特性出发,针对拉索与索撑节点之间的摩擦滑移问题,通过开展拉索摩擦滑移张拉试验和建立拉索-索撑节点副的精细化有限元模型,对拉索在张拉过程中的预应力损失、应力分布规律及接触状态展开精细化分析,系统研究拉索随张拉过程的力学性能演变规律,以及张拉力、索段夹角、捻距等因素对摩擦滑移系数的影响规律,为实际工程中的摩擦滑移系数取值方法的研究提供理论基础。同时,针对张拉环索时不可避免地会存在预应力摩擦损失,基于弹塑性力学和有限元理论提出一种三维等效摩擦单元,建立该单元的有限元分析格式,实现结构考虑摩擦损失的有限元分析。

5.2 拉索绞捻特性分析及数学模型

拉索是弦支穹顶结构中的核心构件,按其内部构造不同可分为钢丝绳、钢绞线、钢丝束和钢拉杆。钢丝绳变形较大,在弦支穹顶结构中已较少使用;钢拉杆为实体钢棒,内部构造最为简单;钢绞线与钢丝束内部构造类似,均由多根高强钢丝基体按照一定规律绞捻而成。统计目前工程中常用的拉索类型,见表5.1[70, 71],对比钢绞线和半平行钢丝束的绞捻特性容易看出,钢绞线的捻角多为 $15° \sim 17°$,捻距一般小于 $14D$;而半平行钢丝束的捻角多为 $2° \sim 4°$,捻距一般大于 $15D$。显然,钢绞线的绞捻构造相对更为复杂。因此,为了保证本章的研究方法和分析结果具有可推广性,选取工程中应用较为广泛的钢绞线作为分析对象,研究其内部构造特征及其对拉索摩擦滑移的影响。

表 5.1　常用拉索构造参数

拉索种类	常用规格	捻角(°)	捻距	备注
钢绞线	1×3、1×7、1×19、1×37、1×61、1×91 等	15 ~ 17	≤14D	多根高强钢丝螺旋捻制而成
半平行钢丝束	钢丝数量通常为 19、37、61、91 等	2 ~ 4	≥15D	高强钢丝轻度扭转
平行钢丝束	钢丝数量通常为 19、37、61、91 等	0	—	每根高强钢丝平行排列、顺直而无扭转

注:D 为拉索公称直径。

　　弦支穹顶结构中的柔性拉索在穿过索撑节点后发生弯折,可将连续的拉索分割成直索段和弯曲段,如图 5.1 所示。弯曲段由于受到节点的横向挤压作用,其内部钢丝的构造特征将发生变化,进而影响其自身的力学性能以及拉索与节点间的接触力学性能。因此,在分析拉索-节点接触力学行为前,有必要厘清拉索在不同状态下的内部构造特征。

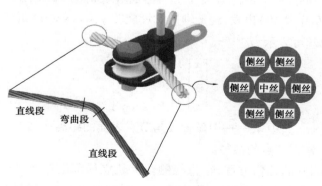

图 5.1　拉索节段示意图

5.2.1 钢绞线直索段绞捻构造分析

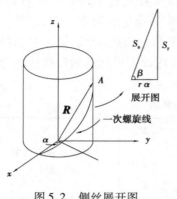

图 5.2 侧丝展开图

如图 5.1 所示钢绞线拉索,在其直索段,中丝轴线为直线,每根侧丝按照相同的缠绕规律围绕中丝呈一次螺旋线分布[72]。任意一根侧丝的展开图如图 5.2 所示,假设截取的直索段钢绞线的中丝长 S_r、侧丝长 S_s,侧丝绕中丝缠绕螺旋线的捻角、转角和螺旋半径分别为 β,α 和 r。如果在拉索直索段的起点处建立如图 5.2 所示的直角坐标系,则侧丝上任意一点 A 相对直角坐标系原点的位置可用矢量 R 表示,进而 A 点的空间坐标可表示为[72]

$$\begin{bmatrix} x \\ y \\ z \end{bmatrix} = \begin{bmatrix} r \cos \alpha \\ r \cos \alpha \\ r\alpha \tan \beta \end{bmatrix} \quad (5.1)$$

5.2.2 钢绞线弯曲段绞捻构造分析

在如图 5.1 所示的拉索弯曲段范围内,由于节点内侧与拉索接触表面通常为圆弧,因此,拉索中丝将沿着节点内侧表面变为圆弧,而任意一根侧丝仍将按照一次螺旋线绕中丝缠绕。为建立弯曲段中丝上任意点的几何方程,以节点内侧圆弧接触面的圆心为原点 O 建立整体坐标系,如图 5.3 所示,拉索弯曲段的中丝轴线从 $L(0,R_1,0)$ 出发,绕 x 轴逆时针旋转 $\gamma(0 \leqslant \gamma \leqslant \pi)$ 角度,最后形成一段圆弧,则中丝可表示为[73]

$$\begin{bmatrix} x \\ y \\ z \end{bmatrix} = \begin{bmatrix} 0 \\ R_1 \cos \gamma \\ R_1 \sin \gamma \end{bmatrix} \quad (5.2)$$

式中　$R_1 = r_s + r_j$,其中,r_s——中丝轴线与节点表面的距离;

　　　　r_j——索撑节点的半径。

为建立侧丝的几何方程,在每根侧丝上建立局部坐标系 $S-x_1y_1z_1$,使其 z_1 轴与侧丝中心线在 L 点处相切,则得任意一根侧丝中心线在整体坐标系 $O-xyz$ 下的几何方程,其表达式为

$$\begin{bmatrix} x \\ y \\ z \end{bmatrix} = \begin{bmatrix} r\cos\theta \\ R_1\cos\gamma + r\cos\gamma\sin\theta \\ R_1\sin\gamma + + r\sin\gamma\sin\theta \end{bmatrix} \tag{5.3}$$

式中　r——螺旋半径；

　　　θ——局部坐标系中绕 z_1 轴逆时针的旋转角。

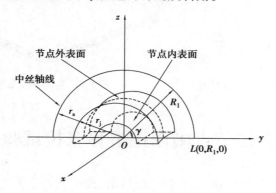

图 5.3　弯曲状态下中丝轴线示意图

　　若拉索共有 n 层侧丝,其中第 i 层中共有 m 根钢丝,则第 i 层中的第 j 根侧丝可编号为 (i,j)。根据图 5.4 所示拉索内部侧丝间的相对位置关系易知,在求得该根侧丝的几何方程后,其他侧丝轴线可通过该根侧丝逆时针旋转 φ_{ij} 角度求得,如式(5.4)所示,求得的侧丝轴线示意图如图 5.5 所示。

$$\begin{bmatrix} x \\ y \\ z \end{bmatrix} = \begin{bmatrix} r_i\cos(\theta+\varphi_{ij}) \\ R_1\cos\theta + r_i\cos\theta\sin(\theta+\varphi_{ij}) \\ R_1\sin\theta + + r_i\sin\theta\sin(\theta+\varphi_{ij}) \end{bmatrix} \tag{5.4}$$

式中　r_i——第 i 层侧丝的螺旋半径,φ_{ij} 按式(5.5)计算。

$$\varphi_{ij} = \frac{2\pi(j-1)}{m} \tag{5.5}$$

　　由上述分析可知,拉索的内部绞捻构造复杂,尤其是弯曲段的内部构造特征比直索段更为复杂,而弯曲段又是拉索与索撑节点的接触部位,在外荷载作用下,弯曲段受力将更为复杂,因此,有必要对拉索内部钢丝间、拉索与索撑节点间的接触力学行为进行研究分析。

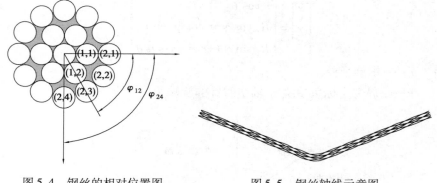

图 5.4 钢丝的相对位置图   图 5.5 钢丝轴线示意图

5.3 拉索-索撑节点副摩擦滑移张拉试验

由拉索的绞捻特性分析可知,拉索张拉前,即拉索处于无应力状态时,拉索的绞捻特性已使得位于节点接触范围内的弯曲段的内部构造变得非常复杂,张拉过程中,在预应力和节点横向力的共同作用下,拉索内部钢丝处于多向复杂受力的同时,钢丝间还会发生相对滑移与挤压,进而表现出大变形特征,呈现出高度非线性的特征,这也是拉索张拉过程摩擦滑移规律难以标准化描述的主要原因。因此,为量化分析弦支穹顶结构张拉过程中拉索在索撑节点处的摩擦损失,并揭示工程界非常关注的张拉力、索段夹角等因素对滑移摩擦的具体影响规律,考虑张拉力、索段夹角两个因素对拉索-节点接触副的影响,设计并开展拉索-节点接触副摩擦滑移参数化试验,得到各级荷载下拉索两端索力及外侧钢丝的应变值,分析拉索在张拉过程中的预应力损失规律及截面应力分布规律。

5.3.1 试验模型

为了方便后文建立拉索的精细化数值模型,选取课题组在前期开展的滚动式张拉索节点弦支穹顶缩尺试验模型中所采用的 1×7Φ15.2 钢绞线[69],具体参数见表 5.2。

表 5.2　拉索参数表

参数类型	参数	数值
几何参数	中丝直径/mm	5.15
	侧丝直径/mm	5.025
	公称直径 D/mm	15.2
	截面面积/mm²	139.82
	捻距	$11D$
力学参数	钢号	82B
	弹模 E/GPa	195
	0.2% 屈服力/kN	≥229

　　通过调研弦支穹顶结构实际工程常采用的滑动式索撑节点形式,并结合试验室条件设计出如图 5.6 所示的拉索节点,该节点由上下两块盖板通过 4 颗螺栓组装形成,上下盖板刚好将拉索的滑移轨道从中间高度处剖开,以方便拉索的安装。为考查索段夹角对拉索滑移摩擦的影响规律,制作 3 组拉索节点,节点两侧索段夹角 ω 分别为 135°、150°和 165°,如图 5.7 所示。

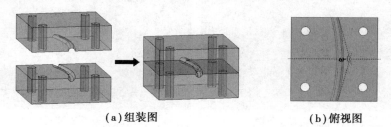

　　（a）组装图　　　　　　　　　　　（b）俯视图

图 5.6　拉索节点示意图

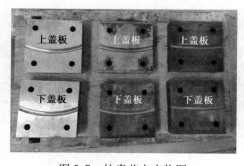

图 5.7　拉索节点实物图

　　张拉试验前,首先将拉索微弯置于节点下盖板的滑移轨道内,然后将上盖板与下盖板对齐放置,保证拉索完全处于上下盖板的滑移轨道内,接着通过4颗螺栓将上下盖板与如图5.8(a)所示的加载台连接成整体。为了对拉索两端进行锚固和张拉,在加载台的两侧设置两个穿孔"L"形支座,且保证两侧"L"形支座的孔心与支座中心连线的夹角刚好为ω。同时,将拉索左端穿过一穿心式测力传感器后锚固在左侧支座上,以测量张拉过程中锚固端的拉索内力,如图5.8(b)所示,测力传感器的具体参数见表5.3;将拉索右端穿过一最大顶推力为50 t的穿心式千斤顶后进行锚固,以实现拉索的单侧张拉,如图5.8(c)所示,3组试件安装完成的现场实景图,如图5.9(a)至(c)所示。

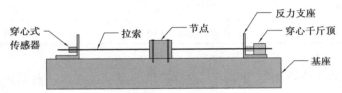

(a)试件安装示意图

(b)传感器安装实景图

(c)千斤顶安装实景图

图5.8　试验安装图

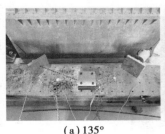

(a)135°

(b)150°

(c)165°

图5.9　三组试验现场布置图

表 5.3 测量装置规格表

测量装置参数	传感器	应变片	应变箱
型号	CZLYB-1A	BX120-0.5A	DH3818Y 静态应变测试仪
量程	100 kN、200 kN	20 000 με	±60 000 με
电阻	—	120 Ω	—

5.3.2 试验加载与测点布置

参考弦支穹顶结构缩尺试验模型中的预应力设计值[69],张拉端最大拉力设计值确定为 72 kN。正式加载前,首先进行预加载,预加载荷载取为 10 kN,加载完成后持荷 5 min。正式加载采用单调静力加载,共分为 24 级,每级 3 kN,每级张拉完成后持荷 120 s。

为考查张拉过程中不同区域拉索内部的钢丝力学性能,沿拉索长度方向和截面圆周方向分别布置应变片,将其粘贴在侧丝表面并通过导线连接至应变箱,以测定侧丝轴向的应变值,应变片和应变箱具体参数见表 5.3。如图 5.10 (a)所示,沿拉索长度方向选取 4 个截面布置应变片,分别为索撑节点弯曲段两侧的截面、距离节点两侧各 300 mm 处的直索段;每个截面沿圆周方向在 6 根侧丝上布置单轴应变片,各截面应变片按 x-y 编号,其中,x 表示截面号,y 表示对应截面的钢丝编号。应变片编号如图 5.10(b)所示,应变片现场布置如图 5.11 所示。

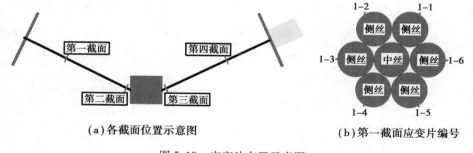

(a)各截面位置示意图 　　　　　　(b)第一截面应变片编号

图 5.10 应变片布置示意图

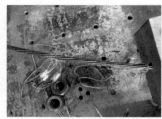 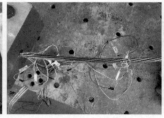 

　（a）固定端应变片布置　　　（b）张拉端应变片布置　　　　（c）应变箱

图 5.11　应变片现场布置图

5.3.3　张拉过程预应力损失分析

提取 3 组试件张拉过程中节点两侧的索力,按式(5.6)和式(5.7)分别计算出两侧索力的差值和差值比率,见表 5.4,并绘制其随张拉力的变化曲线,如图 5.12 所示。

$$\Delta T = T_1 - T_2 \tag{5.6}$$

$$\eta = \frac{\Delta T}{T_1} \times 100\% \tag{5.7}$$

式中　T_1——张拉端索力;

　　　T_2——锚固端索力;

　　　ΔT——预应力损失值;

　　　η——预应力损失率。

表 5.4　试验结果

荷载级	135°固定端索力/N	预应力损失值/N	150°固定端索力/N	预应力损失值/N	165°固定端索力/N	预应力损失值/N
1	2 442.48	677.76	2 618.36	379.14	3 003.90	117.40
2	4 846.74	1 086.73	5 170.41	757.06	5 978.56	248.91
3	7 460.41	1 830.59	7 882.20	1 138.19	8 818.67	372.33
4	9 610.15	2 386.97	10 677.94	1 679.99	11 427.22	509.76
5	11 635.01	3 098.29	12 959.65	2 164.53	14 176.13	707.51
6	14 308.28	4 153.45	15 711.66	2 750.07	17 528.54	933.19
7	16 417.69	4 840.36	17 896.36	3 211.35	20 234.98	1 083.20
8	18 277.72	5 836.78	20 468.27	3 646.23	23 180.87	1 294.45

续表

荷载级	135°固定端索力/N	预应力损失值/N	150°固定端索力/N	预应力损失值/N	165°固定端索力/N	预应力损失值/N
9	20 994.27	6 608.12	22 874.18	4 217.05	26 068.74	1 503.58
10	22 826.15	7 241.81	25 402.50	4 725.60	28 528.73	1 659.50
11	25 457.30	8 128.61	27 722.40	5 292.22	31 583.23	1 882.41
12	27 461.76	8 800.20	30 478.78	5 873.38	34 225.85	1 975.97
13	29 652.76	9 525.79	32 907.23	6 361.52	37 289.87	2 159.29
14	31 921.38	10 173.76	35 132.36	6 962.78	40 368.60	2 327.90
15	34 289.16	10 902.98	37 951.87	7 270.34	42 567.76	2 443.97
16	36 461.02	11 737.92	40 391.09	7 807.85	45 585.60	2 613.34
17	38 526.11	12 469.15	42 933.18	8 212.42	48 768.15	2 768.33
18	40 742.09	13 259.96	45 357.48	8 614.51	51 546.54	2 906.53
19	43 732.86	13 757.08	47 853.33	9 065.32	54 037.24	3 001.68
20	45 185.17	14 680.14	50 606.69	9 679.57	57 129.03	3 127.16
21	48 297.62	14 905.23	52 959.02	10 003.3	60 012.75	3 310.37
22	49 694.36	16 996.37	55 662.51	10 487.0	62 941.33	3 689.27
23	51 142.24	17 984.00	58 115.53	10 920.5	65 523.91	3 752.67
24	53 592.18	18 480.72	60 847.98	11 405.3	67 878.63	4 074.00

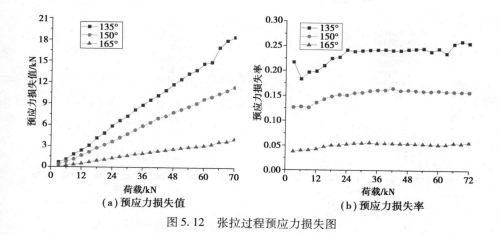

(a) 预应力损失值　　　　　　　(b) 预应力损失率

图 5.12　张拉过程预应力损失图

由图 5.12(a)可如,对同一节点,节点两侧索力差值,即预应力损失值随张拉力的增大而近似呈线性增大趋势;而设置不同索段夹角时,预应力损失会随索段夹角的增大而减小,说明张拉力、索段夹角均会影响预应力损失值。由图 5.12(b)可知,预应力损失率主要受索段夹角的影响,张拉力对损失率的影响主要体现在张拉初始阶段。预应力损失率随索段夹角的增大而减小,当索段夹角为 135°,150°,165°时,其对应的损失率分别为 25%,15%,5%。

5.3.4　张拉过程拉索应力分布规律分析

　　绞捻构造使拉索在轴力作用下的内部应力分布不均匀,而索撑节点处的横向力作用会使这种不均匀更为明显,进而对拉索构件的力学性能产生不容忽视的影响。为探究拉索截面上的应力分布规律,分别提取各组试件 4 个截面上 6 根侧丝的轴向应变,绘制其随张拉过程的变化曲线,如图 5.13 至图 5.15 所示。

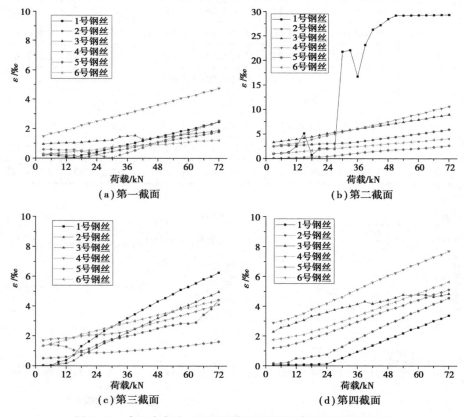

图 5.13　索段夹角为 135°时张拉过程侧丝轴向应变变化曲线

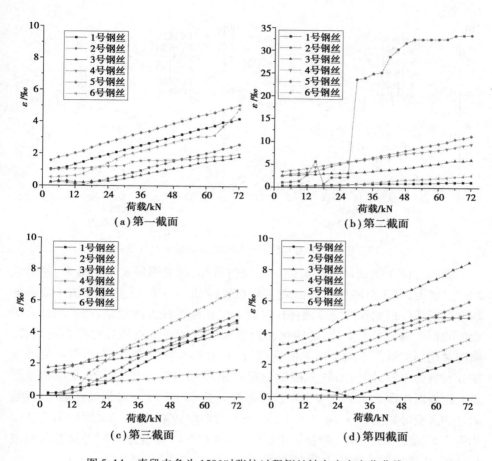

图 5.14　索段夹角为 150°时张拉过程侧丝轴向应变变化曲线

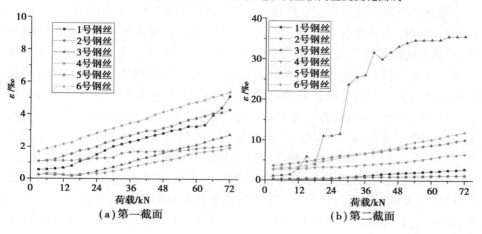

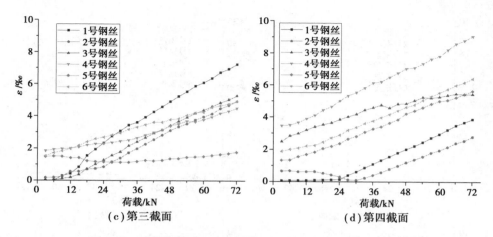

图5.15 索段夹角为165°时张拉过程侧丝轴向应变变化曲线

纵向对比3组试件各个截面的应变值可知,随着索段夹角的增大,各钢丝的应变增大,但3组试件的截面应变分布规律基本一致,尤其是在第二截面处均会出现某一根侧丝的应变随张拉过程的变化幅度较大的现象,而出现最大应变值的钢丝编号发生变化,说明在张拉过程中拉索与节点的接触存在随机性。横向对比同组试件不同截面的应变值可知,沿拉索轴线方向,不同截面处的应变分布规律不同,即使是同一根钢丝在直索段和弯曲段的轴向应变也相差明显。比如对比图5.13(a)—(d)可知,张拉力为48 kN时,4号钢丝在第一、四截面处的应变分别为3.6 με和6.1 με,而在弯曲段的第二、第三截面处的应变变化为7.5 με和2.9 με。避免篇幅过长,主要对索段夹角为135°的试验数据进行分析,以明确拉索的应力分布规律。

为分析拉索经过节点前后的应变变化规律,对比图5.13(b)和图5.13(c),可以看出锚固端一侧位于弯曲段的第二截面处的各根侧丝应变,除1号侧丝外,均随着荷载增加近似线性增加,其应变值从大到小依次为:3号、4号、2号、6号、5号。3号和4号应变在36 kN前后其大小顺序发生改变。而张拉端一侧位于弯曲段的第三截面处的各根侧丝应变随加载过程的变化趋势明显分为了两个阶段:第一阶段是张拉力约为15 kN时,各侧丝应变发生重分布,侧丝应变从大到小顺序由4号、6号、5号、2号、1号、3号,变化为6号、4号、1号、2号、5号、3号;第二阶段是其后各根侧丝应变随加载过程保持相对稳定的增长,1号、3号钢丝的应变增长速度明显大于其他侧丝。由此可以看出,拉索内部边界条件复杂,一方面,张拉过程中拉索局部弯曲会使钢丝间的应力分配发生实时变化;另一方面,拉索内各钢丝对抵抗拉力的贡献程度也会随着位置的不同而实时变化。此外,对比图 5.13(a)和图 5.13(d)可以看出,由于预应力摩擦损失,第四截面处各钢丝应变大于第一截面处。

值得说明的是,图 5.13(b)中的 1 号钢丝在张拉过程中发生了非常显著的波动变化,分析其原因是 1 号钢丝刚好与节点直接正面接触,张拉过程中其与节点接触状态也在实时发生变化,该侧丝处于应力集中状态,受力情况复杂,将有可能使该侧丝提前失效。

为进一步量化分析拉索内应力应变分布的不均匀性,根据图 5.13(b)和图 5.13(d)按式(5.8)和式(5.9)分别计算出张拉力为 48 kN 时,第二截面的应力增大系数为 3.3,应力缩小系数为 0.19;第四截面的应力增大系数为 1.5,应力缩小系数为 0.5。由此说明,无论是自然拉伸状态还是弯曲状态,拉索截面的应力分布不均匀性十分明显,并且弯曲段的应力不均匀程度远大于直索段。

$$\xi_1 = \frac{\sigma_{max}}{\overline{\sigma}} \tag{5.8}$$

$$\xi_2 = \frac{\sigma_{min}}{\overline{\sigma}} \tag{5.9}$$

式中　　ξ_1, ξ_2——应力增大系数和应力缩小系数;

　　　　$\sigma_{max}, \sigma_{min}$——截面最大应力和截面最小应力;

　　　　$\overline{\sigma}$——截面平均应力。

5.4　考虑拉索绞捻特性的拉索−节点副摩擦滑移精细化数值模拟

由于当前试验条件与测试方法的局限性,试验过程难以获取拉索的全部力学信息。为此,利用 AutoCAD 和 ABAQUS 建立拉索−节点接触副的精细化有限元模型,跟踪钢绞线在张拉过程中的预应力损失、应力分布规律及接触状态,分析其随张拉过程的力学性能演变规律。

5.4.1　有限元分析方法

1)ABAQUS 有限元基本原理

ABAQUS 拥有非常丰富的单元库,具有强大的有限元模拟能力,可用来模拟实际工程中的大多数材料,并且操作简单,容易建立各种复杂的模型。在进行非线性分析时,可以自动选择适合的收敛准则和载荷增量,在分析过程中,通过调整这些参数来保证结果的准确性,其参数控制、收敛性、计算精度等方面在求解时都发挥了优秀作用,因此,ABAQUS 在各个国家都享有盛誉,拥有庞大的用户群[74],其架构模型如图 5.16 所示。

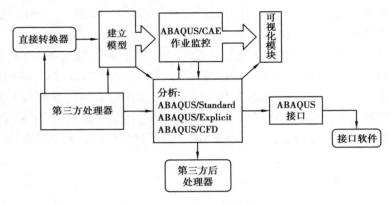

图 5.16 ABAQUS 产品

ABAQUS 主要由 ABAQUS/Standard 和 ABAQUS/Explicit 两个主要分析模块组成。ABAQUS/Standard 是一个通用分析模块,可求解各领域的线性和非线性问题,ABAQUS/Standard 在每一个求解增量步中隐式地求解一套方程组;ABAQUS/Explicit 则为显式分析求解器,适用于模拟短暂、瞬时的动态事件等问题,以及处理改变接触条件的高度非线性问题,以很少的时间增量在时间域中推出计算结果。本章在建立拉索-节点接触副精细化模型时充分考虑拉索绞捻特性和拉索-节点副中摩擦接触,为求解精确,采用 ABAQUS/Standard 分析模块。

2)接触问题

在有限元分析中通常将非线性问题分为三大类,分别是边界条件非线性、几何非线性和材料非线性[75]。接触问题属于典型的边界条件非线性问题,在计算开始时不能全部确定接触对的边界条件,而是在计算过程中不断变化、不断确定。拉索-节点接触副中拉索的整体状态依赖于钢丝之间的绞捻和摩擦来维持,在张拉过程中钢丝会产生相互滑移现象,钢丝之间的接触部分会发生变化。即使钢丝之间处于弹性接触状态时也具有表面非线性,其中包括由接触压力分布变化而产生的非线性,也包括由各接触区域的接触面积变化而产生的非线性,还包括由钢丝间互相摩擦产生的非线性。总的来看,接触问题在求解时存在的难点主要有以下两个:

①接触区域未知。物体之间的接触区域在开始求解前是未知的,是在不断变化的,会随着载荷、边界条件等因素变化而变化。

②接触计算过程中涉及摩擦。在 ABAQUS 计算中,有几种不同的摩擦类型,皆为非线性,摩擦使接触计算变得更困难。

5.4.2　有限元模型

拉索与索撑节点因为摩擦接触关系形成一对接触副,两者间的接触状态非常复杂,包含几何非线性和材料非线性、较大的荷载和复杂的接触条件、摩擦条件不易控制等,因此,拉索-节点接触副的建模分析过程较为困难。在以往研究中,没有考虑钢丝绞捻特性的弯曲拉索有限元分析,故以下详细介绍拉索的数值建模过程。

首先根据 5.2 节的钢绞线绞捻特性,利用 AutoCAD 软件三维模块建立考虑钢丝绞捻特性的 7 丝弯曲钢绞线及索撑节点的空间几何模型,然后将其导入 ABAQUS/Standard 有限元分析软件进行计算分析。建模过程主要分为以下 3 个步骤:

①确定拉索、索撑节点的几何模型具体参数,包括钢丝横截面面积、钢丝的相对位置、拉索与索撑节点的相对位置、拉索长度、捻距等相关参数;

②利用 AutoCAD 三维模块建立拉索和索撑节点的空间三维实体模型,并进行精细化加工处理;

③导入 ABAQUS 有限元分析软件,设置相关参数,对拉索-节点接触副精细化有限元模型进行计算分析。

1)拉索-节点接触副空间几何模型

接触副中索撑节点的形状较为规则,易于建立其空间几何模型,而拉索一般由 7 根到几十根相同或不相同直径的钢丝以单层或多层的形式,按照捻制规则围绕中丝绞捻而成,其空间几何模型建立相对复杂。钢丝截面多为圆形,少数为椭圆形、三角形和其他几何形状。拉索绳股不同层的钢丝之间的接触形式一般为点状或线接触,钢绞线的几何构造示意图如图 5.17 所示。

空间几何模型的建模基本思路:首先要确定索撑节点的形状与尺寸、钢绞线通过索撑节点时的弯曲角度、各钢丝的截面尺寸及排布情况;然后在 AutoCAD 中将工作空间切换为三维基础,根据 7 丝钢绞线的捻距、模型长度,以及各侧丝轴线绕中丝的螺旋情况,绘制各钢丝轴线用来作为 7 丝钢绞线模型的扫掠轨迹线;然后转换坐标系,绘制待扫掠的拉索端面,即目标端面,使得目标端面垂直于各钢丝轴线；然后利用 AutoCAD 软件中的扫掠功能对目标端面沿着各丝轴线进行扭转扫掠，形成拉索-节点接触副空间几何模型；最后将各钢丝与节点分别存为 IGES 格式文件，便于后续有限元分析。

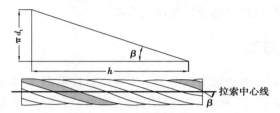

图 5.17　捻距及捻角示意图

h—钢丝捻距；d_t—相应层钢丝中心所在圆的直径，为 $2r$

但是，有两点值得注意：

①由于 AutoCAD 软件自身的缺陷，原先建立的目标端面与钢丝轴线之间并不是完全垂直的，而是存在微小的夹角，所以在扫掠形成钢丝实体后，与钢丝轴线垂直的剖面呈现的并不是标准圆形，而是被压缩的椭圆形。钢丝实体之间也会存在不同程度的干涉现象。剖面的椭圆程度由拉索的捻距和捻角决定。捻距越小，捻角越大，离心力越大，椭圆越扁；反之，则越接近标准的圆形。在实际工程用索中，钢丝的捻距远大于钢丝的直径，肉眼难以观察到钢丝端面是椭圆形，所以在三维建模过程中需要通过干涉命令检查钢丝实体模型之间的干涉情况，并调整钢绞线各根钢丝端部圆面的直径和相对位置，目的是降低因软件自身算法缺陷带来的尺寸误差，调整过程如图 5.18 所示。

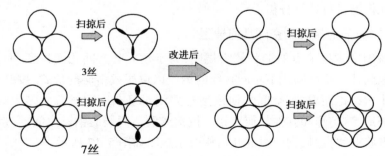

图 5.18　钢丝模型干涉机理及建模方法改进示意图

注：黑色部分为干涉区域。

②虽然在建立目标端面时，表面上已经使钢丝轴线与目标端面处于垂直状态，但是实际目标端面与轴线并不是完全垂直的，仍存在很小的角度。在利用

扫掠(Sweep)命令后,新形成的钢丝三维实体模型的端面将不再垂直于钢丝轴线。此时需要将各钢丝端面参差不齐的三维实体部分进行修剪,使所有钢丝端面在同一平面,并且垂直于钢丝轴线方向。上述操作在进行有限元分析时,约束和荷载可以垂直地施加在各根钢丝的端面上,如图 5.19 所示。建立的拉索空间几何模型,如图 5.20 所示。

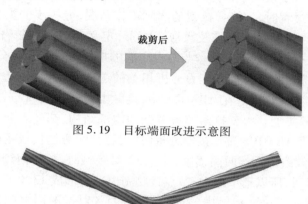

图 5.19　目标端面改进示意图

图 5.20　7 丝钢绞线空间几何模型

鉴于分析的主要对象是拉索构件,为了简化分析,索撑节点采用钢棒进行模拟,以利用钢棒表面的圆弧面模拟试验中索撑节点与拉索的接触面,节点的空间几何模型如图 5.21 所示。

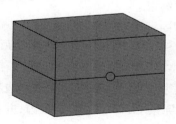

图 5.21　索撑节点空间几何模型

2)拉索-节点接触副精细化有限元模型

在 ABAQUS 中,几何模型需经过前处理、分析计算和后处理 3 个步骤,最终得到分析结果。前处理中,在部件模块中导入之前保存的 IGES 文件,各钢丝和节点生成独立的部件(part)。接着进入属性功能模块,对材料和截面特性进行设置,需要注意的是,ABAQUS 不能将材料属性直接赋予实体模型,而需先创建包含材料属性的截面特性,通过赋予实体截面特性将材料属性分配给实体模型。拉索每根钢丝的材料都是均匀的、各向同性的,故将钢丝的弹性模量设置成 $2.06×10^5$ N/mm²,名义屈服强度为 1 860 N/mm²,泊松比为 0.3。节点采用铸钢,屈服强度取为 280 N/mm²,其他材料属性与钢丝一致。然后进入装配功能模块,在全局坐标系下使用平移和旋转功能进行多个部件(part)的定位装配。

接着在分析步模块中,对分析步和场输出进行定义。在进行模拟拉索-节点接触副张拉过程时,为符合拉索的实际工作情况,分析步的类型均设置为静力通用分析步,并考虑小位移及大应变情形,定义荷载步时打开大变形选项。又因后续要进行钢丝内部及钢丝与节点之间的接触分析和应力分析,故在创建场输出时,勾选与接触分析和应力分析相关的选项,然后在相互作用模块中设置接触属性和定义约束。在 ABAQUS 中,接触类型分为表面与表面接触、自接触、压力穿透等类型。由于拉索拥有复杂的内部结构,钢丝之间均存在接触关系,所以在利用 ABAQUS 进行接触分析时,需特别注意迭代或矩阵消元的收敛问题。7 丝钢绞线中钢丝两两接触,建立 12 对接触对,整体钢绞线与索撑节点形成一对接触对,所以整个拉索-节点接触副模型共形成 13 对接触对。每对接触关系选用表面与表面接触中的通用设定:因各对接触面之间的相对滑移较小,设置选择小滑移;将表面调整为删除过盈,即在分析开始时,从表面将被调整到与主表面精确接触;接触面之间的相互作用包括接触面的法向作用和切向作用,切向作用通过设置摩擦系数体现,并将法向接触中的压力过盈定义为"硬接触",即当接触面之间的接触压力变为 0 或负值时,两个接触面分离开来,同时解除相应节点上的接触约束。

为方便施加张拉端和固定端的约束,分别在张拉端和固定端建立沿中心钢丝轴线的局部坐标系 CSYS-1 和 CSYS-2,然后分别在距离拉索两侧端面各 5 mm处建立参考点 RP-1 和 RP-2,并将这两个参考点跟各自邻近的端面耦合,如图5.22 所示。考虑实际拉索张拉过程,在施加模型的边界条件时,在张拉端的参考点 RP-1 施加沿局部坐标系 CSYS-1 的轴向拉力;并在固定端的参考点 RP-2约束节点下端面的所有自由度。

接下来,进入网格模块对整体模型进行有限元网格划分。此次网格划分,使用扫掠划分方式,在单元库中选择 8 节点六面体线性减缩积分单元 C3D8R。此单元的位移求解结果比较精确,当网格存在扭转变形时,分析精度不会受到太大影响,且在弯曲荷载下不易产生剪切自锁现象。划分后的体单元形状为六面体,且网格较均匀致密,便于后续分析计算。网格划分示意图如图 5.23所示。

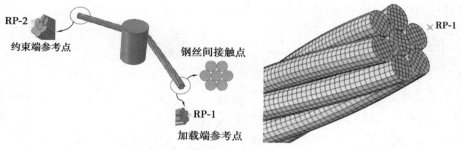

图 5.22　拉索-节点副三维实体模型图　　　　图 5.23　网格划分示意图

5.4.3　有限元计算结果

根据试验加载情况,在参考点 RP-1 施加 3 kN 为梯度、总计 72 kN 的集中力,共分 24 级加载,然后对其计算结果进行分析。

1)预应力损失对比分析

按照 5.3.3 节同样的方法,提取节点两侧的拉索内力有限元计算结果,计算出相应的预应力损失值和损失率,并绘制其与试验结果的对比图,如图 5.24 所示。

从图 5.24 中可以看出,3 组试件预应力损失值和损失率的数值模拟结果与试验结果随加载过程变化曲线的变化趋势是基本吻合的,说明有限元模型能够很好地模拟拉索-节点接触副的张拉过程。但由于试验测量误差以及支座的影响,试验结果均大于数值模拟结果。根据试验与数值模拟结果可进一步总结出预应力损失值与损失率的变化规律:预应力损失值方面,拉索张拉预应力损失随着荷载的增加而呈线性增加;预应力损失率方面,当荷载较小时,随着荷载增加,拉索内部钢丝间、拉索与节点之间的接触面积均增加,预应力损失率大致呈线性增长,当荷载达到 24 kN 时,各处接触面积趋于稳定,损失率随荷载增加而变化较小;当荷载较大时,损失率又出现明显变化,但波动幅度较小,这可能是由张拉后期弯曲段侧丝出现散股现象,接触面积减小,而其他接触面处的接触程度加剧的原因所致。

进一步分析数值模拟结果与试验结果的差异,表 5.5 给出了处于稳定期时预应力损失的平均相对误差。从表中可知,索段夹角为 135°和 150°时的平均相对误差较小,反映出其数值模拟结果与试验结果较为接近,而索段夹角为 165°时,由于索段夹角较大,不论是数值模拟结果还是试验结果,因摩擦滑移而产生的预应力损失均较小,进而计算出的平均相对误差较大。

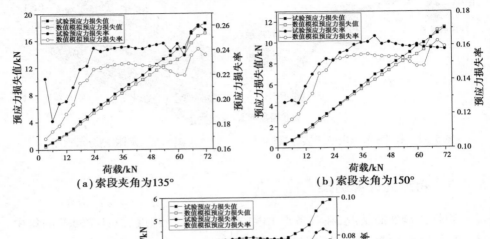

（a）索段夹角为135°　　　　　（b）索段夹角为150°

（c）索段夹角为165°

图5.24　试验与数值模拟预应力损失对比图

表5.5　预应力损失值和损失率平均相对误差表

索段夹角/(°)	平均相对误差	
	损失值/%	损失率/%
135	7.61	6.99
150	4.96	4.59
165	43.01	44.36

2）拉索内应力分布规律对比分析

为进一步验证有限元模型的可靠性,提取如图5.10所示靠近张拉端一侧第三和第四截面位置处各侧丝的应力计算结果,并将试验测得的应变值转换为应力值,绘制两者的变化趋势对比图,如图5.25至图5.27所示。

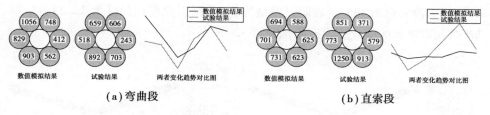

（a）弯曲段　　　　　　　　　　　　（b）直索段

图 5.25　索段夹角为 135°时应力分布对比图

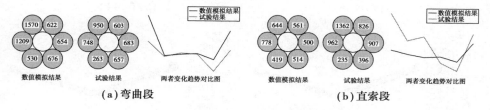

（a）弯曲段　　　　　　　　　　　　（b）直索段

图 5.26　索段夹角为 150°时应力分布对比图

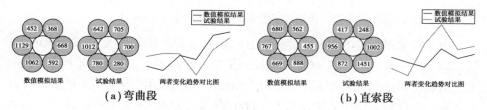

（a）弯曲段　　　　　　　　　　　　（b）直索段

图 5.27　索段夹角为 165°时应力分布对比图

由图 5.25 至图 5.27 可知，3 组试件的数值模拟结果和试验结果均存在一定误差，且弯曲段的试验值普遍小于数值结果，但变化趋势相似，这是因为第三截面的试验测点在张拉过程中远离了索撑节点，并不处于理想弯曲段。同时可知，直索段的试验值变化幅度较模拟值更大。

综上所述，结合 3 组拉索张拉过程的数值模拟结果与试验结果发现，二者的截面应力分布存在一定差异，但总体相近，说明通过所建立的有限元模型来模拟拉索–节点接触副的张拉过程是可靠的。

3）拉索内力不均匀性量化分析

由上述分析可知，建立的有限元模型能较好地模拟拉索与节点间的摩擦滑移行为。相较于试验模型，有限元模型可更为全面地获取张拉过程中拉索内部的应力分布情况。因此，将前述验证的有限元模型计算结果进行归纳总结，分析拉索–节点接触副张拉过程中拉索内部的力学性能演变规律，为拉索–节点副的摩擦滑移系数计算奠定理论基础。

以索段夹角为135°的有限元模型为例,分别提取张拉荷载为 12,24,48,72 kN 时拉索钢丝的等效应力云图,如图 5.28 所示。

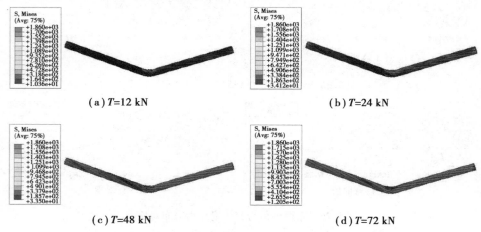

(a) T=12 kN

(b) T=24 kN

(c) T=48 kN

(d) T=72 kN

图 5.28　张拉过程等效应力云图(单位:N/mm^2)

由于拉索的绞捻构造,拉索截面上的应力分布不均匀性是非常明显的,由图 5.28(a)可知,当 T = 12 kN 时,在较小张拉力的作用下,拉索截面上的最大应力已达到材料的名义屈服强度 1 860 N/mm^2。具体来看,当 T = 12 kN 时,拉索与节点接触区域的应力水平维持在 1 000 N/mm^2 左右,远大于理论计算平均应力 181 N/mm^2,而其余区域的应力维持在 100 N/mm^2 左右。应力分布的不均匀性主要体现在拉索与节点接触区域,其等效应力向节点两侧逐渐减小至理论平均应力水平;同样地,当 T = 24 kN 和 48 kN 时,拉索与节点接触区域的应力较大区域相比 T = 12 kN 时有所扩展,其应力水平也分别增长到 1 100 N/mm^2 和 1 600 N/mm^2 左右,远大于理论计算的平均应力 363 N/mm^2 和 725 N/mm^2;当 T=72 kN 时,拉索与节点接触区域内的应力进一步增大,局部较大范围均已达到材料名义屈服强度,远超理论平均应力 1 088 N/mm^2,且在拉索内部向张拉端扩展。

此外,从图 5.28(a)至(d)还可以明显地看出,节点右侧,即张拉端一侧拉索的整体等效应力水平明显高于固定端一侧的拉索应力水平,说明拉索在经过索撑节点时出现了较大的预应力损失。

由上述分析可知,拉索与节点接触的弯曲段和直索段在应力分布规律方面存在明显区别,提取 T=48 kN 时拉索直索段和弯曲段的等效应力分布规律示意图,如图 5.29 所示,可以看出弯曲段应力水平普遍高于直索段,并有如下规律:

直索段截面应力分布呈外围侧丝低、中丝高的规律,每根侧丝的应力分布大致相同;而弯曲段侧丝截面应力梯度较大,与索撑节点接触点应力较高,远离接触点的外侧侧丝在较大荷载下出现了分股现象,整个截面的不均匀性最为显著。

从图 5.29 中还可以看出,中丝位置特殊,受力与普通钢梁类似,无论是弯曲段还是直索段,其应力分布均与侧丝有很大区别。因此,为量化考查中丝的应力分布情况,绘制中丝的应力等高线云图,如图 5.30 所示。弯曲段中丝仍然存在明显的应力梯度,越靠近节点应力越高;直索段中丝应力分布大致呈环状,越靠近圆心应力越小。此外,对比图 5.30(a)和图 5.30(b)可知,当 $T=48$ kN 时,弯曲段的最大应力 1 570 N/mm^2 大于直索段的最大应力 1 460 N/mm^2,因此,可以预见当直索段尚未屈服时,弯曲段可能已进入屈服段,拉索弯曲段将成为索撑体系中的薄弱位置。

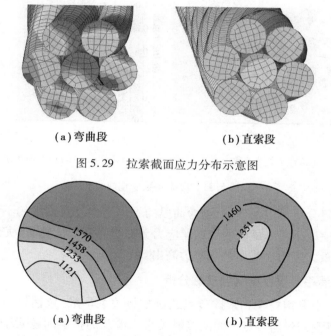

(a)弯曲段   (b)直索段

图 5.29 拉索截面应力分布示意图

(a)弯曲段   (b)直索段

图 5.30 拉索中丝截面应力分布图(单位:N/mm^2)

以上分析揭示了拉索应力分布沿横截面和轴线方向均呈现出不均匀的特征。为进一步量化分析拉索应力分布的不均匀程度。仍按式(5.8)和式(5.9)计算出有限元计算结果的钢丝截面应力增大系数和缩小系数,并绘制出第三和第四截面位置处其随荷载变化的曲线,如图 5.31 所示。从图 5.31 中可以看出,整体上,同一截面的应力差距随张拉荷载的增大而逐渐减小,最终各截面的应力增大系数和应力缩小系数均趋于1,各截面都逐渐到达屈服。弯曲段侧丝和中丝的应力增大系数多为1~3,应力缩小系数多为0.2~0.9;而直索段的应力分布也并不完全均匀,其侧丝和中丝的应力增大系数多为1~2,应力缩小系数多为0.5~1.0,可知拉索弯曲段的应力不均匀程度远大于直索段。说明拉索的局部弯曲会加剧拉索截面应力分布不均匀性,张拉过程中,处于局部弯曲的拉索很有可能提前进入屈服阶段和颈缩阶段,导致结构提前失效。同时可知,数值模拟结果的钢丝截面应力增大系数和缩小系数与试验结果虽然存在一定差异,但是相差不大,说明数值模拟结果的拉索截面应力分布不均匀程度与试验结果相近。

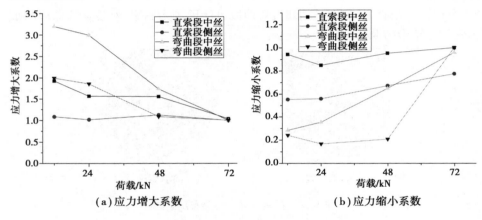

（a）应力增大系数　　　　　　（b）应力缩小系数

图5.31　应力系数变化曲线

通过上述分析可以发现,拉索弯曲段的不均匀性较直索段的不均匀性高出66.09%,即使处于同一截面的各钢丝应力分布也存在较大差异,尤其是拉索弯曲段的截面最大应力比截面平均应力高出68.72%。

4）摩擦滑移过程绞捻钢丝接触分析

拉索-节点副由拉索和索撑节点通过接触关系形成,包括拉索内部钢丝与钢丝之间,以及钢丝与节点之间的接触关系。涉及的接触问题属于不定边界问题,具有很强的非线性,既有由接触面积变化而产生的非线性、由接触压力分布变化而产生的非线性,又有由摩擦作用产生的非线性[76]。这些剧烈的非线性接触行为对钢丝的应力分布及传递都将产生复杂的影响。因此,有必要对内部钢丝间的接触行为进行分析。

为明确拉索内部钢丝间的接触行为,应首先对拉索内部钢丝间的接触状态有一定性认识,而弯曲段的中丝无疑是接触状态最为复杂的。因此,首先提取弯曲段中丝的接触状态图,如图 5.32 所示,在拉索弯曲段,各钢丝之间的接触区域并不是连续的,而是随着侧丝的螺旋绕捻呈分散性、螺旋状分布。在接触区域的中心一带出现较大面积的最大接触应力,以不同的应力梯度向周围减小;越靠近索撑节点,应力向周围减小的梯度越小,应力区的范围也相应越宽。

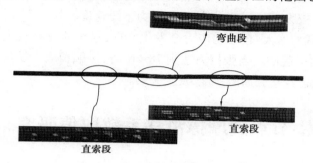

图 5.32　弯曲段中丝接触状态示意图

为进一步分析内部钢丝间的接触应力,提取各钢丝的接触应力随张拉过程的变化曲线,如图 5.33 所示。通过分析可知,图 5.33 中的 2,5,7 号钢丝接触应力最为明显,限于篇幅,本节仅对这 3 根钢丝的接触应力进行分析。由图 5.33 可知,各接触区域的平均接触应力随荷载的增大而增大;当荷载较小时,7 号钢丝的平均接触应力较大,当荷载较大时,2 号钢丝的增长梯度更大,而 7 号钢丝的平均接触应力下降,说明在预应力加载初期,中丝与其余钢丝的接触剧烈程度高于与索撑节点相接触的钢丝,但随着荷载的增长,越靠近索撑节点,接触越剧烈。同时因不同位置处的钢丝变形需求不同,钢丝之间存在内部微小滑移,钢丝局部受力增大,拉索的传力连续性受到影响,对拉索的力学性能有不利影响。

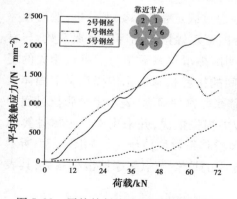

图 5.33　平均接触应力随张拉变化曲线

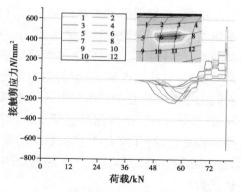

图 5.34　接触剪应力随张拉变化曲线

为研究内部钢丝在张拉过程中的摩擦传力机理,将荷载增大到 78 kN,提取索段夹角为 135°拉索在弯曲处的中心钢丝上 12 个相邻节点的接触切应力,绘制其随张拉过程的变化曲线,如图 5.34 所示。从图中可以看出,在张拉过程中,侧丝与中丝之间不一定全程都会发生摩擦接触,而且当发生接触摩擦时,接触点的切应力较大,周围节点的接触切应力下降速度较快。而在同一个节点位置处,随着荷载的增大,接触切应力会发生转向,这可能是在较大荷载下,钢丝之间发生错动引起的。当张拉力达到 78 kN 时,接触切应力发生巨大波动,说明钢丝在此时已经达到屈服强度,发生失效。

5.5　拉索-节点副摩擦滑移系数取值研究

对于弦支穹顶结构而言,除了拉索内部的内力分布及传递规律是结构设计分析时要考虑的因素外,拉索与节点间的摩擦滑移现象更是影响结构整体力学性能的关键因素。因此,对拉索-节点副间的摩擦滑移行为开展参数化数值模拟分析,厘清各项因素对摩擦滑移行为的影响规律,并总结归纳出摩擦滑移系数的取值方法是非常有必要的。弦支穹顶结构中的拉索-节点副主要受张拉力、拉索捻距、索段夹角等因素的影响。因此,本节选取以上 3 个参数,分析其对摩擦滑移系数的影响规律,为实际工程中的摩擦滑移系数取值提供理论基础。

5.5.1　摩擦滑移系数计算方法

目前,在拉索摩擦滑移的研究中往往通过假定摩擦系数来分析,然而摩擦系数的取值大多借鉴钢-钢接触副、钢-聚四氟乙烯接触副等的摩擦系数,与材料的本身特性相关。现代摩擦学研究表明摩擦滑移系数是与多参数相关的复杂参数,并且拉索内部、拉索与索撑节点间的接触状态远比传统意义上固体表面间的接触摩擦复杂。本节引入摩擦滑移系数这一概念,表示整个张拉过程中拉索-节点接触副的摩擦滑移情况及预应力损失情况,并采用库伦定律计算摩擦滑移系数,展开拉索-节点接触副的摩擦滑移系数取值研究。如图 5.35 所示为一典型的拉索-节点副,借鉴库伦定律定义的拉索-节点副摩擦滑移系数,其表达式为

$$\mu = \frac{f}{N} \tag{5.10}$$

$$N = (T_1 + T_2) \times \cos\frac{\omega}{2} \tag{5.11}$$

$$f = (T_1 - T_2) \times \sin\frac{\omega}{2} \tag{5.12}$$

式中　μ——摩擦滑移系数;

f——摩擦力,按式(5.11)计算;

N——正压力,按式(5.12)计算;

T_1——张拉端拉力;

T_2——固定端索力;

ω——索段夹角。

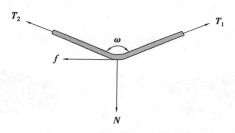

图 5.35 拉索-节点副受力简图

5.5.2 参数化分析

1)张拉力对摩擦滑移系数的影响

以 11D 捻距、135°索段夹角为参考,提取摩擦滑移系数随张拉过程的变化曲线,如图 5.36 所示,张拉力小于 24 kN 时,摩擦滑移系数随张拉力线性变化;当张拉力大于 24 kN、小于 51 kN 时,摩擦滑移系数进入稳定期,大致为 0.30 ~ 0.313,在 39 kN 时达到最大值 0.313;当张拉力增至 51 kN 后,摩擦滑移系数开始下降,但张拉力增至 66 kN 时,摩擦滑移系数呈上升趋势。以上现象说明摩擦滑移系数与张拉力相关性较强。

图 5.36 反映出的摩擦滑移系数随张拉力的变化关系是较为复杂的,这主要是摩擦滑移系数受接触体表面的接触状态、应力状态和塑性应变等诸多因素的影响,而这些因素与张拉力息息相关。因此,为了进一步分析其中的原因,以拉索内部每根钢丝接触点为 0°,逆时针提取拉索弯曲中段截面处,各根钢丝在张拉力为 24,39,51,66 kN 时的等效应力曲面,如图 5.37 所示,等效应力的提取路径示意图,如图 5.38 所示。

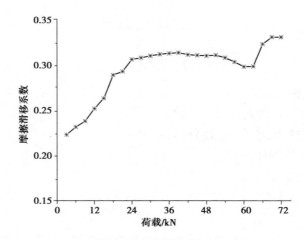

图 5.36　摩擦滑移系数随张拉过程变化曲线

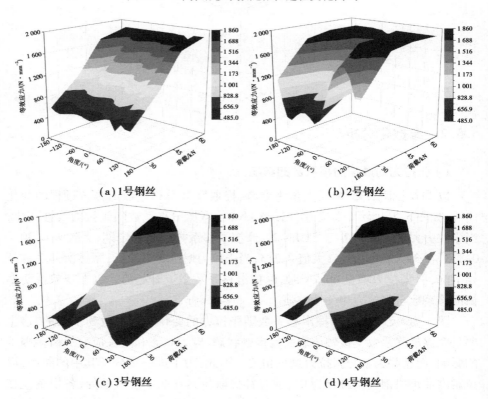

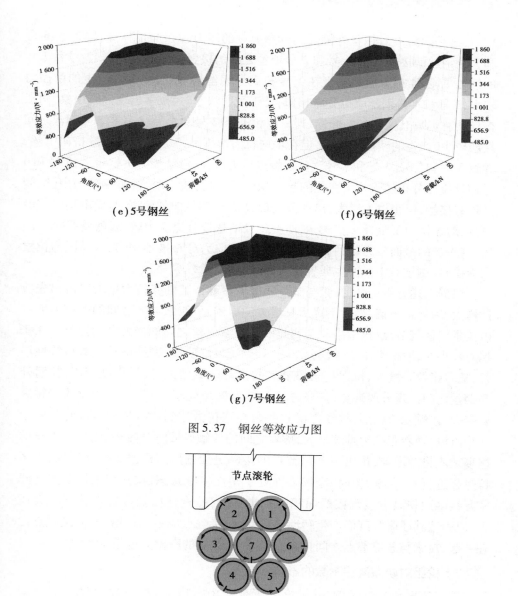

(e) 5号钢丝　　　　　　　　　　　　　　(f) 6号钢丝

(g) 7号钢丝

图 5.37　钢丝等效应力图

注: 将侧丝与中丝的接触点视为0°。

图 5.38　等效应力提取路径示意图

结合图 5.37 和图 5.38 可以看出,各根钢丝的等效应力随张拉力的增大而增大,但其应力变化规律有所不同。1 号钢丝在不同荷载级下的应力分布都较均匀,这是因为 1 号钢丝外侧受到索撑节点的压力,同时内侧受到与 2 号、6 号和 7 号钢丝的接触约束;1 号和 2 号钢丝之间的接触比 2 号和 3 号、2 号和 7 号的接触更剧烈,最大应力发生在 1 号和 2 号钢丝接触处,该位置产生的摩擦力较大;3 号和 4 号钢丝应力分布相似,处于受弯状态时,拉索出现分股现象,两根钢丝均有远离其他侧丝的倾向,即 2 号和 3 号、3 号和 4 号、4 号和 5 号钢丝之间接触较少,产生的摩擦力较小,但在轴向拉力作用下,3 号和 4 号钢丝挤向中丝,导致 3 号和 7 号、4 号和 7 号钢丝接触点应力较大,对摩擦力贡献较大;5 号和 6 号钢丝应力分布随张拉力变化的趋势相似,张拉力较小时,两根钢丝与中丝、侧丝均有接触,但张拉力增大,出现分股现象,6 号钢丝向外脱离,与周围钢丝接触减少,对摩擦力贡献较小;7 号和 1 号、2 号钢丝接触点应力较高,随着张拉力的增大,中丝的截面应力达到屈服强度,侧丝的应力分布极不均匀,这是因为拉索在受拉时,侧丝对中丝产生握裹效应,此区域摩擦力增大。

根据上述分析可知,拉索与节点间摩擦滑移系数随张拉力增大呈现出先线性增大、后保持平衡、然后下降后又增大的原因是:拉索与节点间的摩擦力大致由拉索整体与节点、拉索中丝与侧丝以及拉索侧丝之间的接触共同提供。在张拉力较小时,摩擦力由 3 个部分组成,均处于发展阶段,摩擦滑移系数呈线性增长;随着张拉力增大,拉索与索撑节点的接触区域增大,接触程度变深,拉索外侧钢丝之间出现分股现象,侧丝之间的接触区域变小,而侧丝与中丝的接触区域变大,接触变得剧烈,故摩擦滑移系数在张拉力达到 24 kN 后一段时间处于平稳阶段;随着张拉力继续增大,侧丝之间的接触区域将会减小、侧丝对中丝的握裹效应将会增强,拉索与索撑节点的接触更加剧烈。根据摩擦学原理,当张拉过程进行到一定阶段时,摩擦表面处于塑性接触状态,拉索与索撑节点之间实际接触面积只占表观接触面积的一小部分,拉索弯曲处接触点受到较大压力,应力达到屈服强度而产生塑性变形,此时接触点应力不再增加,而接触点汇在一起,拉索与索撑节点之间接触面积扩大,产生的摩擦力也相应增大。

2)捻距对摩擦滑移系数的影响

以索段夹角 135°为例,分析捻距分别为 $10D,11D,12D,13D,14D$ 5 种情况下的摩擦滑移系数。如图 5.39 所示为摩擦滑移系数随张拉力、捻距的三维变化曲线,图中任一条连续曲线是根据 5 种捻距拉索在相同张拉力时的摩擦滑移系数绘制形成的。根据各条曲线在图 5.39 中的"摩擦滑移系数 μ"平面上的投影可以看出,当张拉力相同时,各曲线上 5 组拉索的摩擦滑移系数的投影点基本能够重合,说明捻距变化引起的拉索摩擦滑移系数变异性不大,即捻距对摩擦滑移系数的影响较小。同时,观察各条曲线的投影点随张拉力的变化规律,可以发现与前一节相同的规律,即随着张拉力的增大,摩擦滑移系数先增大后保持稳定。

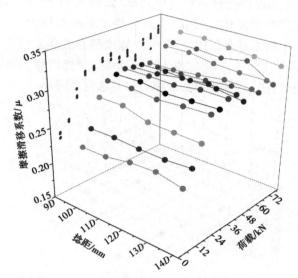

图 5.39　不同捻距的摩擦滑移系数变化图

　　为了进一步明确拉索捻距对其与节点接触状态的影响规律,提取不同捻距时节点上的接触应力云图,如图 5.40 所示。理论上,拉索捻距不同会造成拉索在相同长度内绕捻圈数不同,从而影响拉索与节点间的接触状态。但观察图 5.40 发现,不同捻距的拉索与节点的接触区域变化不大,分析其原因是拉索绕过节点时会因为自身的螺旋结构产生自转现象,拉索与节点间的接触区域具有随机性,但总体差别不大。根据这一现象也可以推测出不同捻距的拉索内部接触状态也相差不大,因此,摩擦滑移系数受捻距影响较小。

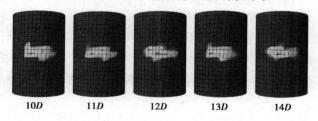

图 5.40　不同捻距下索撑节点的接触应力分布图(T=72 kN)

3)索段夹角对摩擦滑移系数的影响

以捻距 12D 作为参考,考察索段夹角分别为 $120°,125°,130°,135°,140°$ 和 $145°$ 这 6 种情况下的摩擦滑移系数变化规律,如图 5.41 所示。从图 5.41 中可以看出,各曲线在"摩擦滑移系数 μ"平面上的投影相差较大,说明摩擦滑移系数受索段夹角的影响明显。张拉过程中,摩擦滑移系数随索段夹角的增大总体呈下降趋势,下降率为 5% ~ 10%,张拉力较小时,摩擦滑移系数随索段夹角的增大下降趋势明显,张拉力较大时,摩擦滑移系数变化较小。

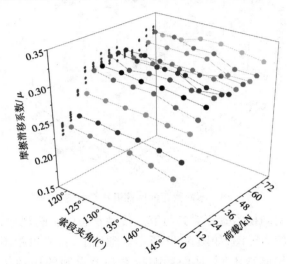

图 5.41 不同索段夹角的摩擦滑移系数变化图

5.5.3 摩擦滑移系数取值方法

通过张拉力、索段夹角和捻距对摩擦滑移系数的影响规律的研究可知,张拉力和索段夹角对摩擦滑移系数有明显影响,而捻距对摩擦滑移系数的影响较小。综合考虑张拉力和索段夹角对摩擦滑移系数的影响,如图 5.42 所示为摩擦滑移系数等高线图。在索段夹角较小、张拉力较大时,摩擦滑移系数最大可达到 0.330;在张拉力和索段夹角共同作用下,摩擦滑移系数大部分处于 0.303 ~ 0.317。

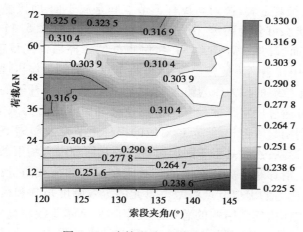

图 5.42　摩擦滑移系数等高线图

5.6　拉索-索撑节点副等效摩擦单元研发

利用计算机仿真技术研究拉索的摩擦滑移对弦支穹顶结构性能的影响是目前最为广泛和有效的一种方法。如何建立最为接近实际结构的精确数值模型,一直以来都是国内外学者研究的热点。而在弦支穹顶结构数值分析中,如何模拟拉索摩擦滑移直接影响着理论分析的效率和精度。近年来,研究者们提出了众多模拟拉索摩擦滑移的方法。但目前模拟拉索摩擦滑移均是通过间接的等效方法,需要大量的迭代计算,不具普适性。因此,开发不需要反复迭代计算的摩擦单元,精确模拟弦支穹顶结构在施工阶段的拉索摩擦滑移是准确评估结构性能的重要环节。

5.6.1　三维等效摩擦单元的理论推导研究方案

摩擦问题是一个复杂的高度非线性问题,传统的接触模拟基于单元的静力刚度矩阵,需大量反复迭代运算,通常仅用于模拟细部接触问题。因此,为了实现结构体系的摩擦效应分析,并提高运算效率,应避开求解摩擦单元繁杂的静力刚度系数,找出摩擦单元在固定、滑移和分离状态下的几何位移、接触内力等状态特征,并从摩擦效应的宏观特性上构建相应的状态约束方程。

采用张拉环索方式对弦支穹顶结构施加预应力时,拉索穿过撑杆下节点后通过相对滑移将预应力传递给相邻索段,环索与撑杆下节点接触模型图如图

5.43 所示。从细观上看,拉索与撑杆下节点间是属于面-面接触的高度非线性问题,其接触状态可分为固定、滑移和分离 3 种[77-79],如图 5.44 所示。但对于结构整体分析而言,并不需要关心在接触点处的摩擦损失能量耗散,只需把握主动张拉体系中拉索内力的传递途径,可将节点内部的工作机理处理成一个黑箱子,将主动张拉端的拉力作为输入量,而将相邻索段、撑杆等的内力作为输出量。鉴于此,可通过设定摩擦单元的节点位移和单元内力为未知量,首先根据其受力特征,利用索段上相邻节点、对应的撑杆上节点及斜索节点间的几何关系建立局部坐标系;然后基于不同接触状态的几何和内力约束条件分别推导摩擦单元在固定、滑移和分离状态下的等效刚度矩阵和荷载向量;接着通过引入存储摩擦单元内力的虚拟节点将摩擦单元的等效刚度矩阵和荷载向量统一成有限元格式,进而组集到结构的总体刚度矩阵和总体荷载向量中,最终实现弦支穹顶结构考虑摩擦的有限元分析。由于此计算过程中只需对摩擦单元的接触状态进行判别而不需要进行索单元内力与摩擦力之间的平衡迭代,相比文献[22]、文献[43]中的方法迭代计算量大为减小。本节将根据结构施工阶段的摩擦行为特征,推导静力摩擦的有限单元格式来准确考虑摩擦效应的影响。

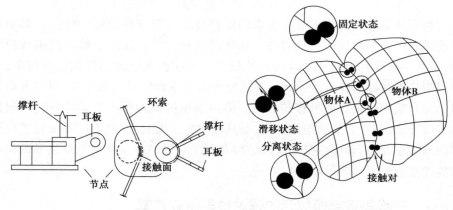

图 5.43　环索与撑杆下节点接触模型图　　　图 5.44　面-面接触

5.6.2　三维等效摩擦单元的理论推导过程

1)局部坐标系与整体坐标系的转换

弦支穹顶结构环索与撑杆下节点的接触细部图,如图 5.45 所示。在承受外荷载前,节点 1 与节点 2 在几何上是重合的,仅为了便于问题的描述,将撑杆下节点分为与环索接触部分(节点 1)和与撑杆接触部分(节点 2);节点 3、4 为所研究的撑杆下节点相邻的两个节点。

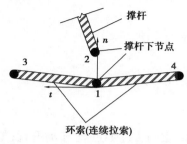

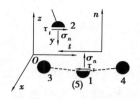

图 5.45　撑杆下节点与环索接触细部图　　图 5.46　三维等效摩擦单元

连续拉索在索撑节点处绕撑杆下节点滑移,为点-线接触问题,三维等效摩擦单元建立在节点 1 与节点 2 之间,如图 5.46 所示。单元内将存在沿拉索法向 n(对角线方向)的内力 σ_n 与沿切向 t 的内力 τ_t。该单元由 5 个节点组成并一起组成局部坐标系,而在整体坐标系下节点 1～节点 4 的坐标依次为 (x_1,y_1,z_1)、(x_2,y_2,z_2)、(x_3,y_3,z_3)、(x_4,y_4,z_4),前 4 个节点分别对应接触细部图中的 4 个节点,第 5 个节点(节点 5)为虚拟节点,用以存储三维等效摩擦单元的内力。虚拟节点 5 的坐标可任意设定,本书设置为与节点 1 相同的坐标值。

以相邻段拉索夹角的角平分线方向(法向压力的方向)为 n 轴;以拉索在节点 1 处的切线方向(摩擦力的方向)为 t 轴,按右手螺旋定则建立三维等效摩擦单元的局部坐标系,在单元内部规定以使 1、2 节点远离的内力方向为正(类似于杆单元以受拉为正,受压为负)。现通过求得法向量 n 与切向量 t 的方向余弦来完成局部坐标系向整体坐标系的转换。

(1)n 沿 3 个方向的方向余弦

设 e_{13},e_{14} 表示沿节点 1、3 和节点 1、4 方向的单位向量,见式(5.13)、式(5.14)。众所周知,一条直线在另一条直线上的投影为此直线乘以两直线间的夹角的余弦(方向余弦)。设法向向量 n 沿 x 轴、y 轴、z 轴正方向的方向余弦分别为 l_n,m_n,n_n,可求得 3 个方向的方向余弦,见式(5.15)至式(5.18)。

$$e_{13}=\frac{\begin{bmatrix} x_3-x_1 & y_3-y_1 & z_3-z_1 \end{bmatrix}}{\sqrt{(x_3-x_1)^2+(y_3-y_1)^2+(z_3-z_1)^2}} \tag{5.13}$$

$$e_{14}=\frac{\begin{bmatrix} x_4-x_1 & y_4-y_1 & z_4-z_1 \end{bmatrix}}{\sqrt{(x_4-x_1)^2+(y_4-y_1)^2+(z_4-z_1)^2}} \tag{5.14}$$

$$n=e_{13}+e_{14} \tag{5.15}$$

$$l_n = \frac{\boldsymbol{n}}{\sqrt{\boldsymbol{nn}^{\mathrm{T}}}} \begin{bmatrix} 1 & 0 & 0 \end{bmatrix}^{\mathrm{T}} \tag{5.16}$$

$$m_n = \frac{\boldsymbol{n}}{\sqrt{\boldsymbol{nn}^{\mathrm{T}}}} \begin{bmatrix} 0 & 1 & 0 \end{bmatrix}^{\mathrm{T}} \tag{5.17}$$

$$n_n = \frac{\boldsymbol{n}}{\sqrt{\boldsymbol{nn}^{\mathrm{T}}}} \begin{bmatrix} 0 & 0 & 1 \end{bmatrix}^{\mathrm{T}} \tag{5.18}$$

（2）$\boldsymbol{t}$ 沿 3 个方向的方向余弦

切向量 $\boldsymbol{t}$ 满足：在节点 1,3,4 围成的平面上；过 1 点且与 $\boldsymbol{n}$ 垂直；规定 $\boldsymbol{t}$ 方向与 $\boldsymbol{n}$ 逆时针旋转 90°的方向一致。从上述 3 个方面最终可求得 $\boldsymbol{t}$ 沿 3 个方向的方向余弦。由空间解析几何的内容可知，经过点 1,3,4 的平面方程见式（5.19）；设法向向量 $\boldsymbol{n}$ 在整体坐标系下的坐标为 (x_n, y_n, z_n)，则过点 1 且与 $\boldsymbol{n}$ 垂直的平面方程见式（5.20）；联立式（5.19）与式（5.20）可得，切向向量 $\boldsymbol{t}$ 所在的直线，将 x_3, x_4 分别代入直线方程，分别求得与 3 点 x 坐标相同的位于切向向量 $\boldsymbol{t}$ 直线上的点 $[a, b, c]$，与 4 点 x 坐标相同的位于切向向量 $\boldsymbol{t}$ 直线上的点 $[d, e, f]$，设切向向量 $\boldsymbol{t}$ 沿 x 轴、y 轴、z 轴正方向的方向余弦分别为 l_t, m_t, n_t，可求得 3 个方向的方向余弦，见式（5.21）至式（5.24）。

$$\begin{vmatrix} 1 & x & y & z \\ 1 & x_3 & y_3 & z_3 \\ 1 & x_4 & y_4 & z_4 \\ 1 & x_1 & y_1 & z_1 \end{vmatrix} = 0 \tag{5.19}$$

$$x_n(x-x_1) + y_n(y-y_1) + z_n(z-z_1) = 0 \tag{5.20}$$

$$\boldsymbol{t} = [a, b, c] - [d, e, f] \tag{5.21}$$

$$l_t = \frac{\boldsymbol{t}}{\sqrt{\boldsymbol{tt}^{\mathrm{T}}}} \begin{bmatrix} 1 & 0 & 0 \end{bmatrix}^{\mathrm{T}} \tag{5.22}$$

$$m_t = \frac{\boldsymbol{t}}{\sqrt{\boldsymbol{tt}^{\mathrm{T}}}} \begin{bmatrix} 0 & 1 & 0 \end{bmatrix}^{\mathrm{T}} \tag{5.23}$$

$$n_t = \frac{\boldsymbol{t}}{\sqrt{\boldsymbol{tt}^{\mathrm{T}}}} \begin{bmatrix} 0 & 0 & 1 \end{bmatrix}^{\mathrm{T}} \tag{5.24}$$

2）等效内力-荷载方程

与传统有限元分析不同，除了单元位移外，三维等效摩擦单元的主要未知量也包括单元内力[79]，单元在局部坐标系下沿法向和切向的内力组成的向量记为 $\boldsymbol{\sigma} = \{\sigma_n, \tau_t\}^{\mathrm{T}}$，节点荷载在整体坐标系下的表达形式记为 $\boldsymbol{A} = \{F_{1x}, F_{1y},$

F_{1z}，F_{2x}，F_{2y}，$F_{2z}\}^{\mathrm{T}}$。根据静力平衡关系对节点 1，2 处进行受力分析，并通过第 1 小节中对局部坐标系的转换方法，可得到式(5.25)和式(5.26)。将式(5.25)与式(5.26)统一成矩阵形式，并引入矩阵 $\boldsymbol{B}$[式(5.27)]储存 $\boldsymbol{n}$ 与 $\boldsymbol{t}$ 沿 3 个方向的方向余弦，可得式(5.28)。考虑实际在节点处是无外荷载的，则向量 $\boldsymbol{A} = \{0, 0, 0, 0, 0, 0\}^{\mathrm{T}}$。

$$\begin{cases} F_{1x} + \sigma_n l_n + \tau_t l_t = 0 \\ F_{1y} + \sigma_n m_n + \tau_t m_t = 0 \\ F_{1z} + \sigma_n n_n + \tau_t n_t = 0 \end{cases} \tag{5.25}$$

$$\begin{cases} F_{2x} - \sigma_n l_n - \tau_t l_t = 0 \\ F_{2y} - \sigma_n m_n - \tau_t m_t = 0 \\ F_{2z} - \sigma_n n_n - \tau_t n_t = 0 \end{cases} \tag{5.26}$$

$$B^{\mathrm{T}} = \begin{Bmatrix} (B_1)^{\mathrm{T}} \\ (B_2)^{\mathrm{T}} \end{Bmatrix} = \begin{bmatrix} -l_n & -m_n & -n_n & l_n & m_n & n_n \\ -l_t & -m_t & -n_t & l_t & m_t & n_t \end{bmatrix} \tag{5.27}$$

$$\boldsymbol{B} \cdot \boldsymbol{\sigma} = \boldsymbol{A} \tag{5.28}$$

如图 5.44 所示，环索与撑杆下节点接触状态有固定、分离和滑移 3 种。容易理解，当处于固定状态时，三维等效摩擦单元的节点 1 和节点 2 沿 n 轴相对位移 Δu_n^i(上标 i 表示所在荷载步，下同)和沿 t 轴的相对位移 Δv_t^i 均为 0；当处于分离状态时，法向内力 $\sigma_n^i = N$，切向内力 $\tau_t^i = T$；当处于滑移状态时，节点 1 和节点 2 沿 n 轴的相对位移 Δu_n^i 为 0，单元的切向内力 $\tau_t^i = T$。因此，等效摩擦单元所处的状态由单元节点位移与单元内力共同决定，为方便后文统一分析，将单元位移列阵 $U^i = \{u_1^i, v_1^i, w_1^i, u_2^i, v_2^i, w_2^i\}^{\mathrm{T}}$(下标表示所在的节点编号，$u,v,w$ 分别为沿 x,y,z 3 个方向的位移)与单元内力列阵 $\sigma^i = \{\sigma_n^i, \tau_t^i\}^{\mathrm{T}}$ 统一在一起，分析等效摩擦单元的内力-荷载平衡方程。

(1)固定状态

等效摩擦单元的内力-荷载方程均为式(5.28)，由于固定状态时单元沿法向与切向的内力均未知，因此不对式(5.28)作处理，仅将内力列阵 $\boldsymbol{\sigma}^i$ 项扩展为 $\{\boldsymbol{U}^i, \boldsymbol{\sigma}^i\}^{\mathrm{T}}$，相应的等效内力-荷载方向变为式(5.29)。

$$\{[\boldsymbol{0}]_{6 \times 6}, \boldsymbol{B}_{6 \times 2}\} \cdot \begin{Bmatrix} \boldsymbol{U}^i \\ \boldsymbol{\sigma}^i \end{Bmatrix} = \boldsymbol{B} \cdot \boldsymbol{\sigma}^i = A = \{\boldsymbol{0}\}_{6 \times 1} \tag{5.29}$$

(2)分离状态

对分离状态，将内力平衡条件 $\sigma_n^i = N$，$\tau_t^i = T$ 代入式(5.28)，得

$$\boldsymbol{B} \cdot \{N, T\}^{\mathrm{T}} = \{\boldsymbol{0}\}_{6 \times 1} \tag{5.30}$$

同样地，为了保证格式统一，保留 $\begin{Bmatrix} \boldsymbol{U}^i \\ \boldsymbol{\sigma}^i \end{Bmatrix}$ 项，将式(5.30)的右侧项 $\{\boldsymbol{0}\}_{6 \times 1}$ 写

成 $\{\boldsymbol{0}\}_{6 \times 1} = [\boldsymbol{0}]_{6 \times 8} \cdot \begin{Bmatrix} \boldsymbol{U}^i \\ \boldsymbol{\sigma}^i \end{Bmatrix}$，同时将内力已知项移至等式右边，则式(5.30)变为式

(5.31)。

$$[\boldsymbol{0}]_{6 \times 8} \cdot \begin{Bmatrix} \boldsymbol{U}^i \\ \boldsymbol{\sigma}^i \end{Bmatrix} = \boldsymbol{B} \cdot \{N, T\}^{\mathrm{T}} \tag{5.31}$$

(3)滑移状态

将滑移状态的内力平衡条件 $\tau_t^i = T$ 代入式(5.28)得

$$\boldsymbol{B} \cdot \{\sigma_n^i, T\}^{\mathrm{T}} = \{\boldsymbol{0}\}_{6 \times 1} \tag{5.32}$$

即

$$\{\boldsymbol{B}_1, \boldsymbol{B}_2\} \cdot \{\sigma_n^i, T\}^{\mathrm{T}} = \boldsymbol{B}_1 \sigma_n^i + \boldsymbol{B}_2 T = \{\boldsymbol{0}\}_{6 \times 1} \tag{5.33}$$

将内力已知的带内力 T 的项移至等式右边，得

$$\boldsymbol{B}_1 \sigma_n^i = -\boldsymbol{B}_2 T \tag{5.34}$$

与式(5.29)和式(5.31)类似，保留 $\begin{Bmatrix} \boldsymbol{U}^i \\ \boldsymbol{\sigma}^i \end{Bmatrix}$ 项，将 $\boldsymbol{B}_1 \sigma_n^i$ 项写成 $\boldsymbol{B}_1 \sigma_n^i =$

$\{[\boldsymbol{0}]_{6 \times 6}, [\boldsymbol{B}_1 \quad \{\boldsymbol{0}\}_{6 \times 1}]\} \cdot \begin{Bmatrix} \boldsymbol{U}^i \\ \boldsymbol{\sigma}^i \end{Bmatrix}$，则式(5.34)变成式(5.35)。

$$\{[\boldsymbol{0}]_{6 \times 6}, [\boldsymbol{B}_1 \quad \{\boldsymbol{0}\}_{6 \times 1}]\} \cdot \begin{Bmatrix} \boldsymbol{U}^i \\ \boldsymbol{\sigma}^i \end{Bmatrix} = -\boldsymbol{B}_2 T \tag{5.35}$$

式(5.29)、式(5.31)、式(5.35)则为等效摩擦单元分别在固定、分离、滑移状态时的等效内力-荷载方程。

3)等效状态约束方程

由前述分析可知，三维等效摩擦单元的接触状态是由节点 1、2 沿局部坐标轴的位移 $\boldsymbol{U}^i$ 和单元内力 $\boldsymbol{\sigma}^i$ 共同决定的，且任一接触状态都由 2 个约束条件确定。因此，三维等效摩擦单元的等效状态约束方程可统一写成式(5.36)的形式，其中，$\boldsymbol{R}$ 是约束矩阵，λ_1，λ_2 是对应接触状态下的 2 个位移和(或)内力约束值，取值与上一荷载步(上标 $i-1$ 表示上一荷载步)三维等效摩擦单元的接触状态有关，具体取值见表 5.6[79]。

$$\boldsymbol{R} \cdot \begin{bmatrix} \boldsymbol{U}^i \\ \boldsymbol{\sigma}^i \end{bmatrix} = \begin{Bmatrix} \lambda_1 \\ \lambda_2 \end{Bmatrix} \tag{5.36}$$

表 5.6　不同接触状态下的约束值

荷载步 $i-1$	固定	分离	滑移
固定	$\lambda_1 = u_n^{i'} = 0$	$\lambda_1 = N = -\sigma_n^{i-1}$	$\lambda_1 = u_n^{i'} = f^i - \tau_t^{i-1}$
	$\lambda_2 = v_t^{i'} = 0$	$\lambda_2 = T = -\sigma_t^{i-1}$	$\lambda_2 = T = 0$
分离	$\lambda_1 = u_n^{i'} = -u_n^{i-1}$	$\lambda_1 = N = 0$	$\lambda_1 = u_n^{i'} = -u_n^{i-1}$
	$\lambda_2 = v_t^{i'} = v_t^i \left\| \dfrac{u_n^{i-1}}{u_n^i} \right\|$	$\lambda_2 = T = 0$	$\lambda_2 = T = f^i$
滑移	$\lambda_1 = u_n^{i'} = 0$	$\lambda_1 = N = -\sigma_n^{i-1}$	$\lambda_1 = u_n^{i'} = f^i - \tau_t^{i-1}$
	$\lambda_2 = v_t^{i'} = 0$	$\lambda_2 = T = -\sigma_t^{i-1}$	$\lambda_2 = T = 0$

　　表中,$u_n^{i'}$ 为法向位移变量,$v_t^{i'}$ 为切向位移变量,N 为法向内力,T 为切向内力,f^i 为接触对间最大静摩擦力,在滑移状态下,其与上一荷载步的切向内力 τ_t^{i-1} 共同决定 T,f^i 的计算式为

$$f^i = \begin{cases} \mu \left| \sigma_n^i \right| & \sigma_t^i \geqslant 0 \\ -\mu \left| \sigma_n^i \right| & \sigma_t^i < 0 \end{cases} \tag{5.37}$$

式中　μ——接触对间的摩擦系数,根据第 1 小节局部坐标系与整体坐标系的
　　　　转换关系和表 5.6,可分别求得 3 种状态下的等效状态约束矩阵
　　　　$\boldsymbol{R}$,固定、分离和滑移 3 种状态下等效状态约束方程分别为

$$\{\boldsymbol{B}^{\mathrm{T}},\quad [\boldsymbol{0}]_{2\times2}\} \cdot \begin{Bmatrix} \boldsymbol{U}^i \\ \boldsymbol{\sigma}^i \end{Bmatrix} = \begin{Bmatrix} \Delta u_n^i \\ \Delta v_t^i \end{Bmatrix} = \begin{Bmatrix} u_n^{i'} \\ v_t^{i'} \end{Bmatrix} = \begin{Bmatrix} 0 \\ 0 \end{Bmatrix} \tag{5.38}$$

$$\{[\boldsymbol{0}]_{2\times6},\quad \boldsymbol{E}_{2\times2}\} \cdot \begin{Bmatrix} \boldsymbol{U}^i \\ \boldsymbol{\sigma}^i \end{Bmatrix} = \begin{Bmatrix} \sigma_n^i \\ \tau_t^i \end{Bmatrix} = \begin{Bmatrix} N \\ T \end{Bmatrix} \tag{5.39}$$

其中,$\boldsymbol{E}_{2\times2}$ 为单元矩阵。

$$\{\boldsymbol{C}_{2\times6}, \boldsymbol{D}_{2\times2}\} \cdot \begin{Bmatrix} \boldsymbol{U}^i \\ \boldsymbol{\sigma}^i \end{Bmatrix} = \begin{Bmatrix} \Delta u_n^i \\ \tau_t^i \end{Bmatrix} = \begin{Bmatrix} 0 \\ T \end{Bmatrix} \tag{5.40}$$

其中,$\boldsymbol{C}_{2\times6} = \begin{bmatrix} (\boldsymbol{B}_1)^{\mathrm{T}} \\ \{\boldsymbol{0}\}_{1\times6} \end{bmatrix}$,$\boldsymbol{D}_{2\times2} = \begin{bmatrix} 0 & 0 \\ 0 & 1 \end{bmatrix}$。

4)等效平衡方程

将固定、分离和滑移状态下的等效内力-荷载方程和等效状态约束方程分别组装到一个方程中,便得到单元的等效平衡方程。方程中的未知量除了节点位移外还有单元内力,为了使其与一般的有限元方程格式相同,用前文的虚拟节点5沿 x 向、y 向位移来存储三维等效摩擦单元沿法向和切向的内力。

以固定状态为例,将其等效内力-荷载方程[式(5.29)]与等效状态约束方程[式(5.38)]组装成整体形成等效平衡方程,如式(5.41)所示,整理后得式(5.42)。式(5.42)中的 $\begin{bmatrix} [\boldsymbol{0}]_{6\times6} & \boldsymbol{B} \\ \boldsymbol{B}^{\mathrm{T}} & [\boldsymbol{0}]_{2\times2} \end{bmatrix}$ 即为固定状态的等效刚度矩阵 $\boldsymbol{K}_1$,$\{\boldsymbol{0}\}_{8\times1}$ 即为其等效荷载列阵 $\boldsymbol{F}_1$。

$$\left[\begin{array}{c|c} [\boldsymbol{0}]_{6\times6} & \boldsymbol{B}_{6\times2} \\ \hline [\boldsymbol{B}^{\mathrm{T}}]_{2\times6} & [\boldsymbol{0}]_{2\times2} \end{array}\right] \cdot \left\{\begin{array}{c} \boldsymbol{U}^i \\ \boldsymbol{\sigma}^i \end{array}\right\} = \left\{\begin{array}{c} \{\boldsymbol{0}\}_{6\times1} \\ \{\boldsymbol{0}\}_{2\times1} \end{array}\right\} \tag{5.41}$$

$$\begin{bmatrix} [\boldsymbol{0}]_{6\times6} & \boldsymbol{B} \\ \boldsymbol{B}^{\mathrm{T}} & [\boldsymbol{0}]_{2\times2} \end{bmatrix} \cdot \left\{\begin{array}{c} \boldsymbol{U}^i \\ \boldsymbol{\sigma}^i \end{array}\right\} = \{\boldsymbol{0}\}_{8\times1} \tag{5.42}$$

用同样的处理方式可得到分离状态的等效平衡方程,见式(5.43),其等效刚度矩阵和等效荷载列阵分别为 $\boldsymbol{K}_2 = \begin{bmatrix} [\boldsymbol{0}]_{6\times6} & [\boldsymbol{0}]_{2\times2} \\ [\boldsymbol{0}]_{2\times6} & \boldsymbol{E}_{2\times2} \end{bmatrix}$ 和 $\boldsymbol{F}_2 = \left\{\begin{array}{c} \boldsymbol{B} \cdot \{N,T\}^{\mathrm{T}} \\ \{N,T\}^{\mathrm{T}} \end{array}\right\}_{8\times1}$。

$$\begin{bmatrix} [\boldsymbol{0}]_{6\times6} & [\boldsymbol{0}]_{2\times2} \\ [\boldsymbol{0}]_{2\times6} & \boldsymbol{E}_{2\times2} \end{bmatrix} \cdot \left\{\begin{array}{c} \boldsymbol{U}^i \\ \boldsymbol{\sigma}^i \end{array}\right\} = \left\{\begin{array}{c} \boldsymbol{B} \cdot \{N,T\}^{\mathrm{T}} \\ \{N,T\}^{\mathrm{T}} \end{array}\right\}_{8\times1} \tag{5.43}$$

同理,滑移状态的等效平衡方程见式(5.44),对应的等效刚度矩阵和等效荷载列阵为 $\boldsymbol{K}_3 = \begin{bmatrix} [\boldsymbol{0}]_{6\times6} & \boldsymbol{B}_1 & \{\boldsymbol{0}\}_{6\times1} \\ \boldsymbol{C}_{2\times6} & \boldsymbol{D}_{2\times2} \end{bmatrix}$ 和 $\boldsymbol{F}_3 = \left\{\begin{array}{c} -\boldsymbol{B}_2 T \\ \{0,T\}^{\mathrm{T}} \end{array}\right\}_{8\times1}$。

$$\begin{bmatrix} [\boldsymbol{0}]_{6\times6} & \boldsymbol{B}_1 & \{\boldsymbol{0}\}_{6\times1} \\ \boldsymbol{C}_{2\times6} & \boldsymbol{D}_{2\times2} \end{bmatrix} \cdot \left\{\begin{array}{c} \boldsymbol{U}^i \\ \boldsymbol{\sigma}^i \end{array}\right\} = \left\{\begin{array}{c} -\boldsymbol{B}_2 T \\ \{0,T\}^{\mathrm{T}} \end{array}\right\}_{8\times1} \tag{5.44}$$

得到等效摩擦单元在3种状态下的等效刚度矩阵与等效荷载列阵后,可将其与结构其他有限单元进行结构总刚组集并进行有限元计算。

5.6.3 等效摩擦单元数值验证

为了验证等效摩擦单元的适用性,利用4.4.3节提及的缩尺模型张拉试验数据,选取试验模型的第7圈环索张拉试验结果,验证提出等效摩擦单元的适用性,如图 5.47 所示,在第 7 圈环索的每个索撑节点处均建立等效摩擦单元联结相应的环索节点与撑杆下节点。同时按式(5.45)求解出每个节点处的摩擦力理论值。

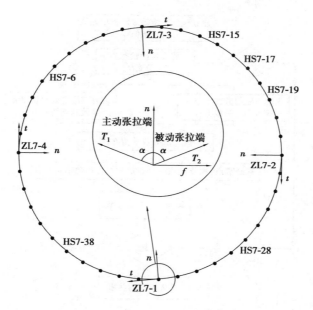

图 5.47 考虑摩擦的环索数值模型

$$\begin{cases} f_{12} = T_1 \cdot \sin\alpha - T_2 \cdot \sin\alpha \\ N_{12} = T_1 \cdot \cos\alpha + T_2 \cdot \cos\alpha \\ f_{12} = \mu N_{12} \end{cases} \quad (5.45)$$

式中 f_{12}——所选节点处的摩擦力;

N_{12}——法向力;

T_1——主动张拉力;

T_2——被动张拉力;

μ——摩擦系数。

利用 Matlab 按照如图 5.48 所示计算流程编制索的数值模型,利用数值模型求得的索力、法向力和摩擦力称为数值解,每一荷载步内的计算是基于上一荷载步摩擦状态已经求得的条件下进行的(节点 1 和节点 2 沿 n、t 轴的相对位移和单元内力),特别地,在第 0 荷载步末所有三维等效摩擦单元的接触状态均为固定,计算时首先假设三维等效摩擦单元处于某种接触状态,再求解三维等效摩擦单元等效内力-荷载方程、等效状态约束方程,并统一成等效平衡方程求解,得一组试验解,按照表5.7进行检查[80],直至检查结果与假设相同即可输出结果。

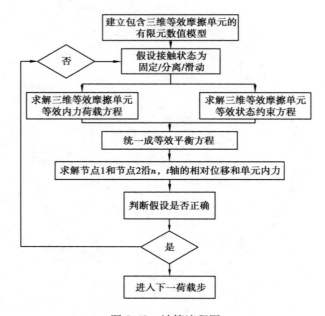

图 5.48　计算流程图

表 5.7　迭代过程试验解检查表

迭代次数 i $i-1$	固定	分离	滑移
固定	$\sigma_n^i<0$ $\sigma_t^i<f^i$	$\sigma_n^i>0$	$\sigma_n^i<0$ $\sigma_t^i>f^i$
分离	$u_n^i<0$	$u_n^i>0$	
滑移	$\sigma_n^i<0$ $(v_t^i-v_t^{i-1})\cdot f^i<0$	$\sigma_n^i>0$	$\sigma_n^i<0$ $(v_t^i-v_t^{i-1})\cdot f^i>0$

　　验证计算过程中将 $\mu=0$,以及滚动式张拉索节点的销轴与滚轮间设置聚四氟乙烯套时 $\mu=0.095$ 两种情况下的主动张拉力 T_1 设置为 10 kN;将张拉试验过程中 4 个张拉点处的实际张拉力为 12.531,10.776,12.517,11.712 kN 时的摩擦系数确定为 0.165[80]。计算结果见表 5.8。对比 $\mu=0$ 和 $\mu=0.095$ 两种情

况下的理论解与数值解,发现计算结果完全相同;对比 μ=0. 165 时,不同张拉点附近索 HS7-28,HS7-19,HS7-15 和 HS7-6 的数值解与试验值,发现相对误差较小,证明提出的三维等效摩擦单元的计算方法具有一定的可靠性。

表 5.8　计算结果对比

摩擦 系数	拉索编号	项目	T/kN	N/kN	f/kN	相对 误差
$\mu=0$	—	理论解	10	1.5	0	—
		数值解	10	1.5	0	
$\mu=0.095$	—	理论解	9.858	1.489	0.142	—
		数值解	9.858	1.489	0.142	
$\mu=0.165$	HS7-28	数值解	11.068	1.681	0.277	4.09%
		试验值	10.633	—	—	
	HS7-19	数值解	10.872	1.651	0.273	5.31%
		试验值	10.324	—	—	
	HS7-15	数值解	11.618	1.764	0.291	1.55%
		试验值	11.441	—	—	
	HS7-6	数值解	9.545	1.45	0.239	2.5%
		试验值	9.785	—	—	

本章小结

本章围绕弦支穹顶结构中的拉索摩擦滑移问题,通过拉索-索撑节点副摩擦滑移张拉试验和精细化数值模拟,对张拉过程拉索内部的力学性能演变规律和拉索与索撑节点间的摩擦滑移系数进行研究;同时根据弦支穹顶结构施工阶段的摩擦行为特征,提出了一种三维等效摩擦单元,建立了该单元的有限分析格式,并通过试验验证了该单元的适用性,为准确考察张拉过程中预应力摩擦损失对结构整体性能的影响提供了理论基础和方法手段。主要结论如下:

①张拉过程中拉索的预应力损失值随张拉力的增大而呈线性增大,随索段夹角的增大而减小;而预应力损失率主要受索段夹角的影响,随索段夹角的增

大而减小,当索段夹角为 $135°,150°,165°$ 时,其对应的损失率分别为 25% ,15% ,5% 。

②张拉过程中拉索内部应力沿其长度和截面圆周方向均表现出明显的不均匀性特征,具体表现为:沿拉索长度方向,不同截面处的应力分布规律不同;沿拉索截面圆周方向,无论处于自然拉伸状态还是弯曲状态,各拉索截面的应力并不是均匀分布的,弯曲段的应力不均匀程度远大于直索段,说明拉索的局部弯曲会加剧拉索截面应力分布的不均匀程度,张拉过程中处于局部弯曲的拉索很有可能提前进入屈服阶段和颈缩阶段,导致结构提前失效。

③在拉索弯曲段,各钢丝之间的接触区域并不是连续的,而是随着侧丝的螺旋绕捻呈分散性、螺旋状分布。在预应力加载初期,中丝与其他钢丝的接触剧烈程度高于与索撑节点相接触的钢丝,但随着荷载的增长,越靠近索撑节点,接触越剧烈。在整个张拉过程中,侧丝与中丝之间不一定全程都会发生摩擦接触,而且当发生摩擦接触时,接触点的切应力较大,周围节点的接触切应力下降速度较快。

④拉索-索撑节点副摩擦滑移系数受张拉力和索段夹角的影响较大,而受捻距的影响较小,随着张拉力的增大,摩擦滑移系数先线性增大,而后进入平稳期,张拉力继续增大,摩擦滑移系数仍有小幅度增大;但随着索段夹角的增大,摩擦滑移系数逐渐降低。在张拉力和索段夹角的共同作用下,摩擦滑移系数大部分处于 0.303 ~ 0.317。

⑤建立一种 5 节点三维等效摩擦单元,根据内力平衡条件,推导出该单元的内力荷载方程,找出单元在固定、分离和滑移状态下的几何位移、接触内力等状态特征;从摩擦效应的宏观特性上构建相应的状态约束方程,将单元的内力荷载方程与状态约束方程统一成等效平衡方程;并通过理论推导、数值计算和张拉试验结果验证了该摩擦单元的适用性。

第6章 预应力随机摩擦损失对弦支穹顶结构整体性能的影响

6.1 概述

弦支穹顶具有结构高效能性的关键在于将预应力设计值准确地施加到结构中去,但在工程实践中发现采用张拉环索施加预应力时会产生明显的预应力摩擦损失。北京工业大学曾针对2008年奥运会羽毛球馆弦支穹顶结构的预应力摩擦损失进行了详细的研究,现场监测发现各圈环索总预应力摩擦损失超过35%,并通过计算得出结构整体稳定承载力下降约15%的结论[47],由此可见,施工阶段产生的预应力摩擦损失将对弦支穹顶的结构性能造成较大影响,甚至威胁结构的安全性。为此,许多学者通过有数值模拟研究了索撑节点处的摩擦损失及其对弦支穹顶结构性能的影响,但目前预应力摩擦损失对结构的影响分析大多停留在定性的层次上,分析方法不同所得出的结论也不同。笔者就曾针对平面型张弦桁架施工过程中的拉索摩擦滑移问题分析了摩擦损失对结构性能的影响,发现摩擦损失对上部结构的内力影响很大。由此可以预见摩擦滑移对弦支穹顶这种更为复杂的三维张弦结构的影响将更为突出。本章对这一问题进行了系统地研究,从而得出其影响的具体量化指标以对结构的安全性能进行准确评估。

此外,就目前常采用的研究方法来看,更多的也是采用理论分析的方法,由于理论分析无法完全模拟结构实际设计与建造过程中可能存在的问题,弦支穹顶结构在广泛推广应用的过程中还需要试验来更为准确地把握结构的力学性能。鉴于索撑体系在弦支穹顶结构中的核心地位以及实际施工与使用阶段中确实存在的预应力摩擦损失,本章基于概率统计原理,开展弦支穹顶结构缩尺模型试验,以具体量化指标对结构的安全性能进行准确评估,探究预应力随机摩擦损失对结构的静力性能影响。

6.2 预应力随机摩擦损失数学模型

预应力是弦支穹顶结构内的核心要素,为准确评估弦支穹顶结构的实际性能,需在结构整体分析中引入预应力误差的影响,当采用张拉环索方式施加预应力时,索撑节点处的摩擦损失是产生预应力误差的主要原因。因此,要精准把握弦支穹顶结构的实际力学性能,需要在结构整体分析中准确引入索撑节点处的摩擦效应,索撑节点处拉索与节点间摩擦滑移系数的准确取值便是首要解决的问题。通过第 5 章的研究,我们已发现弦支穹顶结构索撑节点处的摩擦损失与拉索的内部构造、节点形式、索力以及索段夹角等众多因素有关,在明确的索段夹角、内部构造以及张拉力的前提下,第 5 章虽然给出了索撑节点处摩擦滑移系数的取值方法,但是对于弦支穹顶结构整体而言,由于索撑节点数量较多,并且每个节点处的索段夹角、索力等均不相同,很难用一个相同的、具体的摩擦滑移系数来描述整个结构的预应力摩擦损失,各索撑节点处的摩擦滑移系数都在随机变化。

弦支穹顶结构采用张拉环索方式施加预应力的撑杆下节点,主要分为 3 种形式:固定式撑杆下节点(图 6.1)、滑动式撑杆下节点(图 6.2)、滚动式撑杆下节点(图 6.3)。固定式撑杆下节点不涉及摩擦损失问题,而滑动式与滚动式撑杆下节点由于材质与构造的差异,其摩擦影响将有显著差异。为保证环索拉力的有效传递,实际工程中常用的节点形式大体上有新型滚动式张拉索节点和传统的滑动式张拉索节点,如 2008 年北京奥运会羽毛球馆、济南奥体中心体育馆等弦支穹顶结构均采用了传统的滑动式索撑节点,山东茌平体育馆弦支穹顶则采用了滚动式张拉索撑节点。本节将通过文献调研统计分析目前已建弦支穹顶结构索撑节点处的摩擦系数取值。

图 6.1 固定式撑杆下节点　　图 6.2 滑动式撑杆下节点　　图 6.3 滚动式撑杆下节点

6.2.1　已建工程中摩擦系数取值研究

1）传统滑动式撑杆下节点处摩擦系数

　　王树[19]、秦杰[20]等人对 2008 年奥运会羽毛球馆弦支穹顶结构的环索预应力损失进行了理论分析,得到了各索撑节点处的预应力摩擦损失值;Liu 等人通过模型试验测得了 2008 年奥运会羽毛球馆缩尺模型各圈环索与撑杆下节点处的摩擦系数[81];郭正兴等人对济南奥体中心体育馆弦支穹顶结构张拉全过程进行了施工监控,以磁通量索力计监器测得了张拉过程中各段环索的内力[82];张国发试验研究了某葵花形弦支穹顶结构连续环索与节点间的摩擦问题,分别测得了传统节点和新型节点的预应力摩擦损失[21];苑玉彬等人采用足尺模型试验测得了徐州奥体中心体育场索夹节点的滑移摩擦系数[83]。本节按照式(5.10)至式(5.12)统计出了传统索撑节点处的摩擦系数,其汇总见表 6.1。

表 6.1　滑动式撑杆下节点处摩擦系数 μ 的取值汇总表

工程名称	节点模型图	节点位置	现场监测值（平均值）	试验值	备注
2008 年奥运会羽毛球馆[20][81]		第一圈	0.019	0.110	
		第二圈	0.010	0.192	
		第三圈	0.004	0.157	
		第四圈	0.024	0.115	
		第五圈	0.034	0.198	
济南奥体中心体育馆[82]		内环	0.012	—	
		中环	0.032	—	
		外环	0.036	—	
某葵花形弦支穹顶[21]		第一圈	—	0.178	试验中将滚轮焊死以模拟传统滑动式节点
		第二圈	—	0.146	

续表

工程名称	节点模型图	节点位置	现场监测值（平均值）	试验值	备注
山东茌平体育馆弦支穹顶[69]		节点试验	—	0.199	滚轮焊死以模拟传统滑动式节点
徐州奥体中心体育场[83]		节点1	—	0.123	
		节点2	—	0.126	
		节点3	—	0.129	
		节点4	—	0.130	
		节点5	—	0.130	

从表 6.1 中可以看出,拉索与撑杆下节点间的摩擦系数变异性较大,但呈现一定的规律:由于现场更为复杂,现场监测得到的摩擦系数的变异性比试验得到的更大;摩擦系数与节点所处位置有关,也就是与拉索内力有关,如奥运会羽毛球馆与济南奥体中心体育馆的拉索和撑杆下节点处的摩擦系数由内圈向外圈均逐渐增大,主要原因在于环索由内向外其内力逐渐增大,拉索在较大法向压力下截面形式发生改变;模型试验中得到的摩擦系数较为稳定,且当节点类型相同时其摩擦系数均在 0.11~0.20 范围内变化。

2)新型滚动式撑杆下节点处摩擦系数

滚动式撑杆下节点用滚动摩擦代替传统的滑动摩擦,可有效减小拉索与撑杆下节点间的摩擦系数。课题组曾对山东茌平体育馆弦支穹顶结构所采用的滚动式张拉索节点开展试验研究,得到了该节点处的摩擦系数[69],其平均值为0.165,见表 6.2。与此同时,浙江大学张国发也通过试验模型测出了滚动式撑杆下节点处的摩擦系数[21]。

表 6.2　新型滚动式撑杆下节点处摩擦系数取值汇总表

工程名称	节点模型图	摩擦系数	
山东茌平体育馆弦支穹顶		销轴与滚轮间不设聚四氟乙烯套	0.165
		销轴与滚轮间设置聚四氟乙烯套	0.095
某葵花形弦支穹顶		0.041	

对比表 6.1 和表 6.2 中的数据可以看出,采用滚动式撑杆下节点可有效减小摩擦系数,如对节点内部构造加以改进,设置聚四氟乙烯套可进一步减小摩擦系数。

6.2.2　新型滚动式撑杆下节点处摩擦系数随机数学模型

从上述分析可以看出,弦支穹顶撑杆下节点处拉索与节点间的摩擦系数离散性较大,不同工程中由于节点构造不同,其摩擦系数的取值有一定出入,但对同一节点类型,如滚动式撑杆下节点的摩擦系数总是在某一范围内随机波动,其摩擦系数的取值较为稳定。本节重点分析新型滚动式张拉索节点对弦支穹顶结构摩擦损失的改善效果,因此,本章对前期研究成果进行了进一步梳理,利用数理统计知识分析新型滚动式张拉索节点摩擦系数的统计规律,通过试验方式测得的该节点摩擦系数样本库,并绘制其概率分布柱状图,如图 6.4 所示。

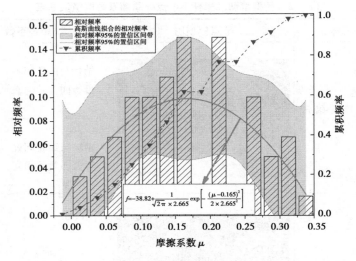

图 6.4　摩擦系数概率分布图

造成摩擦系数随机波动的原因是受接触副材质、表面处理情况、相邻索段夹角、索力大小等多种因素的综合影响,而其中任一因素在总的影响中所起的作用是微小的,因此,根据概率统计中的中心极限定理可假定摩擦系数这一随机变量近似服从正态分布。本章将各个索撑节点处的摩擦系数 μ 视为独立的随机变量,由图 6.4 可知,不装置聚四氟乙烯套后其摩擦系数基本服从正态分布特征,其均值为 0.165,均方差为 2.665。

6.3　随机摩擦损失对弦支穹顶结构力学性能的影响分析与试验研究

6.3.1　分析方法

因索撑节点处摩擦系数为随机变量,为了准确评估摩擦损失对结构性能的影响,应考虑这种参数的随机特性。随着计算机的应用与发展,参数随机特性的模拟试验有了完美的平台,特别是蒙特卡罗法(Monte Carlo)的出现极大地推动了工程可靠性的发展。此外,由于蒙特卡罗法是一种随机有限元法,不需要考虑影响结构性能的各参数之间复杂的非线性相关性,只需将各个随机变量的随机数反复代入有限元控制方程,求解得到一组待求变量的解,然后利用数理统计方法分析得到该待求变量的分布特征即可。本节即利用有限元分析软件 ANSYS 概率设计块中的蒙特卡罗仿真分析方法研究预应力随机摩擦损失对弦支穹顶结构各项力学性能指标的影响规律。

蒙特卡罗法的基本思路：对基本变量，即各个索撑节点处的摩擦系数 μ_{ij}（下标 i 表示按由内向外顺序，该节点位于索撑体系的第 i 圈位置；下标 j 表示该节点位于索撑体系第 i 圈的第 j 号节点）在第 3 节随机数学模型中，按照基本变量 μ 预先设定的正态分布的概率分布类型进行 1 000 次抽样取值；然后对引入摩擦影响的结构进行 1 000 次计算，根据需要提取结构力学性能指标，得到 1 000 组结构性能指标形成样本库进而进行统计分析。

6.3.2　参数敏感性分析

为研究索撑节点处的摩擦系数对弦支穹顶结构整体力学性能的影响，建立 4.4.3 节提及的缩尺结构的有限元模型，计算出弦支穹顶结构在全跨均布荷载与考虑每个索撑节点摩擦系数随机变化耦合作用下的结构响应，分别提取上部网壳典型构件的应力、关键斜拉索的内力和部分节点的竖向挠度，分析其对各个索撑节点处摩擦系数的敏感性[84]。为与作者前期模型试验（图 4.16）的试验研究结果[69]进行对比，上部网壳所施加的均布荷载模拟试验加载情况，按等效集中荷载施加在 80 个节点上，加载示意图如图 6.5 所示（圆圈表示加载点，仅列出 1/6 区域测点），每个节点施加 1 kN 集中荷载。上部网壳关键构件以及关键节点的选取如图 6.5 所示[69]，考虑结构本身和承受荷载的对称性，将测点集中在 K6 网壳的 1/6 区域内，并充分考虑 K6 型球面网壳的受力特点，所选取的杆件主要包括两大类：环向杆件和斜向杆件。

为保证采用蒙特卡洛仿真分析结果能表征结构的实际工作状态，仿真循环次数应足够大，本节采用 1 000 次模拟计算时，经验证，各输出变量的均值与标准差均收敛，可用于考察结构的各项力学响应对各个索撑节点处的摩擦系数的敏感性。

1）上部网壳节点位移对摩擦系数敏感性分析

由弦支穹顶结构的内力分布特征可知，下部索撑体系对上部网壳能起到弹性支承的作用，使得结构在竖向荷载作用下的挠度减小，因此，上部网壳的变形情况与下部索撑体系的布置及预应力分布情况息息相关，索撑节点处的摩擦损失必然对结构的变形产生影响。如图 6.6 所示为部分关键节点位移与上部网壳节点最大位移对各个索撑节点处摩擦系数的敏感趋势图，限于篇幅，各敏感

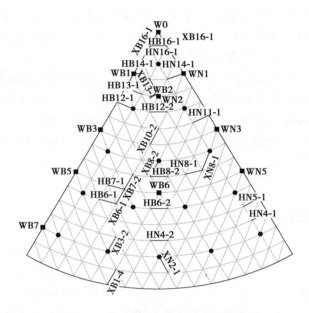

图 6.5　加载点与测点相对位置布置图

趋势图中仅列出了对节点位移敏感性最为显著的前几个节点摩擦系数。从图 6.6 中可以看出,上部网壳节点位移均对第 7 圈,即最外圈索撑节点处的摩擦系数和靠近该节点的各圈索撑节点处的摩擦系数较为敏感。具体来讲,跨中节点位移 w_0 对靠近跨中区域的第 2 圈索撑节点的摩擦系数变异表现出一定的敏感性,但其敏感程度较小,其他各圈索撑节点的摩擦系数变异对 w_0 几乎没有影响;位于第 3 圈环索与第 4 圈环索之间的节点竖向位移 w_4,对第 2 圈环索索撑节点的摩擦系数 μ_{2_1},μ_{2_2} 最为敏感,其次是最外圈索撑节点处的摩擦系数。值得说明的是,w_4 对第 2 圈索撑节点摩擦系数的敏感性强于更为靠近该区域的第 3 圈环索的索撑节点的摩擦系数,分析其原因主要有两个方面:一方面,第 2 圈索撑体系的预应力设计值大于第 3 圈,第 2 圈撑杆对上部网壳的顶撑效果更强,因此,第 2 圈索撑节点的摩擦系数对上部网壳力学性能的影响程度也更为显著;另一方面,摩擦系数 μ_{2_1},μ_{2_2} 所对应的第 2 圈索撑节点处斜拉索刚好与上部网壳 w_4 节点邻近区域相连,摩擦系数 μ_{2_1},μ_{2_2} 的变异将直接影响 w_4。另外,位于第 6 圈环索与第 7 圈环索之间的节点位移 w_8,对靠近该节点的第 7 圈索撑节点摩擦系数 μ_{7_33},μ_{7_34},μ_{7_35},μ_{7_36},μ_{7_37},μ_{7_42} 最为敏感,其次是第 6 圈索撑节点摩擦系数,此外,对靠近该节点的第 4 圈和第 5 圈的个别索撑节点的摩擦系数也表现出了一定的敏感性。

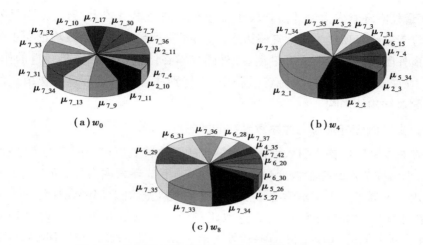

图 6.6　上部网壳节点位移对摩擦系数的敏感趋势图

图 6.7 为上部网壳最大竖向位移 $w_{\max}$ 对各个索撑节点摩擦系数的敏感趋势图,显然,上部网壳最大变形主要对第 2、第 7 圈索撑节点的摩擦系数较为敏感。上部网壳最大竖向位移对第 7 圈索撑节点摩擦系数敏感性较强,显而易见,是因最外圈环索的预应力值最大,对上部网壳的影响最为显著。最大竖向位移对第 2 圈索撑节点摩擦系数也表现出较强的敏感性,主要是因为在计算过程中,所有索撑节点摩擦系数均发生随机变化,导致上部网壳最大竖向位移并非发生在固定位置,而是随机出现在第 1 圈与第 2 圈索撑体系之间的区域;又由于影响此区域的第 2 圈索撑体系预应力设计值大于第 1 圈,使其对第 2 圈索撑节点摩擦系数表现出较为显著的敏感性。

图 6.7　$w_{\max}$ 敏感趋势图

从弦支穹顶上部网壳的竖向变形对摩擦系数敏感性趋势图中可以看出,弦支穹顶结构最外圈索撑节点摩擦系数的变异将会显著影响整个结构的变形,而其余各圈索撑节点摩擦系数的变化仅对该圈环索附件区域的变形产生影响。究其原因,一方面因为最外圈索撑节点的摩擦系数会影响最外圈环索内力设计值,而最外圈环索内力设计值相较于其他环索内力本身较大;另一方面最外圈环索位于弦支穹顶最为靠近支座边缘处,网壳所承受的所有荷载均汇交于此与下部最外圈索撑体系形成自平衡,最外圈环索在结构中起着举足轻重的作用。因此,在弦支穹顶的预应力施工过程中,应特别注意最外圈环索索撑节点的摩擦系数对结构的影响。

2)上部网壳杆件应力对摩擦系数的敏感性分析

在弦支穹顶结构中引入索撑体系的目的是改善上部单层网壳的力学性能,因此,当索撑节点摩擦系数变异时势必会影响下部环索内力,从而影响上部网壳的内力。为了考查下部索撑节点摩擦系数的变异对上部网壳杆件内力的影响,按网壳由内向外的顺序,分别选取距离跨中节点最近的第 1 圈 HB16-1 和 XB16-1,最外圈的 HB1-1 和 XB1-1,处于第 5、第 6 圈环索之间的 HB6-1,处于第 4、第 5 圈环索之间的 XB8-1,绘制杆件应力对下部 7 圈索撑节点摩擦系数的敏感趋势图(图6.8)。由图 6.8 可知,斜向杆件应力对索撑节点摩擦系数变化的敏感规律与环向杆件相同,即各杆件应力均对其邻近区域的索撑节点摩擦系数较为敏感,且若邻近区域环索预应力设计值越大,杆件应力对该圈索撑节点摩擦系数越敏感。如位于第 5、第 6 圈环索之间的 σ_{HB6-1} 对第 5 圈索撑节点处的摩擦系数 μ_{5_j} 较为敏感,对预应力设计值更大的第 6 圈索撑节点处的摩擦系数 μ_{6_j} 更为敏感;位于第 4、第 5 圈环索之间的 σ_{XB8-1} 对第 4 圈索撑节点处的摩擦系数 μ_{4_j} 较为敏感,对预应力设计值更大的第 5 圈索撑节点处的摩擦系数 μ_{5_j} 表现出更显著的敏感性;距离跨中节点最近的第 1 圈的 σ_{HB16-1},σ_{XB16-1} 对第 2 圈索撑节点处的摩擦系数 μ_{2_j} 均表现出较为显著的敏感性,其次是第 1 圈索撑节点处的摩擦系数 μ_{1_j}。σ_{HB16-1},σ_{XB16-1} 对更靠近该杆件的 μ_{1_j} 的敏感性弱于稍远处的 μ_{2_j} 的原因在于第 2 圈索撑体系的预应力设计值远大于第 1 圈索撑体系的预应力设计值。σ_{HB1-1},σ_{XB1-1} 对第 5、第 6 圈索撑节点的摩擦系数有一定的敏感性,但对更为靠近该区域且预应力设计值更大的第 7 圈环索索撑节点的摩擦系数敏感性更强。从图 6.8 中还可以看出,虽然不如节点位移对最外圈索撑节点摩擦系数的敏感性显著,但是上部网壳大部分杆件内力对最外圈索撑节点摩擦系数也表现出了一定的敏感性,从另一方面说明应格外注意最外圈环索索撑节点摩擦系数对结构力学性能的影响。

　　为综合评估所有索撑节点摩擦系数对上部网壳杆件内力的影响,提取上部杆件最大内力 σ_{max} 对摩擦系数的敏感性趋势图,如图 6.9 所示。由图 6.9 可知,σ_{max} 主要对第 2、第 3 圈索撑节点的摩擦系数变异最为敏感,其原因可能是由于索撑节点摩擦系数随机变化时,上部网壳最大应力集中出现在第 2 圈与第 3 圈索撑体系之间的区域,而下部各圈索撑节点摩擦系数的变异将对其所在区域的杆件内力产生较大影响。

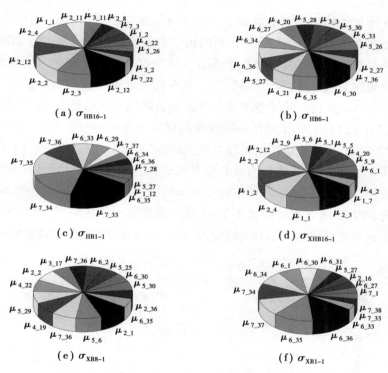

图 6.8　上部网壳杆件内力对索撑节点摩擦系数的敏感趋势图

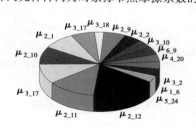

图 6.9　σ_{max} 敏感趋势图

由网壳应力对索撑节点摩擦系数敏感性趋势图可知,上部网壳应力对摩擦系数的敏感性与上部网壳变形类似,即下部各圈索撑节点摩擦系数的变异将对其所在区域的杆件内力产生较大的影响,而对远离该索撑节点的杆件应力影响较小。

6.3.3　预应力随机摩擦损失对弦支穹顶结构静力性能的影响分析

弦支穹顶结构的高效能性在于下部索撑体系中预应力的引入,因此,当索撑节点处存在摩擦损失而使索撑体系的预应力不能按设计值施加时,结构的整体性能必将受到影响。为了考察索撑节点处摩擦系数随机变化时结构整体性能的变化规律,提取结构最大位移 ω_{max}、上部网壳最大杆件应力 σ_{wq_max} 及斜拉索最大内力 N_{xls_max} 随所有索撑节点处摩擦系数随机变化的概率分布特征,如图 6.10 至图 6.12 所示,弦支穹顶各项性能的概率分布指标见表 6.3。由图 6.10 至图 6.12 可知,当弦支穹顶的索撑节点处的摩擦系数发生随机变化时,结构的最大位移、上部网壳的最大应力及斜拉索的最大内力也按照一定规律发生随机变化。总体来看,各项力学性能指标的样本频率直方图呈两边低、中间高、左右基本对称的状态,K-S 检验结果表明:在样本数据集中的区域,各项力学性能指标样本数据均近似服从正态分布特征,且只有少部分计算结果的离散性较大。

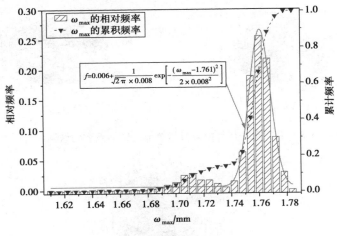

$$f=0.006+\frac{1}{\sqrt{2\pi}\times 0.008}\exp\left[-\frac{(\omega_{max}-1.761)^2}{2\times 0.008^2}\right]$$

图 6.10　ω_{max} 概率分布图

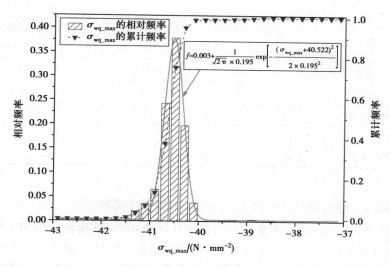

图 6.11 $\sigma_{\text{wq\_max}}$ 概率分布图

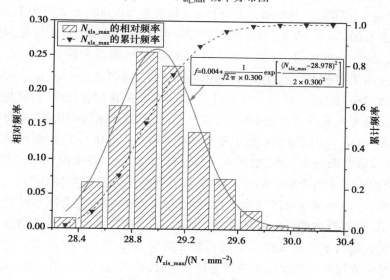

图 6.12 $N_{\text{xls\_max}}$ 概率分布图

表 6.3 弦支穹顶各项性能概率分布指标表

项目	最大反向挠度 ω_{max}/mm	网壳最大应力 $\sigma_{\text{wq\_max}}$/(N·mm^{-2})	斜索最大内力 $N_{\text{xls\_max}}$/(N·mm^{-2})
均值/μ	1.761	−40.522	28.978

续表

项目	最大反向挠度 ω_{max}/mm	网壳最大应力 σ_{wq_max}/$(N \cdot mm^{-2})$	斜索最大内力 N_{xls_max}/$(N \cdot mm^{-2})$
标准差/σ	0.008	0.195	0.3
最大误差/R	0.154	1.487	1.021
最大误差增大百分比/%	8.67	3.67	4.4
超越$(\mu-3\sigma,\mu+3\sigma)$ 的概率 P/%	14.20	1.90	0.6

1）预应力随机摩擦损失对上部网壳最大变形的影响分析

根据分析可知,结构在预应力与荷载共同作用下,结构变形以向上起拱为主,结构最大位移也以向上起拱为主,主要是因为结构整体刚度较大而试验时施加的荷载较小,结构变形主要由预应力作用后的起拱效应控制。由图6.10可知,对于最大位移 ω_{max} 的均值为 1.761 mm,标准差为 0.008,最大值为 1.785 mm,最小值为 1.608 mm。因此,由摩擦系数变异引起的上部网壳最大位移的最大误差为 R_{w_max} = |1.608−1.761| = 0.153 mm,相对均值最大误差增大百分比为 8.67%。为了考察最大位移的离散程度,计算超越($\omega_{max}-3\sigma$,$\omega_{max}+3\sigma$),即 (1.738,1.784)的概率为 14.2%。可见,最大位移的离散性较小,对结构性能影响不大。为考查索撑节点处摩擦系数对结构变形的具体影响机制,分析结构在无摩擦损失($\mu_{i\_j}=0$)、摩擦系数不发生随机变化($\mu_{i\_j}=0.165$)这两种情况下的变形,并提取变形分布云图,如图6.13、图6.14所示。对比图6.13与图6.14可知,两种情况下的变形分布规律相同,即在预应力和荷载共同作用下,跨中向上起拱最大,向外圈逐渐转变为下挠;但索撑节点处的摩擦会减小结构的向上起拱变形,进而对结构产生不利影响。其中,无摩擦损失时,预应力和荷载作用下结构最大起拱变形出现在第1圈与第2圈索撑体系之间的网壳上,为2.011 mm;当每个索撑节点的摩擦系数均为0.165时,最大起拱变形仍出现在该区域,但减小为1.774 mm。同时对比图5.8与图5.9可知,考虑预应力摩擦损失随机变化时,结构最大起拱变形样本数据小于无摩擦损失时的2.011 mm 的概率为100%,即一旦存在摩擦损失,必然会对结构的变形产生不利影响;此外,考虑随机摩擦损失对弦支穹顶结构最大变形的不确定性影响,将样本数据的均值作为考虑预应力随机摩擦损失情况下的结构综合性能指标[20],则预应力随机摩擦损失可使结构在较小荷载作用下的起拱变形减小(2.011−1.761)/2.011 =

12.43％。对比图 6.13 和图 6.14,同样可知,考虑预应力随机摩擦损失时的结构最大起拱变形样本数据小于摩擦系数不发生随机变化时的 1.774 mm 的概率为 96.1％,也就是结构的实际起拱变形小于不考虑预应力摩擦损失随机变化时的起拱变形为大概率事件,显然若不考虑预应力摩擦损失随机变化,将低估对结构的不利影响。

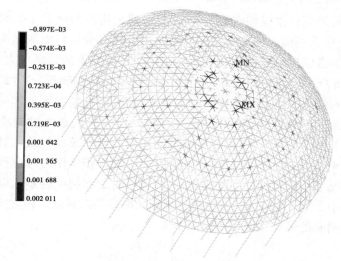

图 6.13　不考虑索撑节点处摩擦的上部网壳节点位移图(单位:m)

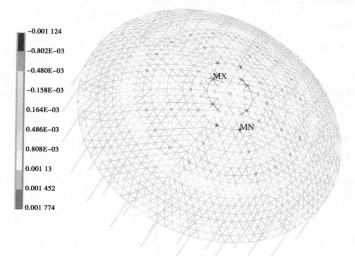

图 6.14　索撑节点处摩擦系数均取为 0.165 的上部网壳节点位移图(单位:m)

综上,预应力摩擦损失虽不会改变结构整体的变形分布规律,但会削弱预应力的有利效应,减小结构在预应力和较小荷载作用下的起拱变形;在考虑预应力摩擦损失随机变化时,结构的总体起拱变形小于不考虑摩擦损失随机变化时的变形为大概率事件。

2)预应力随机摩擦损失对上部网壳最大杆件应力的影响分析

由于上部网壳杆件以轴向受力为主,且考虑结构模型试验中的测量结果为轴向应力,提取上部网壳的最大轴向应力 σ_{wq_max} 进行分析。提取结构在无摩擦损失和所有节点摩擦系数均不发生随机变化两种情况下的轴向应力云图,如图6.15、图6.16所示。对比图6.15和图6.16可知,与结构变形分析结构类似,摩擦损失不会对结构的应力分布规律产生较大影响,两种情况下上部网壳最大应力均发生在第5圈环杆处(按照网壳由内向外的顺序),最大轴向应力分别为-42.6 MPa与-41.1 MPa,考虑随机摩擦损失对弦支穹顶结构最大轴向应力的不确定性影响,将图6.11样本数据的均值-40.522 MPa作为考虑预应力随机摩擦损失情况下的结构综合性能指标,3种情况的上部网壳的最大轴向应力相对差值均小于5%,可以忽略,说明是否考虑摩擦损失以及以何种方式考虑摩擦损失对上部网壳的最大轴向应力影响不大。

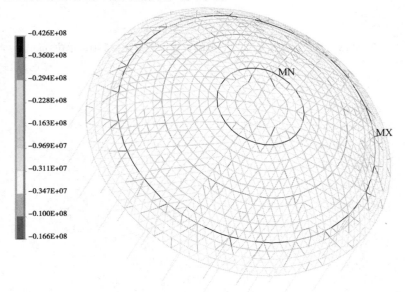

图6.15 荷载态下不考虑索撑节点处摩擦的上部网壳轴向应力云图(单位:N/m²)

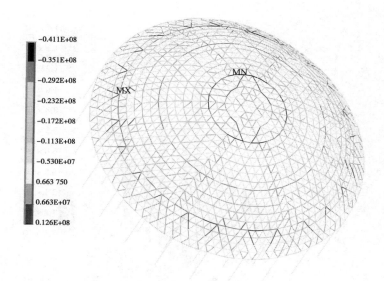

图 6.16　荷载态下索撑节点处摩擦系数均取为 0.165 的
上部网壳轴向应力云图(单位:N/m)

　　进一步提取 3 种情况下上部网壳典型杆件轴向内力(取绝对值)并绘制条形图进行对比,如图 6.17 所示,从图中可以看出,考虑预应力摩擦损失会使上部网壳杆件轴向内力增大,而考虑预应力随机摩擦损失会使上部网壳杆件轴向内力明显增大(考虑随机摩擦损失对弦支穹顶结构杆件轴向内力的不确定性影响,将样本数据的均值作为考虑预应力随机摩擦损失情况下的结构综合性能指标),如在考虑预应力随机摩擦损失时 XB13-1 与 XB7-2 轴向内力分别增大 159.24% 和 93.83%;对比两种摩擦损失考虑方法可得,大多数情况下,考虑预应力随机摩擦损失会使上部网壳轴向内力进一步增大,如 XB13-1 与 HB8-2 在索撑节点处摩擦系数均取为 0.165 的情况下,轴向内力分别为 -0.72 MPa 和 -4.14 MPa,而在考虑预应力随机摩擦损失时轴向内力分别为 -0.99 MPa 和 -4.40 MPa,轴向内力分别增大 37.5% 和 6.28%。因此,虽然预应力摩擦损失对上部网壳最大轴向应力影响不大,但是会整体提高上部网壳典型杆件内力,而考虑预应力随机摩擦损失会进一步增大杆件内力,且增大幅度较大,不容忽视。

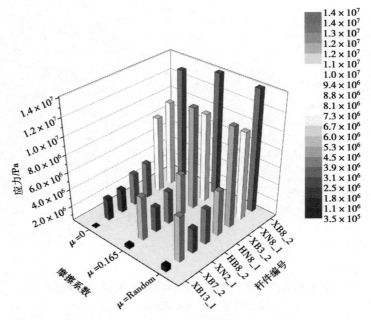

图 6.17　上部网壳典型杆件轴向内力

3）预应力随机摩擦损失对下部索撑体系最大斜索内力的影响分析

斜索属于弦支穹顶结构的主动张拉体系，斜索内力与环索内力息息相关。对结构的张拉体系，应在其充分发挥预应力效应的同时，使其在外荷载作用下内力能够最小。由表 6.3 可知，斜索最大内力 $N_{\text{xls\_max}}$ 样本数据超越($N_{\text{xls\_max}}$ -3σ, $N_{\text{xls\_max}}$ $+3\sigma$)的概率仅为 0.6%，更接近正态分布。提取结构在不考虑摩擦损失($\mu_{i\_j}=0$)、摩擦系数不发生随机变化($\mu_{i\_j}=0.165$)时的斜索内力分布图，如图 6.18、图 6.19 所示，其分布规律均表现为：由内圈向外圈斜索内力逐渐增大，最大内力分别为 28.2 MPa 和 28.9 MPa。相比图 6.12 的随机分析结果可知，考虑摩擦损失随机变化后，样本数据大于 28.2 MPa 和 28.9 MPa 的概率分别为 100% 和 60%，因此，预应力摩擦损失会使斜索的内力增大，而预应力随机摩擦损失则会使斜索的最大内力在很大程度上进一步增大，但总体来看，增大幅度相对于节点位移较小。

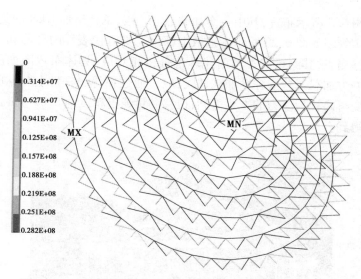

图 6.18　不考虑索撑节点处摩擦的斜拉索内力图(单位:N/m²)

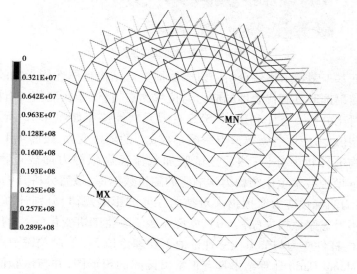

图 6.19　索撑节点处摩擦系数均取为 0.165 的斜拉索内力图(单位:N/m²)

6.3.4　Monte Carlo 计算结果及对比分析

对如图 4.15 所示的缩尺试验模型完成张拉试验后继续开展静力加载试验研究[69]，试验过程中将均布荷载等效为 80 个集中荷载均匀施加在上部网壳上，加载点如图 6.5 所示布置,其中每个加载点分 5 级、总计施加 1 kN 的集中荷载,现场加载实景图如图 6.20 所示。选取上部网壳具有代表性的杆件和节点作为应力与位移测点,其测点布置与前述理论分析相对应,具体布置图如图 6.5 所示。由于静力加载试验为弹性加载试验,应力通过在待测杆件上粘贴电阻应变计测量应变再换算为应力的方式得到;位移测量通过精度为 0.01 mm 的激光跟踪仪测量得到。

图 6.20　现场加载实景图

为验证基于蒙特卡洛法分析随机摩擦损失对结构整体性能影响的可行性,本书限于篇幅选取具有代表性的应力与位移测点,将试验实测值与有限元计算结果进行对比分析。首先利用 ANSYS 有限元软件按照如图 4.13 所示的实际张拉力控制值,考虑所有索撑节点摩擦系数 μ_{i_j} 的随机变化,按照 4.4 节介绍的方法对结构进行找力分析;然后按试验加载流程模拟静力加载过程,并利用 Monto Carlo 模拟技术生成结构力学响应的随机数据库,最后分析其随机数理特征。同时,为明确预应力摩擦损失对结构性能的影响规律,分别计算出弦支穹顶结构在不考虑摩擦损失($\mu_{i\_j}=0$)、摩擦系数不发生随机变化(μ_{i_j} 均取为平均值 0.165)的杆件应力与节点位移理论值 1 和理论值 2。绘制关键节点位移、杆件应力的 Monto Carlo 计算结果具有正常值区间的箱形图,并与试验值、理论值 1 和理论值 2 进行对比,如图 6.21 至图 6.23 所示。由图 6.21 至图 6.23 可知,总体来看,结构在 1 000 组基于 μ_{i_j} 随机取值计算得到的关键节点位移和杆件应力结果大部分位于箱形图两个 T 形盒须(正常值区间)内,且 Monto Carlo 计算值与试验值变化趋势基本一致,可在一定程度上证明 μ_{i_j} 概率分布模型及 Monto Carlo 模拟的可行性。

1）节点位移 Monte Carlo 计算结果及对比分析

从节点位移分布曲线图（图6.21）来看,在预应力与荷载共同作用下,结构变形以向上起拱为主,选取的测点位移均为正值。从节点位移的 Monto Carlo 计算结果来看,网壳上由内向外选取的11个测点的位移计算结果经 K-S 检验,均近似服从正态分布；大部分 Monte Carlo 计算值均位于箱形图的两个 T 形盒须（正常值区间）内,总体计算结果离散程度不大,且内圈位移测点计算值离散点靠近正常值区间下限,随着向外圈过渡,靠近正常值区间上限的离散点逐渐增多,如 WN3,WB5,WB6 的变化趋势。

通过对比 Monto Carlo 计算值、理论值1和理论值2,不难发现三者反映的结构变形分布规律变化趋势一致,且理论值1和理论值2都靠近 Monto Carlo 计算结果正常值区间的上限,理论值2位于 Monto Carlo 计算值箱形图的上部 T 形盒须内,与其均值较为接近。所有测点的位移计算结果均表现出理论值1大于理论值2,理论值2略大于 Monto Carlo 计算均值的规律。显而易见,理论值1大于理论值2是因为计算理论值1时没有考虑摩擦损失,结构体系受的预应力作用最大,上部网壳在预应力作用下的起拱度最大。而理论值2虽然是在所有摩擦系数均取为均值时计算得到的位移响应,但其与 Monto Carlo 计算均值仍有一定偏差,表明预应力与结构响应之间的关系是非线性的,预应力摩擦损失对结构性能的影响也必然是非线性的。

对比试验值与理论计算值可以发现,试验值反映的结构变形分布规律与理论计算结果基本一致,但试验值相较于 Monte Carlo 计算值离散性较大。其中,WB1,WB2 和 WN5 的试验值分布在 Monte Carlo 计算值的正常值区间内,WB3,WB6 试验值分布在 Monte Carlo 计算值的离散区域内,在一定程度上验证了随机数值模拟分析的可行性。其余测点相较于计算值偏离程度较大,分析其原因可能是因为试验模型中各索撑节点摩擦系数的变化规律远比计算模型中的正态分布模型复杂,如图4.14所示,摩擦系数 μ_{i_j} 随张拉力呈非线性变化,而并非保持均值 0.165,当预应力小于 10 kN 时,摩擦系数 μ 本身的离散性也更大；同时,由图4.14可知,当环索预应力设计值在 5 kN 左右时,其摩擦系数约为 0.22,而本结构的内部6圈环索的预应力张拉值均不大于 5.04 kN,其摩擦系数将较大程度地大于其均值,最外圈环索预应力张拉值为 11.5 kN,其摩擦系数则较为接近均值 0.165,符合摩擦系数的正态分布随机数学模型；由 6.3.2 节参数敏感性分析可知,各圈环索预应力损失将主要影响其附近区域的网壳变形。试验模型中,由于内圈预应力实际摩擦损失偏大,使结构在预应力和较小试验荷

载共同作用下的向上变形偏小,就不难得出内圈与外圈试验值均靠近 Monto
Carlo 计算值的正常值区间下限,而内圈试验值与下限相差更大一些的规律。

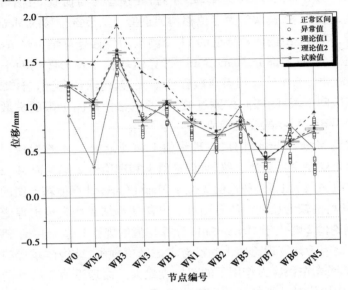

图 6.21　节点位移分布对比图

2)斜向杆件应力 Monte Carlo 计算结果及对比分析

　　选取上部网壳具有代表性的 5 根斜杆,提取杆件应力值并绘制 Monte Carlo
计算值、理论值 1、理论值 2 与试验值 4 的分布对比图,如图 6.22 所示。由图
6.22 可知,基于 1 000 组 $\mu_{i,j}$ 随机取值计算得到的上部网壳典型杆件应力经 K-S
检验,均近似呈现最佳正态分布的形式,较有利于数据分析,仅少量杆件的计算
值分布在正常值区间以外。总体来看,由于试验荷载较小,杆件应力均较小,且
理论计算结果与试验值的分布规律基本一致,从而验证了理论分析的正确性。
值得注意的是,相比其他杆件,最内圈斜向杆件 XB16-1 的计算值与试验值偏离
较大,其原因主要是内圈预应力设计值较小,对应的摩擦系数极其不稳定,导致
对应区域网壳应力漂浮,这与位移计算结果中靠近跨中位置的试验值偏离计算
值较大的现象是一致的。此外,对比理论值 1、理论值 2 和 Monto Carlo 计算值,
可以发现理论值 1 和理论值 2 均靠近 Monto Carlo 计算值的正常值区间的上限,
且理论值 2 基本分布在正常值区间范围内,但与 Monto Carlo 计算值的均值有一
定偏差,其原因与位移计算结果相似,在此不再赘述。通过对比理论值 1、理论
值 2、试验值和 Monto Carlo 计算值还可以发现,Monto Carlo 计算结果的均值相

较于不考虑摩擦损失和将所有摩擦系数考虑成同一数值的计算结果更接近于试验值,且略大于理论值1和理论值2,同时考虑所选斜向杆件均为受压,因此,考虑预应力随机摩擦损失计算结果更为保守,也更符合实际情况。

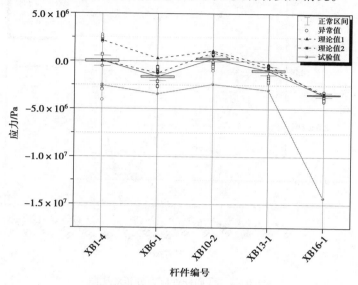

图6.22 斜向杆件应力分布对比图

3）环向杆件应力 Monte Carlo 计算结果及对比分析

由外向内选取上部网壳具有代表性的 14 根环杆,提取杆件应力值并绘制 Monto Carlo 计算值、理论值1、理论值2与试验值4的分布对比图,如图6.23所示。由 Monto Carlo 计算值箱形图可知,环向杆件从支座向靠近网壳中心由受拉变为受压,在跨中位置又出现受拉的环杆,但靠近跨中位置杆件应力绝对值较小。同圈距离相近的环杆 Monte Carlo 计算值之间相差不大(HN4-1 与 HB4-2、HB6-1 与 HB6-2、HB12-1 与 HB12-2、HB14-1 与 HN14-1、HB16-1 与 HN16-1),试验值也符合这一规律。试验值与 Monto Carlo 计算值的变化趋势大致相同,且两者数值上相差不大,这既说明试验的设计及试验过程满足要求,又在一定程度上证明了本节中 μ_{i_j} 概率分布模型及 Monto Carlo 模拟的可行性。值得说明的是,最内圈环杆 HB16-1,HN16-1 的计算值与试验值偏离较大,这与靠近跨中位置的节点位移、斜杆内力试验值偏离计算值较大的原因是一样的。通过对比 Monto Carlo 计算值、理论值1与理论值2发现,理论值1几乎全部位于 Monto Carlo 计算值箱形图正常值区间内,说明对于环杆而言,考虑预应力随机摩擦损失或将 μ 统一取为 0.165 所得环杆内力值差别不大。在图 6.22 和图 6.23 中,代表性斜杆与环杆 Monto Carlo 计算值相较理论值 1 的数据波动更大,说明考虑预应力摩擦损失会使结构内力分布不均匀。

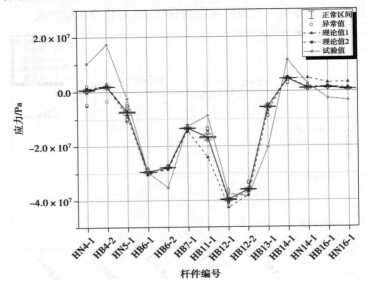

图 6.23   环向杆件应力分布对比图

　　总体来看,基于蒙特卡罗法考虑的预应力随机摩擦损失模型计算结果(节点位移、斜杆与环杆内力),其绝对值上均小于试验值的绝对值,分析其原因主要是该试验模型建于室外露天环境中,且在前期未对模型做防腐处理,杆件经历一年多时间的腐蚀后截面面积有所减小;另外,网壳安装过程中不可避免地存在安装误差也可能导致试验值偏大;也说明在实际弦支穹顶结构中,除索撑节点处的摩擦外,有其他因素造成了额外的预应力损失,在实际工程中不可忽略。在本书第 5 章考虑预应力随机摩擦损失的基础上,继续考虑杆件初偏心与初弯曲等初始缺陷,分析多者的耦合作用对弦支穹顶结构极限承载力的影响。

6.4　多缺陷随机耦合作用对弦支穹顶结构极限承载力的影响分析

　　由前述分析可知,结构缩尺模型静力加载试验研究结果与理论计算值存在一定偏差,其原因除了理论计算模型中各索撑节点摩擦系数与实际试验模型可能存在一定偏差外,试验模型在制作安装过程中也不避免地存在诸如杆件初弯曲、节点安装定位偏差、杆件截面尺寸偏差等各种初始缺陷。其中,由于试验模型中的杆件截面尺寸较小,长细比较大,运输安装过程中很容易出现初弯曲;而弦支穹顶结构的上部网壳为缺陷敏感型结构,节点安装偏差对结构性能的影响不容忽视,因此,为了获取结构的实际性能,建立能表征结构实际工作性能的理论模型,本节将在考虑预应力随机摩擦损失的基础上重点引入杆件初弯曲与节点安装偏差以评估结构的实际性能。

6.4.1　杆件初弯曲与节点安装偏差初始缺陷

杆件加工、运输和安装过程中不可避免地会使杆件产生初弯曲,从而使杆件在轴力作用下产生 $P\text{-}\Delta$ 效应,对结构的力学性能产生较大影响。杆件初弯曲的形状是随机的,从计算简便性与偏于安全考虑,本节用正弦半波曲线形式模拟杆件的初弯曲,如图 6.24 所示,并采用多段梁法模拟这种初弯曲缺陷[85],即将理想直杆单元细分为多段梁单元刚接后,按正弦半波曲线调整各中间连接节点的坐标。为保证分析精度,本文假定梁段细分段数为 10。

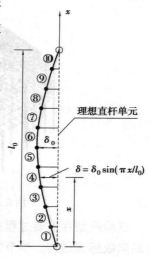

图 6.24　杆件初弯曲缺陷
模拟示意图

确定杆件初弯曲形式后,影响其初弯曲缺陷程度的关键参数即为跨中弯曲幅值 δ_0。显然,每根杆件的初弯曲幅值是随机变化的,但为了保证结构的安全性,《空间网格结构技术规程》(JGJ 7—2010)对空间网格结构杆件轴线的弯曲矢高提出了限值要求,即要求 $\delta_0 \leqslant l_0/1\,000$,$l_0$ 为杆件原始长度。结合试验模型现场安装实际情况以及缩尺模型的尺寸效应,将本节试验模型的 δ_0 适当放大为 $\delta_0 = l_0/600$。由于目前关于杆件初弯曲的随机参数取值文献较少,可参考文献[86],假定随机变量 δ_0 服从极值 I 型分布,其概率密度函数为

$$f(\delta_0) = \frac{1}{\sigma} \cdot e^{\frac{\delta_0 - \mu}{\sigma}} \cdot e^{-e^{\frac{\delta_0 - \mu}{\sigma}}} \tag{6.1}$$

假设杆件初弯曲幅值 $\delta_0 = l_0/600$ 的超越概率为 2.5%,$\delta_0 = 0$ 的概率为 1%,则可得每根杆件初弯曲幅值的均值 μ 与均方差 σ 分别为:

$$\mu = 0.78\left(\frac{l_0}{600}\right) \approx \frac{l_0}{770} \tag{6.2}$$

$$\sigma = \frac{\dfrac{l_0}{600}}{5.9} = \frac{l_0}{3\,540} \tag{6.3}$$

本结构上部网壳共计 3 504 根杆件,仍采用蒙特卡罗法分析杆件初弯曲随机变化对结构承载力的影响,假定随机模拟迭代计算 n 次以形成极限承载力样本库,则计算过程中每随机模拟一次,则生成一组初弯曲幅值随机样本库$\{\delta_0\}$ = $(\delta_{1,j},\delta_{2,j},\delta_{3,j},\cdots\delta_{i,j},\cdots,\delta_{3\,504,j})$,其中,$i$ 表示杆件编号,j 表示第 j 次随机模拟迭代计算,$\delta_{i,j}$ 各自相互独立,均服从上述极值 I 型分布。某一次随机模拟过程的有限元模型图,如图 6.25 所示。

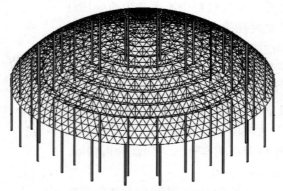

图 6.25　杆件初弯曲分布图(放大 10 倍)

试验模型在安装过程中也不可避免地存在节点安装偏差,尤其是上部网壳为缺陷敏感型结构。本节为了考虑节点安装偏差的影响,同时考虑结构试验模型设计时的几何相似比为 1∶10,偏于安全地采用一致缺陷法对结构按最低阶屈曲模态施加最大缺陷为 $L/100$ 的初始缺陷。

6.4.2　考虑多缺陷随机变化耦合的极限承载力分析

为准确评估结构的极限承载力,建立试验模型的有限元数值模型,并引入杆件初弯曲随机缺陷、索撑节点处随机摩擦系数、节点安装偏差等缺陷。其中,每根杆件的初弯曲幅值 δ_0、每个索撑节点处的摩擦系数 $\mu_{i,j}$ 均为随机变量且相互独立。采用有限元软件进行考虑材料和几何双重非线性的极限承载力分析时,通常采用弧长法进行加载全过程跟踪分析,但考虑计算过程不易收敛,且计算成本较大,本节在分析过程中假定每次随机模拟计算过程,出现计算不收敛时即因为结构的刚度矩阵出现了奇异,可认为结构整体丧失了稳定性,提取该荷载步对应的荷载可认为是结构的极限承载力。

　　采用蒙特卡洛法仿真分析,当模拟次数为 100 次时,输出变量极限承载力趋于收敛。绘制极限承载力的概率分布曲线,如图 6.26 所示。由图 6.26 可知,计算出的样本数据分布与正态分布类似,除了它的概率分布向右进行了移动(右偏),在(4.5,5.0)区间形成一个高峰,且尾部是一长串的"掉队者";用 LogNormal 函数拟合出极限承载力样本数据的相对频率曲线,发现样本数据的相对频率大多落在拟合曲线 95% 置信区间带内。从以上两点可以得出 P_{cr} 服从参数为 $(\ln(4.62),0.19)$ 的对数正态分布,样本数据最大值和最小值分别为 5.454 kN 和 2.965 kN。

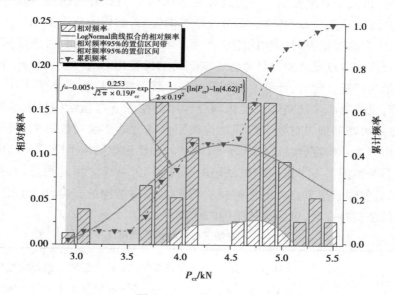

图 6.26　P_{cr} 概率分布图

　　为进一步分析摩擦损失及杆件初弯曲等初始缺陷对弦支穹顶结构极限承载力的影响,分别计算该试验模型结构为理想结构以及仅考虑索撑节点处摩擦损失两种状态下的极限承载力,并与同时考虑摩擦损失、杆件初弯曲与节点安装偏差的随机缺陷分析结果进行对比,见表 6.4。其中,理想结构不考虑摩擦损失、杆件初弯曲与节点安装偏差,而仅考虑摩擦损失时,所有索撑节点处的摩擦系数均取为 0.165。由表可知,理想结构的极限承载力最高,破坏时每个节点的集中荷载可达 9.05 kN,当引入摩擦损失后,其极限承载力下降为 5.49 kN,降低了 39.34%。

为不失代表性,提取上部网壳的轴向应力云图和变形云图对比分析摩擦损失对结构性能的具体影响,如图6.27至图6.30所示。由图6.27至图6.30可知,结构在破坏时均表现为内圈杆件主要受压,外圈杆件主要受拉,但理想结构在破坏时应力分布较均匀,最大压应力出现在内圈承受集中荷载处。同时还能发现,发生破坏时理想结构的应力水平明显高于有摩擦损失的结构,显而易见,其原因在于理想结构的应力分布均匀,结构刚度较大,能承受更大的荷载,故其应力水平显著提高,大大改善了结构的效能。对比图6.29和图6.30同样可以发现,理想结构在破坏时的最大变形达到60.998 mm,出现在产生最大轴向应力的位置,远大于有摩擦损失时的最大变形0.014 m;此外,理想结构的变形主要集中在跨中承受荷载的区域,而引入摩擦损失后,结构的变形范围扩大,由此可见,预应力摩擦损失对结构的刚度产生了不利影响。当同时考虑摩擦损失、杆件初弯曲和节点安装偏差且考虑各缺陷的随机变化时,模型状态与结构的实际状态最为接近。此时,计算的100组极限承载力样本数据均小于9.05 kN和5.49 kN,说明考虑多缺陷随机变化耦合作用会使弦支穹顶结构极限承载力下降,考虑随机摩擦损失对弦支穹顶结构极限承载力的不确定性影响,将其承载力的均值作为结构综合性能的代表,其承载力相比理想结构下降了51.16%,相比将所有摩擦损失不考虑成随机缺陷时下降了19.49%。由此可见,对弦支穹顶结构,若忽略索撑节点处的摩擦损失将严重高估结构的安全性,而未考虑各种缺陷的随机特性时,也会高估结构的承载力。

表6.4 3种情况各项结构性能对比

项目	极限承载力 /(kN·点$^{-1}$)		破坏时轴向应力云图 /(N·m^{-2})	破坏时变形云图 /m
理想结构	9.05		图6.28	图6.30
考虑摩擦(所有 $\mu_{i\_j}=0.165$)	5.49		图6.29	图6.31
多随机缺陷	均值4.42	均方差0.620 1	无	无

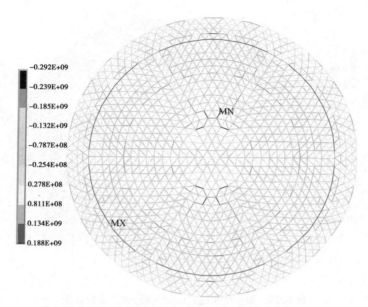

图 6.27　理想结构破坏时的轴向应力云图(单位:N/m²)

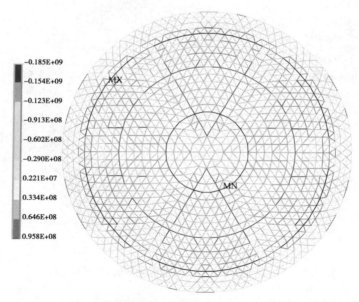

图 6.28　考虑摩擦结构破坏时的轴向应力云图(单位:N/m²)

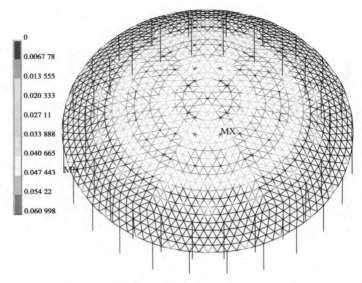

图 6.29 理想结构破坏时的变形云图(单位:m)

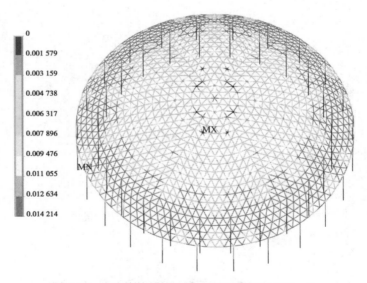

图 6.30 考虑摩擦结构破坏时的变形云图(单位:m)

本章小结

本章主要分析了拉索摩擦滑移对弦支穹顶结构整体性能的影响。首先,基于概率统计原理,建立了滚动式张拉索节点的摩擦滑移系数随机数学模型;其次,分析了弦支穹顶结构的变形、内力等性能对索撑节点处摩擦滑移系数的敏感性,并计算得到了弦支穹顶结构上部网壳最大变形、最大应力以及下部索撑体系最大内力等典型力学参数随索撑节点处摩擦滑移系数随机变化的概率分布特征;再次,对比分析弦支穹顶分别在考虑预应力随机摩擦损失、不考虑摩擦损失以及摩擦系数不发生随机变化时的力学性能,明确了随机摩擦损失对结构性能的影响规律;最后,计算分析了包括预应力随机摩擦损失在内的多缺陷随机变化耦合作用对弦支穹顶结构稳定性的影响。主要研究结论如下:

①通过调研与计算传统滑动式撑杆下节点处的摩擦系数,发现拉索与撑杆下节点间的摩擦系数变异性较大,且现场监测得到的摩擦系数的变异性大于试验得到的;采用滚动式撑杆下节点可有效减小摩擦系数。

②在结构变形方面,弦支穹顶的变形对最外圈索撑节点处的摩擦系数较为敏感,而其余各圈索撑节点处的摩擦系数的变化仅对该圈环索附件区域产生影响;在结构受力方面,下部各圈索撑节点处的摩擦系数的变异将对其所在位置对应区域的网壳杆件产生较大的影响,而对远离该环索对应位置的杆件应力的影响较小。

③预应力随机摩擦损失会对结构的最大反向挠度产生较大影响,使得最大反向挠度减小 12.43% ,因此,预应力施工与使用过程中应注意结构的变形影响;预应力随机摩擦损失实际上会影响构件的预应力效应,预应力随机摩擦损失会使斜拉索的最大内力在很大程度上进一步增大,但总体来看,增大幅度相对于节点位移较小。

④综合对比考虑预应力随机摩擦损失、不考虑摩擦损失($\mu_{i_j}=0$)、摩擦系数不发生随机变化(μ_{i_j} 均取为平均值 0.165)以及试验所得的节点位移与杆件应力发现,建立的新型滚动式撑杆下节点处的摩擦系数随机数学模型具有一定的可靠性,预应力随机摩擦损失会降低上部网壳的起拱度,同时降低上部网壳构件的预应力效应,致使结构内力分布不均匀。

⑤当同时考虑摩擦损失、杆件初弯曲和节点安装偏差,且考虑各缺陷的随机变化时,弦支穹顶结构极限承载力相比理想结构下降了 51.16% ,相比将所有摩擦损失不考虑成随机缺陷时下降了 19.49% 。

第7章 拉索腐蚀及其引起的拉索及结构整体力学性能退化研究

7.1 概述

拉索作为一种柔性构件,通过对拉索施加预应力使其能在结构中承受拉力荷载,改善结构的受力特性。然而在结构服役期内,拉索由于经受高应力、恶劣环境等耦合作用,拉索不可避免地会出现各种损伤,其中腐蚀是最具代表性的。一方面,腐蚀造成拉索截面减小,拉索强度、刚度和韧性将随着腐蚀程度的恶化而显著降低[87];另一方面,拉索内部的绞捻接触条件复杂,应力分布不均匀,增大了钢丝应力峰值,从而对腐蚀进程起着加速与催化作用。两者耦合叠加,将进一步降低结构整体的刚度和承载能力[88],影响结构的安全性能。为了减小拉索腐蚀对结构安全性能带来的潜在威胁,目前,国内外学者基于拉索腐蚀机理提出了一系列防腐措施,例如,高钒索、封闭索等防腐材料的应用能在一定程度上降低腐蚀带来的危害,这些技术也在新加坡圣淘沙博物馆、鄂尔多斯市伊金霍洛旗全民健身体育中心、太原煤炭交易中心、呼伦贝尔体育馆、深圳宝安体育馆等大型实际工程中得到运用。但是在一些氯盐含量高的环境,如游泳馆、沿海等地区,拉索腐蚀问题仍不可避免。现有研究均表明拉索一旦发生腐蚀,将降低其力学性能,且腐蚀程度越高,影响越严重,但关于腐蚀后拉索力学性能的退化情况仍存在一定的差异性,尚无定论。

因此,为了厘清拉索腐蚀对拉索及结构性能的影响规律,本章拟开展拉索加速腐蚀以及腐蚀后拉索的力学性能试验研究,结合数值模拟技术,旨在揭示腐蚀对拉索内部钢丝几何形态以及力学性能的影响规律,进而建立腐蚀后拉索的本构关系,在此基础上,考查拉索腐蚀对弦支结构整体力学性能的影响规律。

7.2　拉索加速腐蚀试验研究

由于拉索内部复杂的绞捻构造,拉索内部的腐蚀介质环境和边界条件相比普通钢构件要复杂得多。以工程界量大面广的钢绞线拉索为例,钢绞线通常会发生点蚀、均匀腐蚀和缝隙腐蚀等[89],腐蚀形式较为复杂,其原因在于拉索内部复杂的介质环境。如图 7.1 所示为一钢绞线内部的腐蚀环境示意图,外侧钢丝之间的缝隙将侧丝表面分为内、外两个部分,侧丝外表面发生还原反应,而内侧钢丝表面发生电化学溶解产生 Fe^{2+},进一步形成腐蚀产物,而腐蚀产物的运输和堆积又直接受内部边界条件的影响,这就势必复杂化了拉索内部的腐蚀形态[90]。

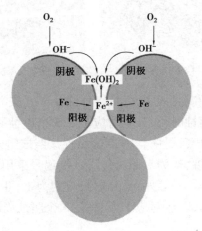

图 7.1　拉索缝隙腐蚀机理示意图

然而,对于土木工程结构而言,更为关心的是拉索的宏观力学性能随腐蚀进程的退化规律。因此,本章首先开展拉索的加速腐蚀试验,在获取拉索腐蚀形态与腐蚀环境的初步关系后,重点考查拉索力学性能与腐蚀之间的定量关系。

7.2.1　试验设计

采用试件全浸入腐蚀溶液的方式开展拉索加速腐蚀试验研究。试验选取工程中量大面广的钢绞线拉索作为分析对象,如图 7.2 所示。基于正交试验思想,设计 5 组共计 60 套直径为 15.2 mm 的 1×7 钢绞线,长度均为 650 mm。主要考查 Cl⁻ 浓度、pH 值和腐蚀时长的影响。其中,Cl⁻ 浓度设计0%、2.5%、5% 3 个水平,用工业 NaCl 调节;pH 值设计4,7,10 3 个水平,通过冰乙酸、氢氧化钠调节。对钢绞线两端进行防腐处理,悬吊摆放,如图 7.3 所示,容器底部放置氧气泵与人工气泡石以维持腐蚀溶液中的氧浓度,试验过程根据腐蚀时长记录浸入前后钢绞线的质量差。

图 7.2　拉索试件　　　　　　　图 7.3　试件布置图

具体的试件分组情况见表 7.1,腐蚀时长以 5 d(天)为一个腐蚀周期,在每组试件里均设置 3 个腐蚀时长,分别对应 1,2,3 个腐蚀周期。每组试件在任一个腐蚀时长里均设计 4 套试件,其中,3 套试件按照该组设计的腐蚀环境进行加速腐蚀,剩余 1 套不腐蚀,作为对照试件。试件编号采用"LS X-Y-Z"的形式,其中,"LS"表示拉索试件;"X"表示分组编号,分别为 Ⅰ,Ⅱ,Ⅲ,Ⅳ,Ⅴ;"Y"表示腐蚀时长编号,分别为①,②,③对应 1 个、2 个、3 个腐蚀周期;"Z"表示试件序号,分别为 1,2,3,4。

表 7.1　试验分组

分组编号	Cl⁻浓度/%	初始 pH 值	腐蚀时长		
			5 d	10 d	15 d
1	2.5	4	LS1-1 ~ LS1-4	LS1-5 ~ LS1-8	LS1-9 ~ LS1-12
2	2.5	7	LS2-1 ~ LS2-4	LS2-5 ~ LS2-8	LS2-9 ~ LS2-12
3	2.5	10	LS3-1 ~ LS3-4	LS3-5 ~ LS3-8	LS3-9 ~ LS3-12
4	5	7	LS4-1 ~ LS4-4	LS4-5 ~ LS4-8	LS4-9 ~ LS4-12
5	0	7	LS5-1 ~ LS5-4	LS5-5 ~ LS5-8	LS5-9 ~ LS5-12

7.2.2　试验现象与分析

记录试件的腐蚀过程,并结合金属腐蚀基本原理,归纳总结出拉索在不同 pH 值和 Cl⁻ 浓度时的腐蚀规律,如下所述:

1)腐蚀过程

(1)酸性环境

腐蚀开始时,试件 LS I-①-1-1 ~ LS I-①-3 的钢丝间缝隙处优先发生析氢反应,产生连串气泡,如图 7.4(a)所示;随后,拉索表面气泡逐渐减少,开始发生吸氧反应,腐蚀 3 d 时,拉索表面逐渐被黄褐色物质覆盖,如图 7.4(b)所示;腐蚀 5 d 时,脱落的腐蚀产物覆盖层呈柱面状,如图 7.4(c)所示,柱面内侧为黑色钢绞线基体,外侧为黄褐 Fe_2O_3,白色区域物质是沉积在钢绞线表面的白色腐蚀产物 $Fe(OH)_2$。完成一个腐蚀周期后,为维持腐蚀溶液的介质浓度,更换腐蚀溶液,在此过程中,由于受溶液更换时的振荡和气泵产生的气泡流的影响,部分钢丝外表面的腐蚀产物脱落,脱落部位钢绞线在下一轮腐蚀周期内最开始仍会出现小气泡,但气泡数量较上一次减少,然后出现黄褐色物质覆盖,但覆盖范围小,且相对腐蚀产物未脱落部分颜色较浅。

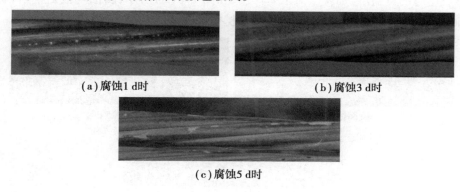

(a)腐蚀1 d时　　　　　　　　　　　　(b)腐蚀3 d时

(c)腐蚀5 d时

图 7.4　酸性条件下拉索腐蚀过程

(2)中性环境

当腐蚀溶液的 pH 值为 7 时,发现拉索的腐蚀过程与酸性环境不同,在腐蚀开始阶段,试件 LS X-①-1 ~ LS X-①-3(X = Ⅱ、Ⅳ、Ⅴ)将发生吸氧反应,表面并无气泡产生;腐蚀 2 d 时,钢绞线的表面与缝隙处产生黄色腐蚀产物 Fe_2O_3,由于 Cl⁻ 活跃的“搬运”能力,第Ⅳ组、第Ⅱ组、第Ⅴ组试件的溶液浑浊程度逐级降低;腐蚀 5 d 时,对比观察发现试件 LS Ⅳ-①-1 ~ LS Ⅳ-①-3 的腐蚀产物更容易在缝隙处堆积且呈网孔状,如图7.5所示。

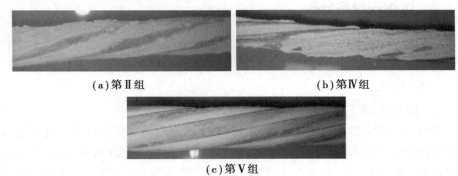

(a)第Ⅱ组   (b)第Ⅳ组

(c)第Ⅴ组

图7.5 不同 Cl^- 浓度下的腐蚀现象

(3)碱性环境

拉索在碱性溶液中的腐蚀过程与中性时大致相似,但在碱性环境中,OH^- 浓度大,优先发生 $Fe^{2+}+2OH^- \longrightarrow Fe(OH)_2$ 反应,使得 Fe^{2+} 来不及被 Cl^- 搬运到缝隙外。试件 LS Ⅲ-①-1 ~ LS Ⅲ-①-3 腐蚀2 d时,腐蚀产物首先出现在钢丝缝隙处,钢丝外表面呈现金属光泽,如图7.6(a)所示;腐蚀5 d时,腐蚀产物堆积形成厚厚的覆盖层,加剧了氧浓差作用,如图7.6(b)所示;腐蚀溶液更换后,腐蚀产物依然先在缝隙处出现,然后缓慢扩散至钢丝外表面,如图7.6(c)所示。

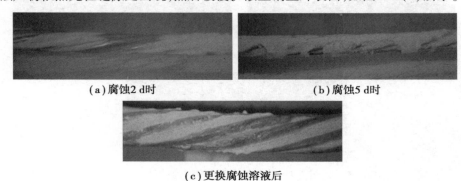

(a)腐蚀2 d时   (b)腐蚀5 d时

(c)更换腐蚀溶液后

图7.6 碱性环境拉索腐蚀过程

2)腐蚀形态

完成3个腐蚀周期后,对试件 LS X-③-1 ~ LS X-③-3($X=$ Ⅰ ~ Ⅴ)用清水进行冲洗,并用刷子清理表面,待其风干后,观察试件最终腐蚀形态,如下所述:

（1）酸性环境

试件 LSⅠ-③-1～LSⅠ-③-3 表面可观察到椭圆状的坑，腐蚀产物成片脱落，如图 7.7 所示。可知酸性条件下，钢绞线主要发生均匀腐蚀和点蚀，缝隙内腐蚀变形相对较小。

图 7.7　酸性条件下拉索最终腐蚀形态

（2）中性环境

试件 LSX-③-1～LSX-③-3(X=Ⅱ、Ⅳ)外表面暴露出的钢丝基体和腐蚀产物分别成片分布，而钢丝外表面靠近缝隙处钢丝基体沿轴向连续暴露，且 Cl^- 浓度越高，腐蚀越严重，如图 7.8(a) 和(b) 所示，符合缝隙腐蚀特征。试件 LS V-③-1～LS V-③-3 表面分布着密密麻麻的较小腐蚀坑，缝隙腐蚀较小，如图 7.8(c) 所示，符合点蚀特征。

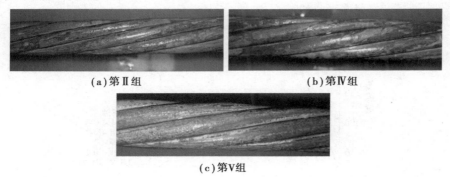

(a)第Ⅱ组　　　　　　　　　　　(b)第Ⅳ组

(c)第V组

图 7.8　中性条件下拉索最终腐蚀形态

（3）碱性环境

如图 7.9 所示为试件 LSⅢ-③-1～LSⅢ-③-3 腐蚀后的典型形态代表图，从图中可以看出，缝隙处钢丝内表面较光滑，缝隙处钢丝缝隙变宽，钢丝外表面有锈迹顺着钢丝缝隙分布，符合缝隙腐蚀特征。

图 7.9　碱性条件下拉索最终腐蚀形态

7.3　腐蚀拉索力学性能试验研究与预测分析

上述研究表明腐蚀环境会对拉索的腐蚀过程和形态产生影响,而腐蚀形态又与拉索的力学性能直接相关,因此,不同腐蚀环境下拉索力学性能的演变规律也不同。为了厘清腐蚀环境对拉索力学性能的影响规律,开展不同腐蚀环境下的拉索力学性能试验研究。又因拉索主要承受轴向拉力,对各组试件依次开展单向拉伸试验。

7.3.1　单向拉伸试验

首先,为明确不同腐蚀形态下的拉索力学性能,分别在每组腐蚀了 3 个腐蚀周期(15 d)的试件中任选 1 根,本试验选取的试件依次为:LSⅠ-③-3,LSⅡ-③-3,LSⅢ-③-3,LSⅣ-③-2,LSⅤ-③-2,绘制拉索单向拉伸的荷载–应变曲线,并与该组未腐蚀拉索对照试件进行对比,如图 7.10 所示。

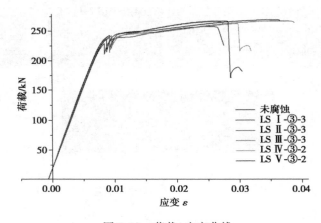

图 7.10　荷载–应变曲线

结合荷载–应变曲线与试验现象分析可知,各试件的荷载-应变曲线可分为 3 个阶段,阶段 1 为预加载阶段,即曲线 $\varepsilon<0$ 的部分,该阶段因拉索夹片与试验机产生相对滑移,在其卸载后出现了小于 0 的情况;随后进入阶段 2,即弹性阶段,直至曲线第一次下降达到屈服强度;接着进入阶段 3,即塑性变形阶段直至拉索断裂,当到达极限应变时,由于钢丝并非同时断裂,导致曲线出现第二次骤降回升。通过对比曲线在弹性阶段的斜率及最大值可知,腐蚀后拉索的弹性模量及屈服强度相较于未腐蚀拉索均有所削弱。

　　为了方便后文量化描述拉索腐蚀与力学性能之间的关系,引入腐蚀率 η 作为"桥梁",用来评价拉索的腐蚀程度,并计算出所有试件的弹性模量比 λ_E、屈服强度比 λ_{fy} 和极限抗拉强度比 λ_{fu},以评估拉索的主要力学性能退化情况,具体计算结果详见表7.2。$\eta,\lambda_E,\lambda_{fy},\lambda_{fu}$ 的计算,见式(7.1)至式(7.4)。

$$\eta = \frac{w_0 - w_1}{w_0} \times 100\% \tag{7.1}$$

$$\lambda_E = \frac{E_S}{E_{S_0}} \tag{7.2}$$

$$\lambda_{fy} = \frac{f_y}{f_{y_0}} \tag{7.3}$$

$$\lambda_{fu} = \frac{f_u}{f_{u_0}} \tag{7.4}$$

式中　w_0——拉索腐蚀前的质量;

　　　w_1——腐蚀后拉索拉断后的质量;

　　　E_S——腐蚀拉索的名义弹性模量,取图7.10中弹性阶段的直线斜率与拉索公称截面面积之比;

　　　E_{S_0}——未腐蚀拉索的名义弹性模量,从未腐蚀的15根拉索中随机抽取7根试验结果的平均值,计算结果为202.47 GPa;

　　　f_y——腐蚀拉索的名义屈服强度;

　　　f_{y_0}——未腐蚀拉索的名义屈服强度,取0.2%残余应变所对应的应力,同 E_{S_0} 取试验平均值,1 756.8 N/mm²;

　　　f_u——腐蚀拉索的名义极限抗拉强度,取最大拉伸力与公称截面面积之比;

　　　f_{u_0}——未腐蚀拉索的名义极限抗拉强度,同 E_{S_0} 取试验平均值,1 915.1 N/mm²。

表7.2　试验得到的腐蚀拉索力学性能参数表

试件	w_0/g	w_1/g	w_0-w_1/g	η/%	λ_E	λ_{fy}	λ_{fu}
LS I-①-1	725.2	723.6	1.6	0.221	0.972	0.991	0.985
LS I-①-2	724.3	722.0	2.3	0.318	0.973	0.989	0.988
LS I-①-3	723.1	719.8	3.3	0.456	0.955	0.985	0.988
LS I-②-1	729.0	724.5	4.5	0.617	0.953	0.981	0.983
LS I-②-2	723.1	718.0	5.1	0.705	0.963	0.987	0.982

续表

试件	w_0/g	w_1/g	w_0-w_1/g	$\eta/\%$	λ_E	λ_fy	λ_fu
LS I -②-3	730.0	726.2	3.8	0.521	0.969	0.992	0.986
LS I -③-1	721.1	712.4	8.7	1.206	0.984	0.985	0.976
LS I -③-2	726.3	717.1	9.2	1.267	0.910	0.992	0.973
LS I -③-3	717.9	709.0	8.9	1.240	0.954	0.972	0.962
LS II -①-1	720.4	718.9	1.5	0.208	0.978	1.002	0.994
LS II -①-2	729.2	727.2	2	0.274	1.011	1.002	0.999
LS II -①-3	721.4	720.2	1.2	0.166	0.991	1.000	0.997
LS II -②-1	729.4	726.5	2.9	0.398	1.025	1.000	0.995
LS II -②-2	720.9	717.7	3.2	0.444	1.000	1.006	0.993
LS II -②-3	726.9	723.8	3.1	0.426	0.958	1.005	0.992
LS II -③-1	729.0	725.4	3.6	0.494	0.944	0.990	0.990
LS II -③-2	727.2	721.3	5.9	0.811	0.963	0.985	0.992
LS II -③-3	731.2	727.2	4	0.547	0.949	0.990	0.986
LS III -①-1	723.2	720.4	2.8	0.387	1.012	0.998	0.994
LS III -①-2	729.5	728.2	1.3	0.178	0.999	0.992	0.993
LS III -①-3	724.8	723.5	1.3	0.179	1.008	0.992	0.994
LS III -②-1	727.1	724.1	3	0.413	0.977	0.998	0.993
LS III -②-2	728.6	725.4	3.2	0.439	0.981	0.996	0.993
LS III -②-3	729.0	725.4	3.6	0.494	0.977	1.005	0.996
LS III -③-1	725.1	719.4	5.7	0.786	0.994	0.997	0.990
LS III -③-2	725.4	718.8	6.6	0.910	0.972	0.997	0.992
LS III -③-3	734.1	728.5	5.6	0.763	0.983	0.990	0.994
LS IV -①-1	724.1	722.9	1.2	0.166	0.971	1.001	0.992
LS IV -①-2	726.8	724.5	2.3	0.316	0.966	0.998	0.994
LS IV -①-3	727.4	725.3	2.1	0.289	0.989	0.995	0.992
LS IV -②-1	729.2	726.0	3.2	0.439	0.980	0.990	0.982
LS IV -②-2	726.6	722.8	3.8	0.523	0.983	0.993	0.991

续表

试件	w_0/g	w_1/g	w_0-w_1/g	η/%	λ_E	λ_{fy}	λ_{fu}
LSⅣ-②-3	722.3	719.2	3.1	0.429	0.980	0.991	0.989
LSⅣ-③-1	724.5	718.9	5.6	0.773	0.973	0.988	0.990
LSⅣ-③-2	722.9	716.7	6.2	0.858	0.957	0.987	0.980
LSⅣ-③-3	722.9	718.3	4.6	0.636	0.934	0.990	0.991
LSⅤ-①-1	724.9	724.3	0.6	0.083	1.016	1.000	0.996
LSⅤ-①-2	727.8	726.5	1.3	0.179	0.990	1.003	0.996
LSⅤ-①-3	728.7	728.6	0.1	0.014	0.984	1.006	0.998
LSⅤ-②-1	728.9	727.8	1.1	0.151	1.011	0.996	0.996
LSⅤ-②-2	726.0	723.8	2.2	0.303	0.987	0.994	0.986
LSⅤ-②-3	727.2	725.3	1.9	0.261	0.965	1.003	0.998
LSⅤ-③-1	723.7	721.9	1.8	0.249	0.955	0.994	0.996
LSⅤ-③-2	723.6	722.0	1.6	0.221	0.959	0.990	0.997
LSⅤ-③-3	725.5	722.9	2.6	0.358	0.980	0.995	0.962

7.3.2　腐蚀环境对拉索腐蚀率的影响分析

为考查腐蚀与拉索力学性能之间的关系,首先分析影响腐蚀环境的各项因素与拉索腐蚀率之间的量化关系。

1)pH 值

对比分析第Ⅰ～Ⅲ组试件的试验结果可考查 pH 值单因素变化对 η 的影响,根据表 7.2 中的数据绘制 η 随 pH 值和腐蚀时长 T 的变化趋势曲线,如图 7.11 所示。由图 7.11 可知,随着 pH 值的增大,η 先减小后增大;且在相同的 pH 值变化梯度下,酸性环境拉索腐蚀程度更大。

为建立 η 与 pH 值之间的量化关系,对图 7.11 中 $T=15$ d 时的曲线进行拟合,可得拟合优度为 0.893,即

$$\eta = 49.731\ 8e^{-pH} + 0.081\ 8 \cdot pH + 2.77 \times 10^{-4} \tag{7.5}$$

其中,η 单位为%(下同,不再重复描述),pH 为 pH 值。

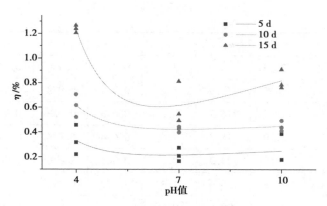

图 7.11 η 随 pH 值的变化趋势图

2) Cl⁻ 浓度 C

提取第Ⅱ、Ⅳ、Ⅴ组试件的试验结果,考查 η 与 Cl⁻ 浓度单因素之间的关系,同样,根据表 7.2 中的数据,绘制 3 组试验的 η 随 Cl⁻ 浓度和腐蚀时长 T 的变化趋势曲线,如图 7.12 所示,随着 Cl⁻ 浓度的增加,η 也随之增加,但 Cl⁻ 浓度增大到一定程度后,对 η 的影响不再增加。显然,这是因为 Cl⁻ 达到一定浓度后,其搬运作用会受到腐蚀产物生成速率的制约。

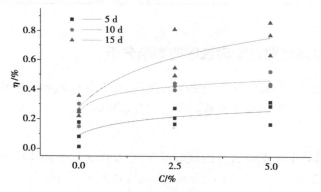

图 7.12 η 随 C 的变化趋势图

同样地,对图 7.12 中 $T=15$ d 时的曲线进行拟合,得到 η 与 Cl⁻ 浓度之间的量化关系式,即

$$\eta = 0.247\ 5\ \ln(C+0.841) + 0.319 \tag{7.6}$$

式中 C——Cl⁻ 浓度值,%,该式拟合优度为 0.797。

3）腐蚀时长 T

绘制 5 组试验的 η 随 pH 值、Cl^- 浓度及腐蚀时长 T 的变化趋势曲线,如图 7.13 所示,可以发现随着腐蚀时间的积累,腐蚀程度有显著的变化,其中,第 I 组腐蚀最快,第 V 组腐蚀率变化最小。绘制 pH=7、Cl^- 浓度为 2.5% 时,拟合 η 与 T 的关系式,即

$$\eta = 0.043\ 6 \cdot T^{0.9} + 0.045\ 9 \tag{7.7}$$

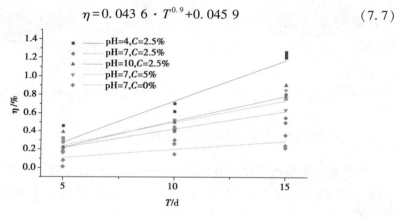

图 7.13　η 随 T 的变化趋势图

4）pH、Cl^- 浓度与腐蚀时长 T 的耦合作用

根据表 7.2 中的数据,拟合出 η 随 pH 值、C 和 T 多因素变化的多元关系式,如式(7.8)所示,该式拟合优度为 0.913 3。为了更为形象地描述 η 与腐蚀环境和时长的关系,根据式(7.8)绘制 $C=2.5$ 时,η 随 pH 值与 T 的变化趋势图,如图 7.14 所示,随着腐蚀时长 T 的增加,酸性环境下拉索腐蚀程度较中性及碱性环境更严重,且当 T 为 1 400 d 时,拉索腐蚀率达到 78.4%;当 pH=7 时,η 随 C 与 T 的变化趋势图,如图 7.15 所示,Cl^- 浓度 C 在一定范围内,随着腐蚀时长 T 的增加,Cl^- 浓度 C 越高,拉索腐蚀越严重,当 Cl^- 浓度 C 达到极限“搬运”能力后,Cl^- 浓度 C 对拉索的腐蚀程度影响不再明显,且当 T 为 1 400 d 时,拉索腐蚀率达 51.0%。

$$\begin{aligned}
\eta = {} & 0.212 - 0.032\ 5 \times \text{pH} - 18.671\ 2 \times e^{-\text{pH}} + \\
& 0.004\ 2 \times T^{0.9} + 4.995 \times T^{0.9} \times e^{-\text{pH}} + 0.006\ 9 \times T^{0.9} \times \text{pH} - \\
& 0.000\ 68 \times \text{pH} \times \ln(C + 0.01)
\end{aligned} \tag{7.8}$$

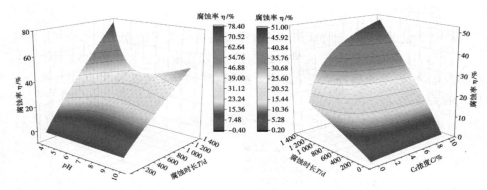

图 7.14　$C=2.5$ 时，η 随 pH 与 T 的变化图　　图 7.15　pH=7 时，η 随 C 与 T 的变化图

7.3.3　腐蚀率与拉索力学性能的关系分析

根据表 7.2 中的数据，绘制腐蚀拉索的 λ_E，λ_{fy}，λ_{fu} 随 η 的变化趋势，如图 7.16 所示，随着 η 的增大，腐蚀后拉索的弹性模量、屈服强度、极限强度均呈下降趋势。

进一步，为了得到拉索力学性能随其腐蚀率 η 的计算方法，对图 7.16 中的散点进行线性拟合，且固定截距均为 1，则得到拉索力学性能参数随 η 的关系式，即

$$\lambda_E = -0.046\ 35\eta + 1 \tag{7.9}$$

$$\lambda_{fy} = -0.013\ 46\eta + 1 \tag{7.10}$$

$$\lambda_{fu} = -0.020\ 61\eta + 1 \tag{7.11}$$

利用式(7.9)至式(7.11)可初步构建腐蚀拉索的本构关系，如图 7.17 所示。图 7.17 中，曲线 A-C-D 以下为弹性阶段；曲线 A-C-D 以上为塑性变形段，定义该阶段首尾两点连线的直线斜率为塑性模量。根据 7 根未腐蚀拉索的拉伸试验结果，塑性模量与弹性模量的比值为 1/30.2 ~ 1/26.4，本节取塑性模量为 $E_s/28$。此外，图 7.17 中曲线 AC 段表示随着 η 的增大，拉索 f_y 和 E_s 会降低，引起"屈服应变-屈服应力点"的移动轨迹。同理，BC 段表示拉索 f_u 降低引起的"极限应变-极限应力点"移动轨迹。而 CD 段表示 E_s 的下降程度要比 f_u 的下降程度大得多，从而导致 CD 段出现 f_u 降低而极限应变 ε 增加的情况。

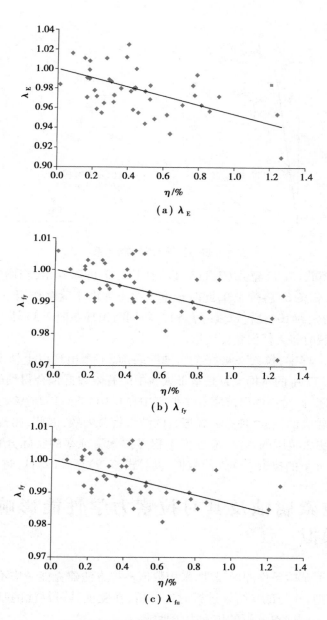

图 7.16　拉索力学性能随 η 的变化图

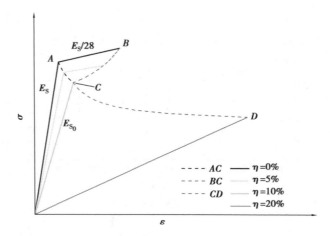

图 7.17 腐蚀拉索本构关系

综合分析式(7.9)至式(7.11),以及图 7.17 可以看出,当腐蚀率 η 约为 21.575% 时,名义 E_s 将等于 0,此时理论上拉索在微小荷载作用下将产生无限变形;当 η 增大到 10% 后,拉索的 f_y 和 f_u 将同时出现在图 7.17 中的 C 点处,也就是拉索断裂时将无任何塑性变形。

在实际工程中,拉索在被完全腐蚀断裂前,不会出现以上情况,分析其原因,在于图 7.17 中的本构关系是基于试验中的有限数据拟合得到的,而由于试验条件的限制,试验中的腐蚀率 η 主要集中在 0.014% ~ 1.267%,其范围较小,尤其是对 η 较大的拉索,现有公式拟合的结果将会失效,因此,如若要对拉索力学性能进行更大范围的预测,应根据工程界拉索腐蚀率的实际分布情况,补充不同腐蚀率 η 下的拉索力学性能数据,以对式(7.9)至式(7.11)进行修正。

7.4 拉索腐蚀及其对拉索力学性能影响的数值模拟

鉴于目前试验条件的局限性,采用数值模拟方法建立能考虑不同腐蚀形态的有限元模型,并与试验结果进行对比分析,在验证其可靠性的基础上进一步模拟计算不同腐蚀率 η 下的拉索力学性能。

7.4.1 拉索截面腐蚀数值模型

根据前述试验结果,拉索的腐蚀形态主要是均匀腐蚀、缝隙腐蚀和点蚀,在建立腐蚀拉索的精细化有限元模型前,应先计算出均匀腐蚀和缝隙腐蚀在任一截面上的具体形态,以及点蚀沿拉索轴线方向的分布情况。

因此,首先结合加速腐蚀试验环境,基于电化学腐蚀、金属水解反应、传质过程、物质沉积以及电荷平衡原理,利用 COMSOL MULTIPHYSICS 软件模拟电化学过程,通过求解偏微分方程组对试验所用的 1×7 Φ15.2 钢绞线拉索开展数值模拟分析。建立数值模型时,沿拉索轴线方向虽为绞捻构造,但每个截面的形态大致相同,为减小计算量,根据对称性,取任一截面的 1/6 展开分析,如图 7.18 所示,将模型中两钢丝间的缝隙贯通,最小距离设置为 0.1 mm,并对几何模型中影响计算收敛的尖锐顶角进行圆角处理。分别建立 pH=4,7,10 时的拉索截面腐蚀电化学模型,采用自由网格划分,3 种 pH 值下的模型划分网格相似,以 pH=7 为例,如图 7.19 所示。

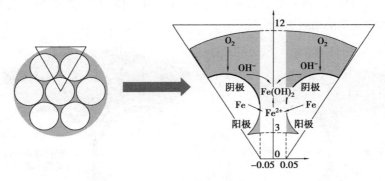

图 7.18　几何模型(单位:mm)

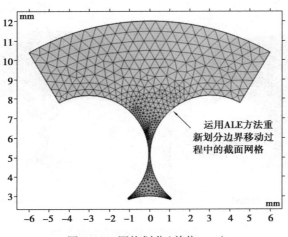

图 7.19　网格划分(单位:mm)

7.4.2 拉索截面腐蚀形态模拟结果

分别计算出 3 组模型的腐蚀形态演变过程,具体结果如下:

1)pH=4

初始溶液 pH=4 的拉索横截面腐蚀变形过程,如图 7.20 所示,图中浅色代表腐蚀产物,深色代表钢丝所处的腐蚀溶液。当腐蚀模拟时间 $t=0$ s 时,腐蚀产物沉积最先出现在钢丝外侧小范围内;当 $t=20\,000$ s 时,缝隙外腐蚀产物逐渐在阴极表面堆积;当 $t=40\,000$ s 时,钢丝整体被均匀腐蚀,钢丝直径减小,此时缝隙外腐蚀产物已堵塞缝隙口;当 $t=60\,000$ s 时,钢丝外表面腐蚀程度比缝隙处表面的腐蚀程度严重,缝隙钢丝间最小间距被扩大到 0.7 mm。整个过程中,钢丝发生均匀腐蚀,腐蚀产物在钢丝外表面均匀沉积,与 7.2.2 节酸性环境加速腐蚀试验现象吻合。

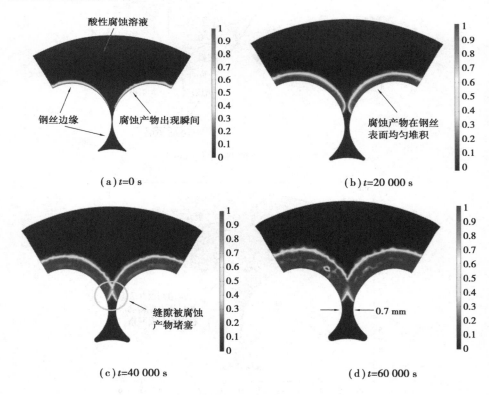

图 7.20　pH=4 时拉索截面腐蚀变形过程

2）pH=7

当 pH=7 时,拉索截面腐蚀变形过程如图 7.21 所示。由图 7.21 可知,当腐蚀模拟时间 t=20 000 s 时,腐蚀产物在缝隙处沉积,开始堵塞钢丝间的缝隙,缝隙最小宽度由原本的 0.1 mm 腐蚀到 0.8 mm;当 t=40 000 s 时,缝隙口完全被腐蚀产物堵塞,但腐蚀产物内部仍有空洞,缝隙最小宽度进一步增大到 1.5 mm;当 t=60 000 s 时,腐蚀产物变得密实,缝隙最小宽度被扩展到 2.25 mm。与 pH=4 时的模型不同,pH=7 时的模型中靠近钢丝缝隙处腐蚀最严重,主要发生了缝隙腐蚀,与 7.2.2 节中性环境加速腐蚀试验现象吻合。

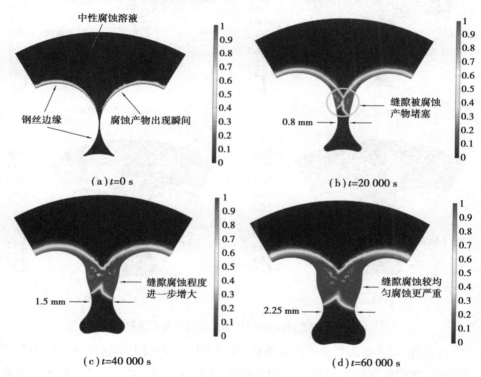

图 7.21　pH=7 时拉索截面腐蚀变形过程

3）pH=10

初始溶液的 pH=10 时,拉索横截面腐蚀变形过程如图 7.22 所示。该模拟结果与 pH=7 时的模拟结果比较接近,但腐蚀程度相对更重。当 t=60 000 s 时,腐蚀产物变得密实,缝隙最小宽度被扩展到 2.3 mm,与 7.2.2 节中碱性环境加速腐蚀试验现象吻合,符合缝隙腐蚀特征。

   对比分析图 7.20 至图 7.22 可以发现,酸性环境拉索主要发生均匀腐蚀,中性与碱性环境下主要发生缝隙腐蚀,且碱性环境较中性环境腐蚀更严重,有限元模拟结果均与 7.2.2 节的试验现象相吻合,验证了腐蚀形态数值模拟结果的可靠性。

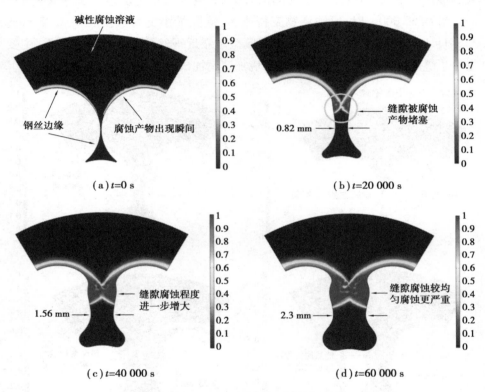

图 7.22　pH = 10 时拉索截面腐蚀变形过程

   获取拉索的截面腐蚀形态数据后,要将其引入拉索力学性能分析的有限元模型中,才能得到拉索腐蚀对其力学性能的影响规律。本节采用 ANSYS 有限元软件建立拉索考虑腐蚀形态的数值模型,为方便模型的建立,对腐蚀后的横截面形状进行简化处理,具体操作为:将任一时刻外围钢丝边界形状提取出来,如图 7.23(a)所示,图中实线为钢丝腐蚀后的形状,虚线为未腐蚀钢丝的形状;利用半径为 R_1 与 R_2 的圆弧贴合腐蚀后的钢丝上轮廓和下轮廓,再用半径为 R_3 的圆弧贴合被腐蚀最严重区域;最后对 R_1,R_2,R_3 交接处进行半径为 1 mm 的圆角处理,如图 7.23(b)所示。简化后的效果如图 7.23(c)所示,处理后的形状能够很好地吻合未处理之前的腐蚀形状。

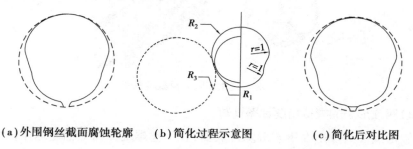

(a)外围钢丝截面腐蚀轮廓　　(b)简化过程示意图　　(c)简化后对比图

图 7.23　外围钢丝腐蚀后的简化示意图

7.4.3　拉索力学性能有限元模型

1)单元选取和边界条件

拉索由 6 根钢丝围绕 1 根中心钢丝绞捻制成,根据试验选用钢绞线拉索的产品参数,列出有限元模型中各钢丝的几何参数和材料参数,见表 7.3。采用 SOLID95 单元模拟钢丝,用垂直于螺旋线的外围钢丝横截面沿每条螺旋线扫掠形成外围钢丝螺旋体,并使钢绞线各钢丝断面处于同一平面,便于在钢绞线端面施加各种约束和荷载,再对外围钢丝螺旋体采用体扫掠划分单元。约束拉索张拉端面上平行于拉索截面方向的自由度,使拉索只能在轴线方向自由,在拉索张拉端面上施加轴向荷载,建立拉索有限元模型示意图,如图 7.24 所示。

表 7.3　钢丝的几何与材料参数表

参数	数值	参数	数值
中丝半径 R_c/mm	2.65	弹性模量 E_{sa}/GPa	206
外丝半径 R_H/mm	2.5	塑性模量 E_{pa}/GPa	24.6
捻距 L/mm	218	泊松比	0.3
屈服强度 f/MPa	1 860	摩擦系数	0.115

图 7.24　拉索有限元模型示意图

2）腐蚀形态的模拟与腐蚀率计算

假定点蚀只发生在钢丝缝隙外表面,在钢丝螺旋柱面上创建球体,运用布尔减运算得到点蚀坑的几何模型,如图 7.25(a)所示。缝隙腐蚀和均匀腐蚀后的钢丝几何模型,是将图 7.25(c)所示的几何形状沿外丝截面中心绕拉索轴线的螺旋线扫掠得到,如图 7.25(b)所示。共同腐蚀作用的钢丝腐蚀几何模型,如图 7.25(c)所示。

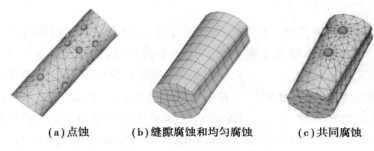

(a)点蚀　　　(b)缝隙腐蚀和均匀腐蚀　　　(c)共同腐蚀

图 7.25　腐蚀形态几何模型

由几何学可知,未腐蚀拉索的体积可按式(7.12)至式(7.13)计算,外丝上不同大小点蚀坑的体积按式(7.14)计算,受点蚀后拉索的腐蚀率 η_1 的计算公式可写成式(7.15)。

$$V = L \cdot \pi \cdot R_C + 6L \cdot \pi R_H^2 \qquad (7.12)$$

$$L = \frac{1}{P} \cdot \sqrt{P^2 + (\pi d)^2} \qquad (7.13)$$

$$V_1 = -0.166\ 1r^4 + 2.122\ 3r^3 - 0.027\ 2r^2 + 0.010\ 8r - 0.001\ 4 \qquad (7.14)$$

$$\eta_1 \frac{nV_1}{V} \times 100\% \qquad (7.15)$$

式中　P——螺旋线的螺距;

　　　　d——螺旋线的直径;

　　　　r——蚀坑半径;

n——蚀坑总数量；

η_1——单位同前为%。

结合图 7.25 可计算出缝隙和均匀腐蚀后拉索的体积为式(7.16)，缝隙腐蚀和均匀腐蚀的腐蚀率 η_2 可按式(7.17)计算。

$$V_2 = L \cdot \pi R_C^2 + 6LA' \tag{7.16}$$

式中 A'——腐蚀后拉索钢丝横截面面积。

$$\eta_2 = \left(1 - \frac{V_2}{V}\right) \times 100\% \tag{7.17}$$

则共同腐蚀作用后拉索的腐蚀率 η_3 为

$$\eta_3 = \left(1 - \frac{V_2}{V} + \frac{nV_1}{V}\right) \times 100\% \tag{7.18}$$

7.4.4 有限元计算结果

1）考虑点蚀的计算结果分析

根据式(7.12)至式(7.15)，建立 85 组考虑不同腐蚀率 η_1 的拉索点蚀有限元模型，腐蚀率范围为 0.037% ~ 2.704%，点蚀坑随机分布在拉索表面。将计算得到的力学性能结果列入表 7.4 中，并绘制 η_1 与各项力学性能参数间的关系图，如图 7.26 所示。

表7.4 考虑点蚀影响的拉索力学性能数值模拟结果表

编号	蚀坑半径/mm	蚀坑数/个	η/%	λ_E	λ_{fy}	λ_{fu}
1	0.25	258	0.088	0.975	0.977	0.989
2	0.25	347	0.121	0.976	0.979	0.986
3	0.25	327	0.108	0.976	0.978	0.987
4	0.25	328	0.108	0.976	0.977	0.987
5	0.25	313	0.105	0.976	0.975	0.987
6	0.25	323	0.108	0.975	0.979	0.987
7	0.25	335	0.113	0.976	0.977	0.988
8	0.25	308	0.103	0.975	0.979	0.987
9	0.25	312	0.108	0.974	0.979	0.986
10	0.25	323	0.107	0.976	0.977	0.987

续表

编号	蚀坑半径/mm	蚀坑数/个	$\eta/\%$	λ_E	λ_{fy}	λ_{fu}
11	0.25	322	0.107	0.976	0.975	0.987
12	0.25	345	0.113	0.975	0.988	0.988
13	0.25	329	0.110	0.975	0.979	0.988
14	0.25	344	0.115	0.975	0.977	0.986
15	0.25	303	0.103	0.975	0.979	0.986
16	0.25	308	0.105	0.976	0.977	0.987
17	0.25	334	0.111	0.975	0.979	0.986
18	0.25	321	0.108	0.976	0.977	0.986
19	0.25	328	0.112	0.975	0.991	0.987
20	0.25	329	0.108	0.975	0.979	0.986
21	0.25	288	0.098	0.976	0.977	0.986
22	0.25	296	0.097	0.975	0.977	0.987
23	0.25	296	0.097	0.975	0.977	0.986
24	0.25	312	0.104	0.975	0.977	0.987
25	0.25	313	0.105	0.976	0.977	0.989
26	0.25	160	0.052	0.975	0.980	0.988
27	0.25	114	0.037	0.975	0.977	0.986
28	0.25	120	0.039	0.975	0.975	0.988
29	0.25	325	0.114	0.976	0.977	0.988
30	0.25	312	0.102	0.976	0.975	0.987
31	0.25	347	0.116	0.975	0.978	0.987
32	0.25	176	0.059	0.976	0.975	0.988
33	0.25	257	0.085	0.975	0.977	0.989
34	0.25	235	0.078	0.975	0.977	0.987
35	0.5	134	0.341	0.970	0.977	0.987
36	0.5	128	0.326	0.969	0.980	0.988
37	0.5	132	0.336	0.969	0.979	0.987

编号	蚀坑半径/mm	蚀坑数/个	$\eta/\%$	λ_E	λ_{fy}	λ_{fu}
38	0.5	133	0.339	0.971	0.977	0.987
39	0.5	143	0.364	0.971	0.979	0.986
40	0.5	136	0.347	0.974	0.974	0.987
41	0.5	132	0.336	0.971	0.977	0.988
42	0.5	136	0.347	0.971	0.979	0.987
43	0.5	132	0.336	0.969	0.979	0.987
44	0.5	107	0.273	0.969	0.977	0.987
45	0.5	136	0.347	0.970	0.980	0.985
46	0.5	135	0.344	0.970	0.975	0.987
47	0.5	139	0.354	0.969	0.977	0.987
48	0.5	129	0.329	0.968	0.980	0.987
49	0.5	129	0.329	0.967	0.977	0.985
50	0.5	114	0.290	0.970	0.980	0.986
51	0.5	124	0.316	0.969	0.977	0.987
52	0.5	130	0.331	0.970	0.979	0.986
53	0.5	141	0.359	0.971	0.977	0.989
54	0.5	121	0.308	0.969	0.977	0.986
55	0.5	138	0.352	0.973	0.975	0.987
56	0.5	125	0.318	0.968	0.977	0.986
57	0.5	125	0.318	0.971	0.979	0.987
58	0.5	125	0.318	0.971	0.977	0.987
59	0.5	119	0.303	0.969	0.979	0.987
60	0.5	142	0.362	0.973	0.974	0.987
61	0.5	142	0.362	0.970	0.979	0.987

续表

编号	蚀坑半径/mm	蚀坑数/个	$\eta/\%$	λ_E	λ_{fy}	λ_{fu}
62	0.5	142	0.362	0.969	0.979	0.988
63	0.75	147	1.239	0.968	0.974	0.963
64	0.75	137	1.155	0.964	0.971	0.959
65	0.75	149	1.256	0.964	0.971	0.958
66	0.75	135	1.138	0.964	0.976	0.963
67	0.75	130	1.096	0.964	0.972	0.964
68	0.75	141	1.189	0.964	0.973	0.957
69	1	112	2.194	0.959	0.968	0.914
70	1	106	2.077	0.960	0.970	0.916
71	1	101	1.979	0.961	0.971	0.925
72	1	84	1.646	0.962	0.974	0.923
73	1	118	2.312	0.960	0.969	0.915
74	1	109	2.135	0.960	0.963	0.914
75	1	104	2.037	0.963	0.970	0.922
76	1	111	2.175	0.960	0.970	0.918
77	1	101	1.979	0.960	0.963	0.919
78	1	101	1.979	0.960	0.968	0.922
79	1	101	1.979	0.961	0.971	0.919
80	1	138	2.704	0.957	0.963	0.908
81	1	138	2.704	0.956	0.966	0.899
82	1	134	2.625	0.957	0.966	0.905
83	1	134	2.625	0.957	0.965	0.891
84	1	134	2.625	0.957	0.965	0.907
85	1	134	2.625	0.956	0.965	0.902

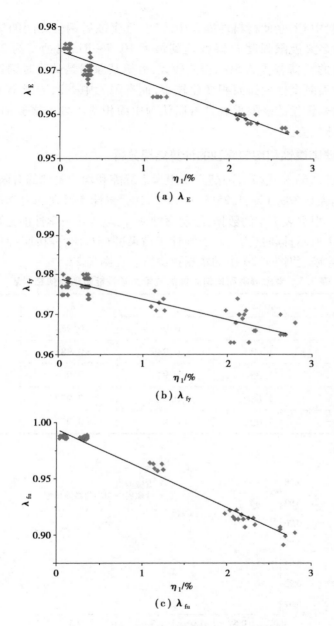

(a) λ_E

(b) λ_{fy}

(c) λ_{fu}

图 7.26　拉索力学性能随 η_1 的变化图

从图 7.26 中可以看出，在设定的腐蚀率范围内，名义弹性模量 E_S 最多下降 4.4%，名义屈服强度 f_y 最多下降 3.7%，下降幅度相比试验拟合结果偏小，

原因在于试验中 Cl^- 会使材料性能发生改变,且腐蚀后钢丝之间的接触关系也会发生变化;名义极限强度 f_u 降幅达到最大 10.9% 时,腐蚀率为 2.625%,此时,试验拟合的 f_u 降幅为 5.5%,误差较大,分析其原因是试验时钢丝腐蚀沿纵向均匀,腐蚀后剩余横截面面积变化较小,而有限元中点蚀坑减小了蚀坑处钢丝横截面面积,钢丝的极限承载力可以认为由面积最小处的横截面决定,从而降低钢丝整体的 f_u。

2)考虑缝隙腐蚀和均匀腐蚀的计算结果分析

根据式(7.16)和式(7.17)建立 5 组考虑缝隙和均匀腐蚀的有限元模型,腐蚀率 η_2 分别为 0.3%,1%,1.25%,1.68%,2%,将计算得到的力学性能结果列入表 7.5 中。根据表 7.5 的数据,绘制腐蚀率 η_2 与各项力学性能参数间的关系图,如图 7.27 所示;同时,为了与点蚀计算结果进行对比,分析腐蚀形态对拉索力学性能的影响,将图 7.26 中的数据再次绘制在图 7.27 中。

表 7.5　考虑缝隙和均匀腐蚀的拉索力学性能数值模拟结果表

编号	η/%	λ_E	λ_{fy}	λ_{fu}
1	0.30	0.944	0.988	0.986
2	1.00	0.949	0.985	0.987
3	1.25	0.941	0.989	0.985
4	1.68	0.927	0.977	0.981
5	2.00	0.921	0.977	0.978

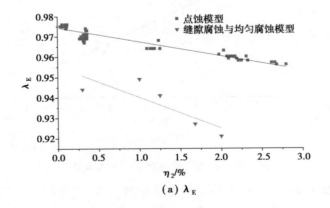

(a) λ_E

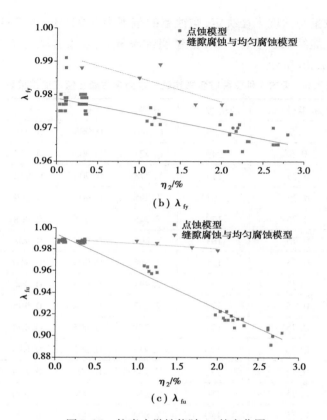

(b) λ_{fy}

(c) λ_{fu}

图 7.27　拉索力学性能随 η_2 的变化图

首先,从图 7.27 中可以看出,随着腐蚀率 η_2 的增加,拉索的 λ_E 下降最快,而 λ_{fy} 和 λ_{fu} 随 η_2 变化不大;其次,横向对比点蚀与缝隙和均匀腐蚀模型的计算结果,可以发现在相同腐蚀率,即 $\eta_1 = \eta_2$ 时,点蚀模型的 λ_{fy} 和 λ_{fu} 较缝隙和均匀腐蚀模型下降得多,而点蚀模型的 λ_E 比缝隙和均匀腐蚀模型大,分析其原因在于拉索的极限抗拉强度由截面积最小的横截面控制,而相同腐蚀率下,点蚀的最小横截面面积比缝隙和均匀腐蚀小得多,因此,点蚀对强度的影响较大;而模拟缝隙腐蚀时,改变了缝隙处钢丝的形状,导致拉索内部钢丝间的接触关系也发生改变,会使得拉索发生宏观变形,进而影响其弹性模量,从而使得缝隙和均匀腐蚀模型的弹性模量较小。

3)考虑点蚀、缝隙和均匀腐蚀多腐蚀形态的计算结果分析

参考式(7.18),建立 60 组同时考虑点蚀、缝隙和均匀腐蚀的拉索模型。为扩大腐蚀率范围,取拉索的缝隙腐蚀和均匀腐蚀的腐蚀率为 6.286%,腐蚀率的

差异由蚀坑数量与蚀坑半径决定,腐蚀率的范围为 6.921% ~ 9.734%,将模拟得到的力学性能结果列于表 7.6。绘制腐蚀率 η_3 与拉索各项力学性能参数的关系图,如图 7.28 所示。

表 7.6 考虑 3 种腐蚀综合影响的拉索力学性能数值模拟结果表

编号	蚀坑半径/mm	蚀坑数/个	η/%	λ_E	λ_{fy}	λ_{fu}
1	0.5	259	6.946	0.908	0.936	0.920
2	0.5	249	6.921	0.908	0.912	0.918
3	0.75	177	7.778	0.904	0.912	0.887
4	0.75	191	7.896	0.903	0.909	0.884
5	0.75	173	7.745	0.905	0.908	0.894
6	0.75	191	7.896	0.904	0.908	0.893
7	0.75	191	7.896	0.904	0.906	0.892
8	0.75	203	7.998	0.903	0.906	0.889
9	0.75	178	7.787	0.904	0.905	0.888
10	0.75	177	7.778	0.905	0.903	0.888
11	0.75	193	7.913	0.902	0.899	0.886
12	0.75	173	7.745	0.903	0.899	0.888
13	0.75	186	7.854	0.904	0.899	0.894
14	0.75	180	7.804	0.903	0.895	0.889
15	0.75	187	7.863	0.904	0.892	0.886
16	0.75	186	7.854	0.903	0.891	0.891
17	0.75	177	7.778	0.903	0.890	0.883
18	0.75	196	7.939	0.902	0.890	0.882
19	1	141	9.048	0.892	0.889	0.819
20	1	126	8.754	0.893	0.888	0.813
21	1	131	8.852	0.893	0.887	0.800
22	1	127	8.774	0.895	0.887	0.809
23	1	124	8.715	0.895	0.887	0.820
24	1	136	8.950	0.893	0.886	0.806
25	1	142	9.068	0.894	0.886	0.813
26	1	128	8.794	0.893	0.886	0.826

续表

编号	蚀坑半径/mm	蚀坑数/个	$\eta/\%$	λ_E	λ_{fy}	λ_{fu}
27	1	137	8.970	0.893	0.885	0.822
28	1	137	8.970	0.892	0.885	0.808
29	1	143	9.087	0.893	0.885	0.800
30	1	131	8.852	0.894	0.885	0.816
31	1	138	8.989	0.894	0.885	0.807
32	1	138	8.989	0.892	0.884	0.820
33	1	126	8.754	0.895	0.883	0.825
34	1	138	8.989	0.893	0.883	0.822
35	1	132	8.872	0.893	0.882	0.814
36	1	140	9.029	0.893	0.881	0.812
37	1	127	8.774	0.894	0.881	0.809
38	1	135	8.931	0.893	0.881	0.826
39	1	166	9.538	0.890	0.880	0.798
40	1	176	9.734	0.887	0.880	0.798
41	1	171	9.636	0.888	0.878	0.801
42	1	162	9.460	0.890	0.877	0.811
43	1	168	9.577	0.890	0.876	0.807
44	1	163	9.479	0.889	0.875	0.799
45	1	170	9.616	0.888	0.875	0.789
46	1	175	9.714	0.889	0.875	0.804
47	1	166	9.538	0.890	0.875	0.787
48	1	169	9.597	0.888	0.873	0.802
49	1	163	9.479	0.890	0.873	0.804
50	1	165	9.518	0.889	0.872	0.808
51	1	167	9.557	0.890	0.872	0.806
52	1	167	9.557	0.889	0.871	0.804

续表

编号	蚀坑半径/mm	蚀坑数/个	$\eta/\%$	λ_E	λ_{fy}	λ_{fu}
53	1	169	9.597	0.889	0.870	0.795
54	1	157	9.362	0.889	0.870	0.810
55	1	166	9.538	0.890	0.869	0.796
56	1	171	9.636	0.888	0.869	0.807
57	1	173	9.675	0.888	0.866	0.803
58	1	161	9.440	0.889	0.866	0.800
59	1	165	9.518	0.891	0.865	0.806
60	1	164	9.499	0.890	0.865	0.804

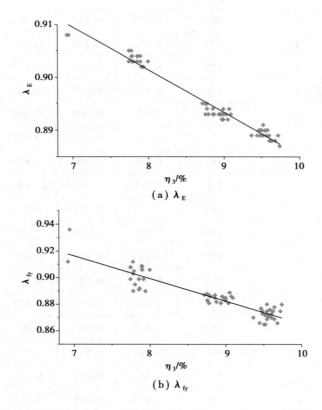

(a) λ_E

(b) λ_{fy}

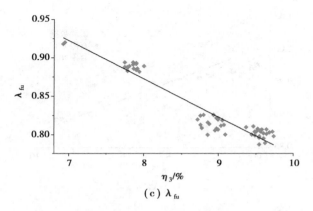

$$(c)\ \lambda_{fu}$$

图 7.28　拉索力学性能随 η_3 的变化图

从图 7.28 中可以看出,随着腐蚀率 η_3 的增大, λ_E 最大下降 11.3% , λ_{fy} 最大下降 13.5% , λ_{fu} 最大下降 21.3% 。若将最大腐蚀率为 9.734% 用试验拟合公式(式(8.7)和式(8.8))进行预测, λ_{fy} 下降为 13.1% , λ_{fu} 下降为 20.1% ,可以发现这与数值模拟结果非常接近。

7.4.5　拉索本构关系预测模型

综合有限元模拟数据与试验数据,其腐蚀率变化范围扩充为 0.014% ~ 9.734% ,绘制拉索主要力学性能参数与腐蚀率的相关图,如图 7.29 所示,图中"有限元 1"表示表 7.4 的数据,"有限元 2"表示表 7.6 的数据。

按前述方法对图 7.29 中的散点进行线性拟合,得到腐蚀率 η 与拉索主要力学性能参数之间的关系,如式(7.19)至式(7.21)所示。再根据式(7.19)至(7.21)即可对腐蚀拉索的本构模型进行修正,如图 7.30 所示。

$$\lambda_E = -0.012\ 8\eta + 1 \tag{7.19}$$

$$\lambda_{fy} = -0.017\ 29\eta + 1 \tag{7.20}$$

$$\lambda_{fu} = -0.019\ 62\eta + 1 \tag{7.21}$$

从图 7.30 中可以看出,当腐蚀率 η 增大一定程度后,会出现点 C 处的名义极限强度与名义屈服强度相等的情况,根据上述式子可以算得此时 η 约为 22% ;若 η 继续增大,腐蚀拉索将不再有塑性变形;根据式(7.21)可以计算出当腐蚀率 η 约为 25.5% 时,腐蚀拉索的极限承载能力下降 50% 。

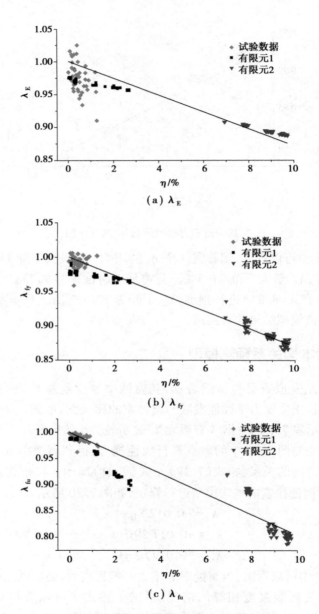

（a）λ_E

（b）λ_{fy}

（c）λ_{fu}

图 7.29　拉索力学性能随 η 的变化图

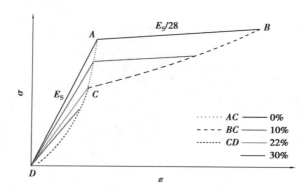

图 7.30　修正后的腐蚀拉索本构模型

7.5　拉索腐蚀对弦支穹顶结构性能的影响分析

为充分考查拉索腐蚀对弦支穹顶结构整体的影响,宜选取索撑体系设置数量较多的弦支穹顶结构作为分析对象。因此,本节仍以山东茌平体育馆弦支穹顶结构的 1:10 缩尺模型为分析对象,利用 7.4 节提出的拉索腐蚀后的本构关系,开展拉索腐蚀对弦支穹顶结构整体性能的影响分析。

7.5.1　有限元模型

根据 4.4.3 节介绍的山东茌平体育馆弦支穹顶结构缩尺模型情况,利用 Ansys 有限元软件建立缩尺结构的有限元模型,上部单层网壳采用 BEAM188 单元、下部撑杆采用 LINK8 单元、斜拉索和环索采用 LINK10 只受拉单元模拟。上部网壳共设置内外两圈,共 48 个支座,所有支座节点均只约束竖向和环向线位移,而释放其径向位移[91]。为考虑屋面荷载对结构的影响,将屋面均布荷载转化为节点集中荷载均匀施加在上部网壳节点上。建立的有限元模型如图 7.31 所示,其中,上半区为下部索撑体系透视图,下半区为支座与加载节点,上、下半区呈对称布置。

要准确分析弦支穹顶结构的力学性能应首先将预应力设计值准确施加到环索中,采用张力补偿法对弦支穹顶模型结构进行找力分析。找力结束后,各圈环索实际内力见表 7.7,其中,最内圈环索内力与设计值偏差最大,为 23.5 N,其余各圈环索内力与设计值偏差较小。

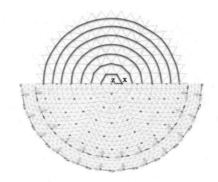

图 7.31　有限元模型图

表 7.7　找力结果

环索位置	第 1 圈	第 2 圈	第 3 圈	第 4 圈
目标索力/N	300	1 770	1 600	2 000
实际索力/N	323.5	1 765.9	1 600.8	1 999.8
环索位置	第 5 圈	第 6 圈	第 7 圈	
目标索力/N	2 470	5 040	11 500	
实际索力/N	2 470.2	5 040.3	11 499.2	

7.5.2　拉索腐蚀对弦支穹顶结构静力性的影响分析

1)腐蚀工况

　　为量化分析拉索腐蚀对弦支穹顶结构静力性能的影响,通过拉索腐蚀率 η 建立 6 种腐蚀工况,见表 7.8,以定量对比分析拉索在不同腐蚀程度时的结构静力性能。其中,腐蚀率 η 表示拉索腐蚀过程中产生的质量损失,按式(7.1)进行计算。

表 7.8　拉索腐蚀工况

工况编号	腐蚀率 η/%	极限强度降低率/%
1	0	0
2	5.1	10
3	12.75	25

续表

工况编号	腐蚀率 $\eta/\%$	极限强度降低率/%
4	17.8	35
5	22	43.2
6	25.5	50

结合图 7.30 中的腐蚀拉索本构模型易知,工况 1—工况 4 中的拉索有塑性变形阶段,而工况 5、工况 6 钢绞线将在弹性阶段发生脆性断裂。具体分析时,未腐蚀拉索采用名义弹性模量 197.7 GPa、名义屈服强度 1 756.8 MPa、极限强度 1 915.1 MPa,按照拉索的本构模型,可计算出其余 5 种腐蚀工况下的拉索力学性能,然后将其分别作为腐蚀后拉索的材料本构关系施加到整体结构中,分别对弦支穹顶结构的变形、杆件内力及结构整体稳定性进行分析,揭示拉索腐蚀对弦支穹顶结构性能的影响规律。

2)拉索腐蚀对环索内力的影响

拉索腐蚀会使环索力学性能退化,造成其内部应力重分布。这里分别提取 6 种工况下的环索内力,见表 7.9(括号内数值代表相较于 $\eta=0\%$ 时的索内力降幅率),分析环索内力损失随拉索腐蚀率的变化规律。

由表 7.9 可知,环索腐蚀对环索内力的影响较为显著,在不同腐蚀情况下,环索内力损失率最大均出现在第 5~6 圈,且环索内力的损失率随腐蚀率 η 的增加,大致呈线性增加,当腐蚀率为 25.5% 时,预应力损失达到 27%。

表 7.9　环索平均索内力

腐蚀率 $\eta/\%$	第 1 圈/N	第 2 圈/N	第 3 圈/N	第 4 圈/N	第 5 圈/N	第 6 圈/N	第 7 圈/N
0	479.3	1 762.0	1 001.5	2 234.2	2 588.7	5 159.9	16 363.9
5.1	470.8	1 731.8	962.8	2 135.6	2 457.8	4 902.9	15 793.9
	(1.76%)	(1.72%)	(3.86%)	(4.41%)	(5.06%)	(4.98%)	(3.48%)
12.75	456.6	1 681.0	900.2	1 979.1	2 251.7	4 494.9	14 867.9
	(4.73%)	(4.60%)	(10.11%)	(11.42%)	(13.02%)	(12.89%)	(9.14%)
17.8	446.0	1 643.2	855.6	1 869.6	2 109.0	4 209.9	14 204.0
	(6.95%)	(6.75%)	(14.57%)	(16.32%)	(18.53%)	(18.41%)	(13.20%)

续表

腐蚀率 $\eta/\%$	第1圈/N	第2圈/N	第3圈/N	第4圈/N	第5圈/N	第6圈/N	第7圈/N
22	436.3	1 608.6	816.3	1 774.7	1 986.4	3 962.8	13 616.2
	(8.97%)	(8.71%)	(18.49%)	(20.57%)	(23.26%)	(23.20%)	(16.79%)
25.5	427.5	1 577.3	781.8	1 692.6	1 881.5	3 749.8	13 099.4
	(10.81%)	(10.48%)	(21.93%)	(24.24%)	(27.32%)	(27.33%)	(19.95%)

3)拉索腐蚀对结构变形的影响

弦支穹顶结构的下部环索在预应力作用下会顶撑撑杆使网壳产生与使用荷载作用时相反的位移,从而减小网壳的竖向变形。根据前述可知,当拉索腐蚀后,会减小拉索内力进而削弱环索的贡献,也势必会影响网壳的整体变形。

提取 6 种腐蚀工况下的网壳节点位移云图,如图 7.32 所示,可以看出随着腐蚀率 η 的增加,索撑体系产生的"起拱作用"被削弱,拉索腐蚀使网壳整体向下沉降。虽然位移最大点始终出现在第 2 圈环索对应的网壳节点处,但随着腐蚀率 η 的增加,最大节点位移逐渐降低。

4)拉索腐蚀对上部网壳杆件内力的影响

拉索腐蚀使得环索内力重新分布,再通过撑杆会间接影响上部网壳杆件的内力。提取 6 种腐蚀工况下的网壳杆件内力云图,如图 7.33 所示。从图 7.33 中可以看出,网壳杆件以受压为主,只有少部分杆件受拉。随着腐蚀率 η 的增大,第 4 ~ 6 圈环索对应上层网壳杆件内力大幅度降低,当腐蚀率 $\eta=25.5\%$ 时,该处网壳内力最多降低接近 70% 。这是因为,环索预应力的存在对上层网壳有"起拱作用",由环索预应力间接引起的杆件内力将作为施加荷载前的储备内力,当环索受到腐蚀而发生内力损失时,对应上层网壳杆件的储备内力也随之减小。又由于第 4 ~ 6 圈环索内力对腐蚀更敏感,该区域环索对应上层网壳杆件的内力降低幅度较大。

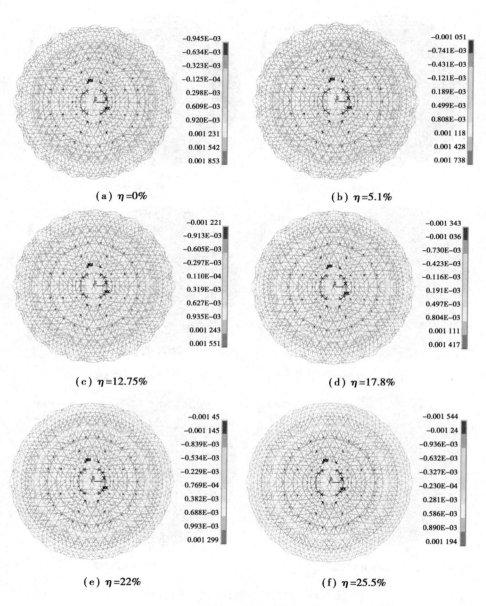

-0.945E-03	-0.001 051
-0.634E-03	-0.741E-03
-0.323E-03	-0.431E-03
-0.125E-04	-0.121E-03
0.298E-03	0.189E-03
0.609E-03	0.499E-03
0.920E-03	0.808E-03
0.001 231	0.001 118
0.001 542	0.001 428
0.001 853	0.001 738

（a）η=0%　　　　　　　　　　　（b）η=5.1%

-0.001 221	-0.001 343
-0.913E-03	-0.001 036
-0.605E-03	-0.730E-03
-0.297E-03	-0.423E-03
0.110E-04	-0.116E-03
0.319E-03	0.191E-03
0.627E-03	0.497E-03
0.935E-03	0.804E-03
0.001 243	0.001 111
0.001 551	0.001 417

（c）η=12.75%　　　　　　　　　（d）η=17.8%

-0.001 45	-0.001 544
-0.001 145	-0.001 24
-0.839E-03	-0.936E-03
-0.534E-03	-0.632E-03
-0.229E-03	-0.327E-03
0.769E-04	-0.230E-04
0.382E-03	0.281E-03
0.688E-03	0.586E-03
0.993E-03	0.890E-03
0.001 299	0.001 194

（e）η=22%　　　　　　　　　　（f）η=25.5%

图 7.32　网壳节点位移云图（单位：m）

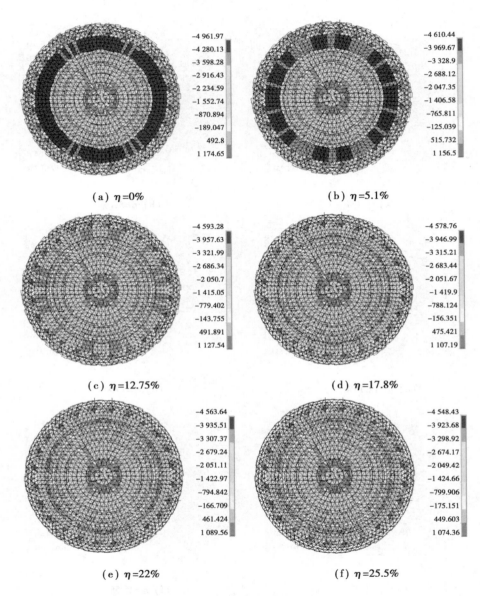

(a) $\eta=0\%$

(b) $\eta=5.1\%$

(c) $\eta=12.75\%$

(d) $\eta=17.8\%$

(e) $\eta=22\%$

(f) $\eta=25.5\%$

图 7.33　网壳杆件轴力云图（单位：N）

7.5.3　拉索腐蚀对结构整体稳定性的影响

弦支穹顶结构的稳定性分析一般包括特征值屈曲分析和非线性屈曲分析。

本节分别对 6 种腐蚀工况下的弦支穹顶开展特征屈曲分析和考虑材料、几何双重非线性的极限承载力分析。

1）特征值屈曲分析

特征值屈曲分析以结构的初始构型为参考构型，以小位移线性理论为基础，求得结构的临界荷载和特征屈曲形状，特征屈曲方程为

$$([K_E]+\lambda[K_G])\{\psi\}=\{0\} \tag{7.22}$$

式中　$[K_E]$——结构的线性刚度矩阵；

$\quad\quad$ $[K_G]$——几何刚度矩阵，设外荷载为$\{P\}$，则$[K_G]$为$\{P\}$作用下的几何刚度矩阵；

$\quad\quad$ λ——荷载因子，即作用λ倍荷载时结构将屈曲；

$\quad\quad$ $\{\psi\}=\lambda$——对应的荷载向量，是结构失稳的特征屈曲形状。

由于弦支穹顶结构是预应力钢结构，与普通非预应力结构有着明显区别。弦支穹顶结构在预应力张拉完成后，才能形成抵抗荷载的结构整体，应用有限元法对结构进行分析时，必须经历预应力张拉成形阶段计算，该过程考虑了应力刚化效应的非线性分析过程。结构分析都是以结构成型状态为计算起点的。因此，预应力结构的特征屈曲分析以结构施加预应力后达到平衡状态的构型为参考构型，相应的特征屈曲方程为

$$([K_E]+\lambda[K_{Gz}])\{\psi\}=\{0\} \tag{7.23}$$

其中，$[K_{Gz}]$是考虑结构预应力和$\{P\}$共同作用下的几何刚度矩阵，因此，在预应力钢结构的特征屈曲分析中，荷载因子λ的实际意义是结构在λ倍预应力和λ倍$\{P\}$作用下将会屈曲。因此，为了消除预应力对荷载因子的影响，需要修改$\{P\}$，使得$\{P\}$和预应力作用下，结构特征屈曲分析得到的荷载因子接近 1 及其第一阶失稳模态基本保持不变时，认为此时的特征屈曲分析已消除预应力的影响。

按照上述方法对弦支穹顶结构进行特征值屈曲分析，以图 7.33 中的每个加载点加载 1 kN 节点荷载后施加预应力达到平衡状态的构型为初始构型。6组腐蚀工况下的屈曲特征值见表 7.10，可以发现随着腐蚀率 η 的增大，弦支穹顶的临界荷载随之降低，近似呈线性关系。同时提取 6 组腐蚀工况下的一阶失稳模态，如图 7.34 所示，可以看出各腐蚀工况下的一阶屈曲模态基本相似，说明环索腐蚀对结构失稳模式影响不大。

表7.10 各腐蚀工况下临界荷载

工况编号	1	2	3	4	5	6
腐蚀率 η/%	0	5.1	12.75	17.8	22	25.5
临界荷载/kN	17.48	16.78	15.79	14.81	14.2	14.06

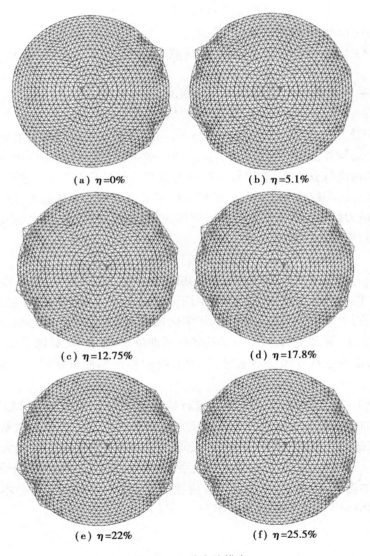

(a) η=0%   (b) η=5.1%

(c) η=12.75%   (d) η=17.8%

(e) η=22%   (f) η=25.5%

图 7.34 一阶失稳模态

2)考虑材料和几何双重非线性的极限承载力分析

上述特征值屈曲分析基于线性理论,整个分析过程均采用初始构型作为参考,忽略了结构在荷载作用下产生的变形,准确性欠佳,为全面精准地研究结构整体稳定性,须对结构进行基于大挠度理论的非线性屈曲分析,通过荷载-位移全过程曲线才能完整地反映结构的稳定性能。因此,需进行所有腐蚀工况下的弦支穹顶考虑材料和几何双重非线性的极限承载能力分析。

对 6 种腐蚀工况下网壳顶点进行荷载-位移全过程跟踪,绘制出能完整反映弦支穹顶整体稳定性的临界荷载-顶端位移曲线,如图 7.35 所示。可以发现,腐蚀率 η 越大的工况,其网壳顶点在荷载作用下产生的下挠越多,其网壳顶点下挠速率越快。此外可以发现,等效节点荷载从 0 增大至 14 kN 的过程中,所有工况的网壳顶点均向下移动,当等效节点荷载达到 14 kN 后,工况 1—工况 3 下的网壳顶点发生反向位移,向上抬升。以工况 1 的临界状态为例,可根据网壳节点位移云图(图 7.36)猜想出现这种现象的原因,是因为网壳边缘两层约束将网壳边缘完全固定,使得网壳在全跨受压的情况下网壳节点不会发生径向移动,当全跨受压荷载增大到一定程度时,内圈网壳受外圈挤压更容易向上位移,这可以从临界状态的网壳杆件轴力云图(图 7.37)得到验证——网壳杆件压力最大值出现在内圈网壳。

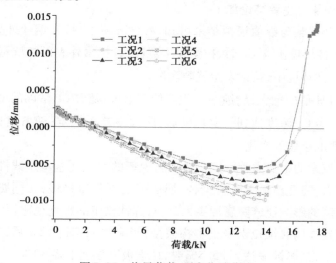

图 7.35　临界荷载-顶点位移曲线

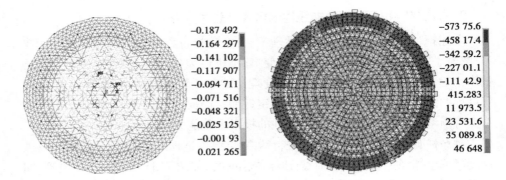

图 7.36 工况 1 临界状态网壳节点位移云图   图 7.37 工况 1 临界状态网壳杆件轴力云图

本章小结

本章围绕弦支穹顶结构拉索可能存在的腐蚀问题,通过拉索加速腐蚀试验与数值模拟相结合的方式,对拉索腐蚀形态及腐蚀后拉索的力学性能开展了系列研究,并在此基础上,分析了拉索腐蚀对弦支穹顶结构的静力性能及整体稳定性的影响规律。主要结论如下:

①由综合试验与数值模拟结果可知,酸性环境下,拉索钢丝外表面发生均匀腐蚀;当中性环境不含 Cl^- 时,拉索发生点蚀,且拉索外表面蚀坑密集;中性环境含 Cl^- 和碱性环境中,拉索发生缝隙腐蚀。

②随着 pH 值的增大,腐蚀率 η 先降低后增大;随着 Cl^- 浓度的增大,腐蚀率先迅速增大,当 Cl^- 浓度达到一定程度后,腐蚀率趋于稳定;随着腐蚀时长的增大,腐蚀程度也会显著变化。

③腐蚀拉索的主要力学性能参数随腐蚀率的增大而基本呈线性变化,随着腐蚀率的增大,弹性模量下降得最快,屈服强度下降得最慢;相同腐蚀率时,点蚀对拉索强度的影响比缝隙腐蚀更大,而对弹性模量的影响规律相反。

④根据建立的腐蚀拉索修正本构模型,当腐蚀率超过 22% 后,拉索破坏时将无塑性变形;当腐蚀率达到 25.5% 时,拉索极限强度下降 50%。

⑤从拉索腐蚀对弦支穹顶结构整体性能的影响方面看,拉索腐蚀将引起环索内力损失,且损失率最大位置将出现在结构靠外圈的第 5 ~ 6 圈位置处,环索内力损失率会随着腐蚀率的增加大致呈线性增加;此外,拉索腐蚀还会削弱索

撑体系对上层网壳的起拱效应,导致网壳产生下挠变形,且最大变形会出现在靠近跨中的第 2 圈环索上方;在稳定性方面,拉索腐蚀对弦支穹顶结构的失稳模式影响较小,但对结构极限承载力影响较大,随着腐蚀率的增大,结构极限承载能力近似呈线性降低。

第8章 弦支穹顶结构子结构权重分析

8.1 概述

弦支穹顶作为弦支结构的一种,在单层网壳的基础上引入了索撑体系,其承载力大部分由单层网壳提供。下部索撑体系的引入,在原有的基础上改善了结构的受力性能[92,93]。对于整体结构来说,上部单层网壳对结构性能贡献更大。但上部单层网壳和下部索撑体系对结构性能的具体贡献度与其各自在弦支穹顶整体结构中所占的权重系数尚未明确。目前,对于权重系数的研究涉及模型修正、性能评价、安全性分析[94,95]等多个领域,主要研究方法有稳定退化系数法、客观赋权法、层次分析法等,研究对象集中在大跨钢结构安全性综合评估[96~98]、桥梁耐久性评估[99]、钢筋混凝土柱厂房震损影响因素分析[100]等方面。对弦支穹顶结构子结构的权重分析研究成果较少,还有待进一步开展。

为研究弦支穹顶结构在荷载作用下,上部单层网壳和下部索撑体系在弦支穹顶结构中所占的权重。本章旨在以山东某体育馆弦支穹顶屋盖为例,研究弦支穹顶结构在荷载作用下,上部单层网壳和下部索撑体系在弦支穹顶结构中所占的权重。

8.2 分析方法

本节将对已有的各种权重系数主要分析方法进行介绍,为后文权重系数的研究奠定基础。

8.2.1 平均应力比法

结构的破坏一般都是承载力不满足要求所引起的,因此,用平均应力比作为衡量构件重要性的定量指标来评价构件的重要性,其定义如下:

$$R_i = \frac{\sum_{j=1,j\neq i}^{n} S_{j\max}}{n-1} \qquad (8.1)$$

式中　R_i——第 i 根构件的重要性评价指标；

$S_{j\max}$——第 j 根构件中正应力绝对值 $\sigma_{\max}$ 的最大值与材料屈服强度 f_y 的比值；

n——结构总构件根数。

平均应力比评价指标近似地反映了某根构件移除后剩余结构的平均应力水平。平均应力比值越大，剩余结构越不安全，即该构件的重要性越高。

8.2.2　稳定退化系数法

稳定性是结构的最基本要求，对因失稳而破坏的结构，相比于强度指标采用表征结构稳定性的指标来评价结构构件重要性更合理有效。选用结构的第一阶屈曲荷载来反映结构的稳定性，从而间接反映结构构件的重要性，其指标定义如下：

$$R_i = \frac{\lambda_i}{\lambda_0} \qquad (8.2)$$

式中　λ_i——第 i 根构件移除后的剩余结构的第一阶屈曲荷载系数；

λ_0——原始结构的第一阶屈曲荷载系数。

稳定退化系数评价指标近似地反映了以稳定为控制条件的结构构件的重要性，其值越小，说明拆除某根构件后，剩余结构的稳定退化程度越高，剩余结构可能越不安全。

8.2.3　刚度退化系数法

刚度是反映结构变形能力的物理量，然而对复杂的结构求出整个结构的刚度显得不太经济。在动力学中，通过频率可以反映出整个结构的刚度，以频率的改变来反映结构体系刚度的退化，避免了求解结构整体刚度的困难，其评价指标的定义如下：

$$R_i = \frac{\omega_i}{\omega_0} \qquad (8.3)$$

式中　ω_i——第 i 根构件移除后剩余结构的基本频率；

ω_0——原始结构的基本频率。

8.2.4　客观赋权法

客观赋权法是企业进行业绩评价的一种数学方法,它从实际数据出发,利用各指标值所反映的客观信息确定各评价指标的权重系数,被广泛应用于工程、经济、管理等领域。客观赋权法的基本思想是把对同一目的很多影响因素的影响程度量化为它们在方案中的比重。各指标权重的确定取决于两个基本概念:对比强度和冲突性。对比强度用来反映同一个指标在各个方案之间的差异,用标准差来量化。标准差越大,说明各方案之间的差异性越大,其客观数据反映的信息量越大,相应的权重也越大。冲突性则以指标之间的相关性为衡量标准,两个指标如果具有较强的正相关性,那么两者就具有较低的冲突性,即这两个指标在评价方案的优劣上其客观数据反映的信息具有较大的相似性,它对整个方案评价的贡献就较小,相应的权重也较小。

8.2.5　层次分析法

层次分析法(Analytic Hierarchy Process, AHP)是美国运筹学家匹茨堡大学教授萨蒂于 20 世纪 70 年代初,为美国国防部研究的"根据各个工业部门对国家福利的贡献大小而进行的电力分配"课题时,应用网络系统理论和多目标综合评价方法,提出的一种层次权重决策分析方法。

这种方法的特点是在对复杂决策问题的本质、影响因素及其内在关系等进行深入分析的基础上,利用较少的定量信息使决策的思维过程数学化,将定量分析和定性分析结构起来,用决策者的经验判断各衡量目标的相对重要程度,并合理地给出每个决策方案的每个标准权数。从而为多目标、多准则或者无结构特性的复杂决策问题提供简便的决策方法,是对完全定量的复杂系统作出决策的模型和方法。

8.3　权重系数

本节采用稳定系数退化法和层次分析法相结合的方式进行上部网壳和下部索撑体系在弦支穹顶中所占的权重系数研究。

8.3.1　分析模型

本节仍以 4.4.3 节介绍的山东茌平体育馆弦支穹顶结构缩尺模型进行

ANSYS 有限元建模,上部网壳结构杆件均采用梁单元 BEAM188 进行模拟,共有 3 503 个单元,其单元编号在 1～3 503 范围内,下部索撑体系中撑杆和径向拉杆则采用 LINK8 单元模拟,采用 LINK10 杆单元模拟环向索。采用径向释放的双铰支座来模拟结构的边界条件,有限元模型如图 8.1 所示。

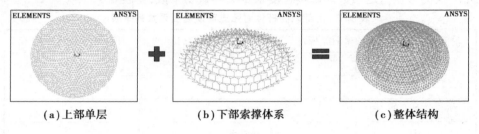

(a)上部单层　　　　　　(b)下部索撑体系　　　　　　(c)整体结构

图 8.1　有限元模型

8.3.2　单根杆件在弦支穹顶结构体系中的权重分析

运用层次分析法[101,102]构建系统模型时大致可分为以下 3 个步骤:

①建立层次结构模型;

②构造判断矩阵;

③层次排序及一致性检验。

1)层次结构模型

将决策的目标、考虑的因素(决策准则)和决策对象按照它们之间的相互关系分为最高层、中间层和最低层,汇出层次结构图。针对弦支穹顶结构进行权重分析时,弦支穹顶为最高层,单层网壳和下部索撑体系为中间层,各个单元为最低层。层次结构模型如图 8.2 所示。

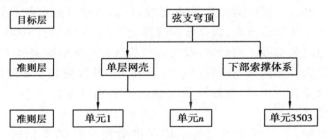

图 8.2　层次结构模型

2）构件判断矩阵

采用稳定系数法来判断杆件分别在单层网壳和弦支穹顶中的相对重要性，从而构建判断矩阵，通过 ANSYS 的生死单元技术得以实现。通过比较各个单元对弦支穹顶稳定系数的影响程度来定义其重要系数，见表8.1。

表8.1　上部网壳杆件对弦支穹顶重要系数列举表

消除的杆件编号 i	消除杆件后所对应的荷载系数（$fact_i$）	杆件重要程度系数 C_i
1	1.096 61	3
2	1.096 55	5
3	1.096 56	5
4	1.096 59	3
5	1.096 58	5
6	1.096 61	3
7	1.096 63	1
8	1.096 55	5
9	1.096 54	5
10	1.096 55	5
…	…	…
3 503	1.093 32	9

为了判断各个杆件对弦支穹顶整体结构的重要性，定义 C_i 为各个杆件的重要性系数。通常情况下，弦支穹顶结构在荷载作用下的破坏形式为稳定性破坏，因此，要考察各个杆件对结构的重要性，只需考虑其对结构稳定性的影响。对结构进行特征值屈曲分析，将基准荷载设定为（1.0 倍恒载+0.5 倍活载），为了消除预应力对荷载因子的影响，改变施加荷载大小使得荷载因子接近1，结构的屈曲荷载即为外加荷载与荷载因子的乘积。在外加荷载不变的情况下，采用生死单元法消除各个杆件，重新计算荷载因子的相对变化大小，来得到各个杆件的重要程度系数 C_i。

经试算发现，本工程中的完整结构在将荷载调整到 X 倍时，荷载因子为 $fact_i = 1.096\ 63$，已接近于1，满足要求。然后，提取消除各个杆件后的荷载因子的最小值 $fact_{min}$，并定义 $fact_i \geqslant 1.096\ 63$ 的杆件所对应的重要性系数 $C_i = 1$（下标 i 表示杆件编号）。因为消除所对应的单元后，荷载因子越小，该杆件对弦支穹顶结构越重要,$\text{fact}_i \geqslant 1.096\ 63$ 表明消除该杆件后弦支穹顶结构稳定承载力没有降低,因此,可认为该杆件对弦支穹顶的稳定性影响不大。则需要判断荷载因子取值为 $[\text{fact}_{\min},\ 1.096\ 63)$ 之间的杆件,并根据表 8.2 所示的 Santy 1-9 标度方法,将该区间分为 4 个区间,对应的杆件重要性系数分别为 9,7,5,3。

表 8.2　相对重要程度 C_{ij} 的取值表

C_{ij}	定义	解释
1	同等重要	i 和 j 同样作用
3	略微重要	i 比 j 略微作用
5	相当重要	i 比 j 重要
7	明显重要	i 比 j 明显重要
9	绝对重要	i 比 j 绝对重要

通过比较各个杆件重要性系数得到 $C_{ij} = C_i / C_j$,进而得到各杆件对弦支穹顶结构体系的相对重要性系数,并构建出判断矩阵 $[C]$,见表 8.3。

表 8.3　判断矩阵 $[C]$

单元	1	2	3	4	5	6	7	8	9	10	…	3 503
1	1/1	3/5	3/5	1/1	3/5	1/1	3/1	3/5	3/5	3/5	…	1/3
2	5/3	1/1	1/1	5/3	1/1	5/3	5/1	1/1	1/1	1/1	…	5/9
3	5/3	1/1	1/1	5/3	1/1	5/3	5/1	1/1	1/1	1/1	…	5/9
4	1/1	3/5	3/5	1/1	3/5	1/1	3/1	3/5	3/5	3/5	…	1/3
5	5/3	1/1	1/1	5/3	1/1	5/3	5/1	1/1	1/1	1/1	…	5/9
6	1/1	3/5	3/5	1/1	3/5	1/1	3/1	3/5	3/5	3/5	…	1/3
7	1/1	1/5	1/5	1/1	1/5	1/1	1/1	1/5	1/5	1/5	…	1/9
8	5/3	1/1	1/1	5/3	1/1	5/3	5/1	1/1	1/1	1/1	…	5/9
9	5/3	1/1	1/1	5/3	1/1	5/3	5/1	1/1	1/1	1/1	…	5/9
10	5/3	1/1	1/1	5/3	1/1	5/3	7/1	1/1	1/1	1/1	…	5/9
…	…	…	…	…	…	…	…	…	…	…	…	…
3503	3/1	9/5	9/5	3/1	9/5	3/1	9/1	9/5	9/5	9/5	…	1/1

3）计算各杆件的权重

定义上部网壳各杆件在弦支穹顶中所占的权重为 a_i，按式（8.4）计算 $\overline{a_i}$，然后按式（8.5）将 $\overline{a_i}$ 规范化后即得各杆件的权重系数 a_i。

$$\overline{a_i} = \Big[\prod_{j=1}^{n} C_{ij} \Big]^{\frac{1}{n}} \tag{8.4}$$

$$a_i = \frac{\overline{a_i}}{\sum_{i=1}^{n} \overline{a_i}} \tag{8.5}$$

式中　n——矩阵的阶数，本模型中取 $n=3\,503$。

以上部网壳的第 1 根杆件（编号 $i=1$）为例，

$$\overline{a_1} = \Big[\prod_{j=1}^{3\,503} C_{ij} \Big]^{\frac{1}{3\,503}}$$

即

$$\overline{a_1} = [\, 1 \times 3/5 \times 3/5 \times 1 \times 3/5 \times 1 \times \cdots \times 1/3\,]^{\frac{1}{3\,503}}$$
$$= 0.735\,491\,788$$

规范化处理

$$a_1 = \frac{0.735\,491\,788}{0.735\,491\,788+1.225\,819\,646+\cdots+1.716\,147\,505} = 0.037\,786\,702$$

同样的方法可以计算出上部网壳各根杆件的权重系数，本节采用 MATLAB 计算得到所有杆件的 a_i，见表 8.4。

表 8.4　上部网壳杆件在弦支穹顶结构体系中的权重

单元编号	各单元在弦支穹顶中所占的权重 $\overline{a_i}$
1	0.062 977 837
2	0.062 977 837
3	0.035 549 398
4	0.062 977 837
5	0.035 549 398
6	0.062 977 837
7	0.035 549 398
8	0.142 308 62

续表

单元编号	各单元在弦支穹顶中所占的权重 $\bar{a}_i$
9	0.062 977 837
10	0.062 977 837
…	…
3503	0.088 168 972

4)一致性检验

权向量对应于判断矩阵最大特征根 λ_{max} 的特征向量,经归一化后记为 W, W 的元素为同一层次因素对上一层次因素其中一个因素的相对重要性排序权值,这一过程称为层次单排序。能否确定层次单排序,需进行一致性检验。所谓一致性检验是指对判断矩阵 $[C]$ 确定不一致的允许范围,判断矩阵中 C_{ij} 的取值是否合理,若不满足一致性要求,需要从新更改判断矩阵,直至一致性检验满足要求。

由于判断矩阵的特征根 λ 连续依赖于 C_{ij},则 λ 比 n 大得越多,$[C]$ 的不一致性越严重,用最大特征值对应的特征向量作为被比较因素对上层某因素影响程度的权向量,其不一致程度越大,因而可以用 $\lambda_{max} - n$ 数值的大小来衡量 $[C]$ 的不一致程度。

定义一致性指标:

$$CI = \frac{\lambda_{max} - n}{n - 1} \tag{8.6}$$

其中,最大特征根 λ_{max} 按式(8.7)计算,即

$$\lambda_{max} = \sum_{j=1}^{n} \left[\sum_{j=1}^{n} c_{ij} a_i / n a_i \right] \tag{8.7}$$

本工程计算得

$$\lambda_{max} = \sum_{1}^{3\,503} \left[\sum_{1}^{3\,503} c_{ij} a_i / 3\,503 a_i \right] \approx 3\,529$$

按式(8.6)进行一致性检验,得

$$CI = \frac{3\,529 - 3\,503}{3\,503 - 1} = 0.007\,4$$

一般而言,用比值 $CR = CI/RI$ 来判断两两比较矩阵的不一致性是否在可以接受的范围内。

其中,由文献[103]可知,平均随机一致性指标 RI 详见表8.5,且 n 越高,RI 值越大。故此处取 RI 为1.26。

表8.5 随机一致性指标 RI

n	1	2	3	4	5	6
RI	0	0	0.52	0.89	1.12	1.26

则

$$CR = \frac{CI}{RI} = \frac{0.007\ 4}{1.26} = 0.005\ 87 \leq 0.01$$

当 n 为3 503时,CR 更小,说明采用稳定退化系数法和层次分析法相结合,以各杆件对荷载系数的影响为判断依据来构建判断矩阵相较于单一层次分析法主观臆断更加准确,其一致性更好。

8.3.3 子结构体系在弦支穹顶结构体系中的权重分析

采用同样的方法,首先利用生死单元技术结合稳定系数退化法,得到各杆件在弦支穹顶结构的子结构体系——单层网壳中的重要性系数 C_i'';然后各杆件重要性系数相互比较,得到单层网壳的判断矩阵 C'',按照式(8.4)求得杆件在单层网壳中所占的权重 $\bar{b_i}$,再按照式(8.5)进行规范化处理得到 b_i,见表8.6,最后进行一致性检验。

表8.6 杆件分别在上部单层网壳和弦支穹顶中所占的权重

单元编号	杆件在弦支穹顶中所占的权重 a_i	杆件在单层网壳中所占的权重 b_i	单层网壳在弦支穹顶中所占的权重 γ_i
1	0.037 786 702	0.041 573	0.908 924 117
2	0.062 977 837	0.071 894 32	0.875 977 925
3	0.062 977 837	0.071 893 96	0.875 982 311
4	0.035 549 398	0.040 572 16	0.876 201 771
5	0.062 977 837	0.071 895 36	0.875 965 253
6	0.035 549 398	0.041 387 56	0.858 939 218
7	0.062 977 837	0.023 956 75	0.594 023 067
8	0.035 549 398	0.072 459 31	0.869 147 625

续表

单元编号	杆件在弦支穹顶中所占的权重 a_i	杆件在单层网壳中所占的权重 b_i	单层网壳在弦支穹顶中所占的权重 γ_i
9	0.142 308 62	0.072 136 32	0.873 039 229
10	0.062 977 837	0.073 433 63	0.873 797 845
11	0.062 977 837	0.041 573	0.883 295 466
…	…	…	…
3 503	0.088 168 972	0.092 545 39	0.952 710 579

定义针对不同杆件的上部单层网壳对弦支穹顶的权重为 γ_i；上部总体单层网壳对弦支穹顶的权重为 γ，即 γ_i 的平均值，则下部索撑体系的权重为 $\eta = 1-\gamma$。

只考虑杆件对单层网壳的影响，上部总体单层网壳对弦支穹顶的权重 γ 如下：

$$\gamma = \overline{\gamma_i} = \overline{a_i/b_i} = 0.889\ 026\ 424$$

则

$$\eta = 1-0.889\ 026\ 424 = 0.110\ 973\ 576$$

本章小结

本章以山东某体育馆为例，将弦支穹顶分为上部单层网壳和下部索撑体系，再将单层网壳分为各个杆件，基于稳定系数法和层次分析法，采用 ANSYS 的生死单元技术，来考虑上部单层网壳对结构稳定性的影响，通过两两比较对结构稳定性影响的大小来给定其权重，构建权重矩阵，通过矩阵运算得到各个杆件分别在弦支穹顶和上部单层网壳中的权重向量，利用逆层次分析法，得到上部单层网壳在弦支穹顶可靠性研究中所占的比重为 0.89，下部索撑体系为 0.11。

参考文献

［1］陈志华. 弦支穹顶结构［M］. 北京：科学出版社，2010.

［2］雷宏刚. 网架焊接空心球节点静力及疲劳性能研究［J］. 建筑结构学报，1993，14(1)：2-7.

［3］刘锡良，陈志华. 网架焊接空心球节点破坏机理分析及承载能力试验研究［J］. 建筑结构学报，1994，15(3)：38-44.

［4］袁行飞，彭张立，董石麟. 平面内三向轴压和弯矩共同作用下焊接空心球节点承载力［J］. 浙江大学学报(工学版)，2007，41(9)：1436-1442.

［5］李振宇，温元浩，闫翔宇，等. 弦支穹顶支座处焊接空心球节点压弯状态下力学性能研究［J］. 天津大学学报(自然科学与工程技术版)，2019，52(S2)：60-66.

［6］陈志华，刘锡良. 焊接空心球节点承载力计算公式研究［C］//第十一届空间结构学术会议论文集. 2005：721-726.

［7］周学军，刘锡良，许立准. 网架结构超大直径焊接空心球节点的工作性态研究［J］. 山东建筑工程学院学报，1997，12(2)：1-6.

［8］刘锡良，周学军，丁阳，等. 网架结构超大直径焊接空心球节点破坏机理分析及其承载能力的试验研究［J］. 建筑结构学报，1998，19(6)：33-39.

［9］刘一鸣. 节点力学性能及其对单层网壳稳定性和抗连续倒塌性能的影响［D］. 天津：天津大学，2018.

［10］徐菁. "半刚性"分析方法在网壳结构设计中的应用及可视化研究［D］. 兰州：甘肃工业大学，2001.

［11］KATO S, KIM J M, CHONG M C. A new proportioning method for member sections of single layer reticulated domes subjected to uniform and non-uniform loads［J］. Engineering Structures, 2003, 25(10): 1265-1278.

［12］芦炜，廖俊，廖玄哲. 考虑焊接球节点弹塑性的单层网壳动力分析［J］. 钢结构，2011，26(10)：19-24.

［13］冯白璐, 钱基宏. 焊接空心球节点网壳结构的节点刚度等效刚臂换算研究［J］. 建筑科学, 2015, 31(5): 44-47.

［14］刘海锋, 罗尧治, 许贤. 焊接球节点刚度对网壳结构有限元分析精度的影响［J］. 工程力学, 2013, 30(1): 350-358, 364.

［15］李永梅, 张毅刚, 杨庆山. 索承网壳结构施工张拉索力的确定［J］. 建筑结构学报, 2004, 25(4): 76-81.

［16］张明山. 弦支穹顶结构的理论研究［D］. 杭州: 浙江大学, 2004.

［17］卓新, 石川浩一郎. 张力补偿计算法在预应力空间网格结构张拉施工中的应用［J］. 土木工程学报, 2004, 37(4): 38-40, 45.

［18］吕方宏, 沈祖炎. 修正的循环迭代法与控制索原长法结合进行杂交空间结构施工控制［J］. 建筑结构学报, 2005, 26(3): 92-97.

［19］王树, 张国军, 张爱林, 等. 2008 奥运会羽毛球馆索撑节点预应力损失分析研究［J］. 建筑结构学报, 2007, 28(6): 39-44.

［20］秦杰, 王泽强, 张然, 等. 2008 奥运会羽毛球馆预应力施工监测研究［J］. 建筑结构学报, 2007, 28(6): 83-91.

［21］张国发. 弦支穹顶结构施工控制理论分析与试验研究［D］: 杭州: 浙江大学, 2009.

［22］张国发, 董石麟, 卓新, 等. 弦支穹顶结构施工滑移索研究［J］. 浙江大学学报(工学版), 2008, 42(6): 1051-1057.

［23］赵霄. 弦支穹顶结构新型索杆节点分析与试验研究［D］: 杭州: 浙江大学, 2008.

［24］LIU H B, CHEN Z H. Influence of cable sliding on the stability of suspen-dome with stacked Arches structures［M］. Hong Kong: Advanced Steel Construction, 2012.

［25］罗永峰, 王飞, 倪建公, 等. 弦支穹顶索撑节点滑移性能试验［J］. 重庆大学学报, 2012, 35(4): 65-71.

［26］CHEN Z H, WU Y J. Design of roll cable-strut joint in suspen-dome and analysis of its application in whole structure system［J］. Journal of Building Structures, 2010, 31(S1): 234-240.

［27］CHEN Z H, WANG X X, LIU H B, et al. Failure test of a suspendome due to cable rupture［J］. Advanced Steel Construction, 2019, 15(1): 23-29.

［28］LIU H B, HAN Q H, CHEN Z H, et al. Precision control method for prestressing construction of suspen-dome structures [J]. Advanced Steel Construction, 2014, 10(4): 404-425.

[29] LIU H B, CHEN Z H. Research on effect of sliding between hoop cable and cable-strut joint on behavior of suspen-dome structures [M]. Hong Kong: Advanced Steel Construction, 2012.

[30] LIU H B, CHEN Z H. Non-uniform thermal behaviour of suspen-dome with stacked arch structures [J]. Advances in Structural Engineering, 2013, 16 (6): 1001-1009.

[31] 唐建民, 董明, 钱若军. 张拉结构非线性分析的五节点等参单元[J]. 计算力学学报, 1997,14(1): 108-113.

[32] 唐建民, 沈祖炎. 悬索结构非线性分析的滑移索单元法[J]. 计算力学学报, 1999,16(2): 143-149.

[33] 张志宏, 董石麟. 张拉结构中连续索滑移问题的研究[J]. 空间结构, 2001,7(3): 26-32.

[34] 魏建东. 索结构分析的滑移索单元法[J]. 工程力学, 2004,21(6): 172-176,210.

[35] 聂建国, 陈必磊, 肖建春. 多跨连续长索在支座处存在滑移的非线性静力分析[J]. 计算力学学报, 2003,20(3): 320-324.

[36] 崔晓强, 郭彦林, 叶可明. 滑动环索连接节点在弦支穹顶结构中的应用[J]. 同济大学学报(自然科学版), 2004,32(10): 1300-1303.

[37] CUI X Q, GUO Y L. Influence of Gliding Cable Joint on Mechanical Behavior of Suspen-Dome Structures [J]. International Journal of Space Structures, 2004, 19(3): 149-154.

[38] AUFAURE M. A three-node cable element ensuring the continuity of the horizontal tension; a clamp-cable element [J]. Computers and Structures, 2000, 74(2): 243-251.

[39] ZHOU B, ACCORSI M L, Leonard J W. Leonard. Finite Element Formulation for Modeling Sliding Cable Elements [J]. Computers and Structures, 2004, 82(2/3): 271-280.

[40] CHEN Z H, WU Y J, YIN Y, et al. Formulation and application of multi-node sliding cable element for the analysis of Suspen-Dome structures [J]. Finite Elements in Analysis and Design, 2010, 46(9): 743-750.

［41］王树，张国军，葛家琪，等. 2008 奥运会羽毛球馆预应力损失对结构体系影响分析［J］. 建筑结构学报，2007,28(6)：45-51.

［42］刘红波，陈志华，周婷. 弦支穹顶结构预应力张拉的摩擦损失［J］. 天津大学学报，2009，42(12)：1055-1060.

［43］魏建东. 滑动索系结构分析中的摩擦滑移索单元［J］. 工程力学，2006,23(9)：66-70.

［44］中华人民共和国住房和城乡建设部. 钢结构设计标准：GB 50017—2017［S］. 北京：中国建筑工业出版社，2017.

［45］DONG S L, YUAN X F, GUO J M, et al. Experimental research on tension process of suspen-dome structural model［J］. Spatial Structure, 2008, 14 (4)：57-62.

［46］LIU H B, CHEN Z H, WANG X D. Simulation of pre-stressing construction of suspen-dome considering sliding friction based large curvature assumption ［J］. Advanced Science Letters, 2011, 4 (8)：2713-2718.

［47］LIU H B, CHEN Z H. Structural behavior of the suspen-dome structures and the cable dome structures with sliding cable joints［J］. Structural Engineering and Mechanics, 2012, 43(1)：53-70.

［48］YAN R Z, CHEN Z H, WANG X D, et al. A New Equivalent Friction Element for Analysis of Cable Supported Structures［J］. Steel and Composite Structures, 2014, 18(4)：947-970.

［49］ZHAO Z W, WU J J, LIU H Q, et al. Influence of Friction on Buckling and Dynamic Behavior of Suspen-Dome Structures ［J］. Structural Engineering International, 2020,30(2)：262-269

［50］牛萌. 大跨度网架工程坍塌分析及处理研究［D］. 南京：东南大学，2009.

［51］葛娈. 某焊接空心球网架车间坍塌事故分析［D］. 太原：太原理工大学，2014.

［52］文西芹，刘成文. 基于逆磁致伸缩效应的残余应力检测方法［J］. 传感器技术，2002,21(3)：42-44.

［53］谢元峰. 基于 ANSYS 的焊接温度场和应力的数值模拟研究［D］. 武汉：武汉理工大学，2006.

［54］徐磊，黄小平，王芳. 焊接残余应力对深潜器耐压球壳承载能力的影响

[J]. 船舶力学, 2017, 21(7): 864-872.

[55] 姚茜. 球-管焊接残余应力分布模式及其对节点性能的影响研究[D]. 重庆: 重庆交通大学, 2018.

[56] 孔祥谦. 有限单元法在传热学中的应用[M]. 3 版. 北京: 科学出版社, 1998.

[57] 王仲仁, 胡卫龙, 胡蓝. 屈服准则与塑性应力-应变关系理论及应用[M]. 北京: 高等教育出版社, 2014.

[58] 初雅杰. 焊接有限元技术[M]. 北京: 化学工业出版社, 2020.

[59] 董石麟, 唐海军, 赵阳, 等. 轴力和弯矩共同作用下焊接空心球节点承载力研究与实用计算方法[J]. 土木工程学报, 2005, 38(1): 21-30.

[60] 冯鹏, 强翰霖, 叶列平. 材料、构件、结构的"屈服点"定义与讨论[J]. 工程力学, 2017, 34(3): 36-46.

[61] 黄卫林, 刘树堂. 弦支穹顶结构预应力优化设计方法综述[J]. 华南地震, 2017, 37(1): 29-34.

[62] 郭云. 弦支穹顶结构形态分析、动力性能及静动力性能实验研究[D]. 天津: 天津大学, 2004.

[63] 张明山, 包红泽, 张志宏, 等. 弦支穹顶结构的预应力优化设计[J]. 空间结构, 2004, 10(3): 26-30.

[64] 陈志华, 刘红波, 周婷, 等. 空间钢结构 APDL 参数化计算与分析[M]. 北京: 中国水利水电出版社, 2009.

[65] 黄冬明. 弦支穹顶施工过程中预应力优化设计与试验研究[D]. 北京: 北京工业大学, 2007.

[66] 杨波, 戴国欣, 聂诗东, 等. 倒圆角三角形弦支穹顶结构预应力优化[J]. 建筑结构, 2010, 40(5): 100-103.

[67] 杨波. 倒圆角三角形弦支穹顶结构施工仿真及预应力优化分析[D]. 重庆: 重庆大学, 2008.

[68] 刘红波, 陈志华, 牛犇. 弦支穹顶结构施工过程数值模拟及施工监测[J]. 建筑结构学报, 2012, 33(12): 79-84,129.

[69] CHEN Z H, YAN R Z, WANG X D, et al. Experimental researches of a suspen-dome structure with rolling cable-ctrut joints[J]. International Journal of Advanced Steel Construction, 2015, 11(1): 15-38.

[70] 肖骁, 陈志华, 刘红波, 等. 结构用拉索的组成与分类[C]// 第十四届全

国现代结构工程学术研讨会论文集. 2014:359-368.

[71] 余玉洁. 基于拉索半精细化有限元模型的拉索弯曲及断丝研究[D]. 天津:天津大学, 2016.

[72] 陈冲, 袁行飞. 钢绞线截面应力精细化分析[J]. 浙江大学学报(工学版), 2017, 51(5): 841-846, 878.

[73] 郭卫, 路正雄, 张武. 基于 Pro/E 的圆弧弯曲钢丝绳建模理论及几何实现[J]. 中国机械工程, 2015, 26(17): 2363-2368.

[74] 张应迁, 张洪才. ANSYS 有限元分析从入门到精通[M]. 北京:人民邮电出版社, 2010.

[75] 王新敏. ANSYS 工程结构数值分析[M]. 北京:人民交通出版社, 2007.

[76] 孙建芳. 钢丝绳捻制成形数值模拟与制品力学强度分析[D]. 武汉:华中科技大学, 2004.

[77] LEI X Y. Contact friction analysis with a simple interface element[J]. Computer Methods in Applied Mechanics and Engineering, 2001, 190(15/16/17): 1955-1965.

[78] LEI X Y, Swoboda G, Zenz G. Application of Contact-Friction Interface Element to Tunnel Excavation in Faulted Rock[J]. Computers and Geotechnics, 1995, 17(3): 349-370.

[79] KATONA M G. A Simple Contact-Friction Interface Element With Applications to Buried Culverts[J]. International Journal for Numerical and Analytical Methods in Geomechanics, 1983, 7(3): 371-384.

[80] 严仁章. 滚动式张拉索节点弦支穹顶结构分析及试验研究[D]. 天津:天津大学, 2015.

[81] LIU X C, ZHANG A L, FU W L. Cable tension preslack method construction simulation and engineering application for a prestressed suspended dome[J]. Advances in Materials Science and Engineering, 2015, 2015(17): 1-17.

[82] 郭正兴, 王永泉, 罗斌, 等. 济南奥体中心体育馆大跨度弦支穹顶预应力拉索施工[J]. 施工技术, 2008, 37(5): 133-135.

[83] 苑玉彬, 胡新赞, 蔡兴东, 等. 徐州市奥体体育场索夹受力试验研究[J]. 低温建筑技术, 2013, 35(8): 81-83.

[84] YAN R Z, CHEN Z H, WANG X D, et al. Analysis of static performances of suspen-dome structures considering the random errors influence of prestressing

construction[J]. Spatial Structures, 2015, 21(1): 39-89.

[85] YAN J C, F F, CAO Z G. Research on influence of initial curvature of members on elasto-plastic stability of reticulated shells[J]. Journal of Building Strutures, 2012, 33(12): 63-71.

[86] 中华人民共和国住房和城乡建设部. 空间网格结构技术规程:JGJ 7—2010[S]. 北京:中国建筑工业出版社, 2010.

[87] 吴佳东. 拉索钢丝损伤分级及其疲劳寿命研究[D]. 长沙:长沙理工大学, 2015.

[88] 陈志华, 孙国军. 拉索失效后的弦支穹顶结构稳定性能研究[J]. 空间结构, 2012, 18(1): 46-50.

[89] 蒋磊. 拉索钢丝腐蚀形貌演化的实验研究与仿真模拟[D]. 长沙:长沙理工大学, 2022.

[90] 叶明生, 孙勇. 缝隙内滞留腐蚀产物对腐蚀过程的加剧作用[J]. 化工装备技术, 2004, 25(3): 62-64.

[91] 陈志华, 刘红波, 闫翔宇, 等. 茌平体育馆弦支穹顶叠合拱结构的温度场研究[J]. 空间结构, 2010, 16(1): 76-81.

[92] 约翰·奇尔顿. 空间网格结构[M]. 高立人, 译. 北京:中国建筑工业出版社, 2004.

[93] 董石麟, 邢栋, 赵阳. 现代大跨空间结构在中国的应用与发展[J]. 空间结构, 2012, 18(1): 3-16.

[94] 陈少杰, 顾祥林, 张伟平. 层次分析法在既有建筑结构体系可靠性评定中的应用[J]. 结构工程师, 2005, 21(2): 31-35.

[95] 顾祥林, 许勇, 张伟平. 既有建筑结构构件的安全性分析[J]. 建筑结构学报, 2004, 25(6): 117-122.

[96] 熊仲明, 冯成帅. 大跨钢结构安全性模糊综合评估方法的应用研究[J]. 工程力学, 2011, 28(4): 128-133.

[97] 张海霞, 李帼昌, 张德冰. 钢结构建筑工业化建造施工与安装技术评价体系研究[J]. 钢结构, 2016, 31(2): 109-113.

[98] 刘晓, 罗永峰, 王朝波. 既有大型空间钢结构构件权重计算方法研究[J]. 武汉理工大学学报, 2008, 30(11): 125-129.

[99] 陈孝珍, 屈梅. 桥梁耐久性评估中指标权重系数计算方法研究[J]. 河南大学学报(自然科学版), 2012, 42(6): 773-776.

［100］张显辉，孙柏涛. 地震现场建筑物整体震损影响因素权重的确定［J］. 科学技术与工程，2020，20（6）：2390-2396.

［101］杨青，王丽燕. 层次分析法（AHP）与功能评价［J］. 价值工程，1995，14（4）：28-29.

［102］朱茵，孟志勇，阚叔愚. 用层次分析法计算权重［J］. 北方交通大学学报，1999，23（5）：119-122.

［103］洪志国，李焱，范植华，等. 层次分析法中高阶平均随机一致性指标（RI）的计算［J］. 计算机工程与应用，2002，38（12）：45-47,150.